河南省矿业协会推荐书籍

矿山生态修复项目全过程工程咨询

理论与实践

李利彬 著

U0341841

郑州大学出版社

图书在版编目(CIP)数据

矿山生态修复项目全过程工程咨询理论与实践／李利彬著. — 郑州：郑州大学出版社，2023. 5(2024.11 重印)
ISBN 978-7-5645-9530-2

Ⅰ. ①矿… Ⅱ. ①李… Ⅲ. ①矿山环境 – 生态恢复 – 工程项目管理 – 咨询服务 Ⅳ. ①X322②F407.9

中国国家版本馆 CIP 数据核字(2023)第 035845 号

矿山生态修复项目全过程工程咨询理论与实践
KUANGSHAN SHENGTAI XIUFU XIANGMU QUAN GUOCHENG GONGCHENG ZIXUN LILUN YU SHIJIAN

策划编辑	崔 勇	封面设计	苏永生
责任编辑	崔 勇	版式设计	苏永生
责任校对	李 蕊	责任监制	朱亚君

出版发行	郑州大学出版社	地　址	郑州市大学路 40 号(450052)
出 版 人	卢纪富	网　址	http://www.zzup.cn
经　销	全国新华书店	发行电话	0371-66966070
印　刷	广东虎彩云印刷有限公司		
开　本	787 mm×1 092 mm　1／16	彩　页	2
印　张	17.5	字　数	367 千字
版　次	2023 年 5 月第 1 版	印　次	2024 年 11 月第 2 次印刷

| 书　号 | ISBN 978-7-5645-9530-2 | 定　价 | 68.60 元 |

前　言

矿产资源开发伴随着人类文明进程,可以说人类文明发展史就是矿产资源开发史。矿产资源开发为人类提供衣食住行条件的同时,也带来众多生态环境的问题。

党的十九大报告明确和重申中国特色社会主义事业的总体布局为"五位一体",将经济、政治、文化、社会和生态五大建设并列,将生态文明建设摆上了中国特色社会主义总体布局的战略地位。将"坚持人与自然和谐共生"作为构建新时代坚持和发展中国特色社会主义的基本方略。生态文明建设提升为中华民族永续发展的千年大计。党的二十大报告指出,中国式现代化是人与自然和谐共生的现代化。要坚定不移走生产发展、生活富裕、生态良好的文明发展道路。推进美丽中国建设,坚持山水林田湖草沙一体化保护和系统治理。推进生态优先、节约集约、绿色低碳发展。由此可见,近年来国家越来越重视生态文明建设。与之相对应,生态修复项目管理也应顺应时代需求进行创新,以更好确保资金投入的有效性,提升项目价值。本书就是以矿山生态修复项目为切入点,进行项目管理方面的探索。

矿山生态修复是对因矿业活动受损生态系统的修复,是生产和生态统筹发展的必要手段,是文明发展之路在矿山开采行业的具体实践。随着社会发展,矿山生态修复理念不断更新,修复技术不断进步,项目管理理念和方法也应跟上行业发展的脚步。矿山企业作为矿产资源开发的主体,也是矿山生态修复的责任主体。笔者作为一名矿山生态修复的践行者,通过相关研究,将"全过程工程咨询"的理念引入到矿山生态修复项目之中,并在多个项目中进行了尝试性应用。通过为矿山企业提供从矿产资源开采与生态修复方案编制到项目评估验收的全过程提供系统化服务,更好保证了项目的生态修复效果、节约了项目资金,达到了项目增值的目的。笔者希望通过本书的总结和梳理,能为类似项目提供借鉴,为矿山生态修复行业的发展尽绵薄之力。

本书整理了矿山生态修复、矿山地质环境治理恢复基金、工程咨询等术语,梳理了全过程工程咨询的基本理论和理论工具,解读了相关法律,在此基础上定义了矿山生态修复项目全过程工程咨询、施工管理服务、工程评估等概念,提出了全过程工程咨询的方式和模式,并进行了可行性研究。本书结合多个案例,详细介绍了工程发包、施工管理、工程决算、工程评估的技术方法,简要总结了矿产资源开采与生态修复方案编制、勘查设计、竣工验收的相关知识。最后给出了矿山生态修复项目全过程工程咨询合同的示范文本，供矿山企业和咨询单位参考。

矿山生态修复具有多学科交叉、技术和理念更新快、地方特色明显、项目单件性等特点，全国各领域的全过程工程咨询尚不成熟，加之笔者经验和水平有限，本书定有诸多不妥乃至错谬之处，敬请读者斧正。

籍本书出版之际，向支持矿山生态修复项目全过程工程咨询探索的自然资源主管部门、矿山企业、专家及同仁表示感谢。本书提出矿山生态修复项目全过程工程咨询的概念得到了河南省全过程工程咨询产业技术创新战略联盟的启发，向联盟表示感谢。本书在基本理论方面借鉴了《建设项目全过程工程咨询理论与实务》的相关内容，向该书的作者及研究团队表示敬意和感谢。

编者

2022 年 12 月

术语和定义

本书使用了诸多术语和定义,其在本书中的含义可能与他处有所不同,为方便阅读,整理如下:

1. 矿山生态修复

按照山水林田湖草沙是生命共同体理念,依据矿山所在地的国土空间总体规划以及国土空间生态保护修复等相关专项规划,在矿山活动影响区域内,为提升生态系统自我恢复能力,增强生态系统稳定性,促进自然生态系统质量的整体改善和生态产品供应能力的全面增强,遵循自然生态系统演替规律和内在机理,对受损、退化、服务功能下降的生态系统进行整体保护、系统修复、综合治理的过程和活动。

2. 矿山企业

矿业活动的主体,也是矿山生态修复的责任主体和出资人。

3. 矿山生态修复项目

矿山企业为履行《土地复垦条例》(国务院令第 592 号)和《矿山地质环境保护规定》(国土资源部令第 44 号)赋予的法定义务,按照矿产资源开采与生态修复方案,以修复或缓解矿山生态环境问题为目的所采取的保护措施和适当工程技术措施,因地制宜地保护、恢复、治理与利用的一系列工程。包括但不仅限于矿山地质环境保护与治理恢复工程和土地复垦工程。

4. 矿产资源开采与生态修复方案

矿产资源开发利用方案、矿山地质环境保护与治理恢复方案及土地复垦方案合并编制的方案,简称"三合一"方案或"方案"。本书中所称矿山生态修复方案是指矿产资源开采与生态修复方案中的矿山土地复垦与地质环境保护治理部分。

5. 矿山地质环境治理恢复基金

矿山企业为依法履行矿山地质环境治理恢复、土地复垦等地质环境保护责任而提取的基金,简称"基金"。

6. 工程阶段

构成矿山生态修复项目全过程的各个阶段,包括矿产资源开采与生态修复方案编制、勘查设计、施工(含监测和管护)和工程评估验收四个主要阶段。

7.矿山生态修复项目全过程工程咨询

狭义的是指咨询人接受委托人的委托,综合运用多学科知识、工程实践经验、现代科学和管理方法,采用多种服务方式组合,为委托人提供矿山生态修复项目整体解决方案的综合性智力服务活动。主要咨询服务内容包括矿产资源开采与生态修复方案编制,矿山生态修复项目勘查设计、施工管理或工程监理、工程评估等。广义的,咨询人依法为委托人提供两项或两项以上技术服务的均称为全过程工程咨询。具体项目的全过程工程咨询服务内容以合同当事人在合同中约定的为准。

8.施工管理服务

咨询单位在施工阶段提供的协助矿山企业完成施工过程管理的技术服务。

9.工程评估

独立的第三方受矿山企业委托,根据法律法规、技术标准、"三合一"方案、勘查设计文件、合同等,对已经完成的生态修复工程及基金使用情况进行评估的活动。

10.工程咨询单位

为矿山企业提供全过程工程咨询的技术服务单位。

11.咨询方式

工程咨询单位为矿山企业提供咨询的方式,包括咨询单位独立完成技术工作(standalone fashion,简称 SF 方式)和咨询单位协助矿山企业完成技术工作(assist fashion,简称 AF 方式)两种。

12.咨询模式

基于矿山生态修复项目全过程工程咨询的广义概念,咨询单位为矿山企业提供全过程工程咨询服务的模式,主要体现所包含的工程阶段及咨询服务内容。具体包括"方案编制+勘查设计"、"勘查设计+工程评估"、"方案编制+勘查设计+工程评估"、"方案编制+勘查设计+监理(工程评估)"和"方案编制+勘查设计+施工管理+工程评估"五个模式。

13.工程决算

矿山企业组织编制的反映自方案编制到矿山生态修复工程投入使用全过程或矿山生态修复项目某阶段的实际造价及基金提取和使用情况的文件。

14.工程施工费

完成矿山生态修复工程施工所发生的直接费、间接费、利润和税金的总和。

15.工程施工费单价

完成单位工程量所需要的直接费、间接费、利润和税金的总和。

16.直接费

工程施工过程中直接消耗在工程项目上的活劳动和物化劳动,由直接工程费和措施费组成。

17. 直接工程费

施工过程中耗费的构成工程实体的各项费用,包括人工费、材料费、施工机械使用费。

18. 措施费

为了完成工程施工,发生于该工程施工前和施工过程中非工程实体项目的费用,包括临时设施费、冬雨季施工增加费、夜间施工增加费、施工辅助费和安全文明施工费。

19. 间接费

工程施工过程中间接消耗在工程项目上的费用,由规费和企业管理费组成。

20. 设备购置费

为工程项目购置或自制的达到固定资产标准的设备、工具、器具的费用,包括设备原价、运杂费、运输保险费、采购及保管费。

21. 监测费

用于监测地质灾害、水土污染、矿山生态修复效果等所发生的费用。

22. 管护费

对矿山生态修复后的一些重要工程、植被和修复区域等进行有针对性的管理和养护所发生的费用。

23. 其他费用

为实施矿山生态修复工程所发生的前期工作费、工程监理费(或工程评估费)和竣工验收费的总和。

24. 基本预备费

在工程施工过程中因自然灾害、设计变更及其他不可预见因素的变化而增加的费用。

25. 风险金

为应对可预见而目前技术上无法完全避免的风险而增加的费用。

26. 价差预备费

自编制估算(或预算)至竣工验收期间,因价格变化而预留的可能增加的费用,包括人工、设备、材料、施工机具的价差费。

27. 工程造价信息

工程造价管理机构根据调查和测算发布的人工、材料、工程设备、施工机械台班的价格信息,以及各类工程的造价指数、指标。

28. 发包

矿山企业将矿山生态修复项目的方案编制、勘查、设计、施工、监理、工程评估、全过程工程咨询或材料、设备采购等交给一个或多个单位完成的行为。

目　录

第1章

概　论

1.1　矿山生态修复的概念

目前,国内尚未有矿山生态修复的官方定义,学术界也尚未形成统一的观点。2019年8月地质出版社出版的《矿山生态修复理论与实践》(方星等编著)中生态修复较为准确的定义为:根据生态环境系统破坏方式与程度,在环境承载力容许的前提下,选择适宜的生态自我修复或生态重建工程,科学、经济、快速对破坏的生态系统恢复与重建的过程。对矿山生态修复的定义为:一般是指对因矿业活动受损生态系统的修复,这个生态系统有露天采场、塌陷区、渣土堆场、尾矿库等,破坏的生态环境为土地、土壤、林草、地表水与地下水、矿区大气、动物栖息地、微生物群落等。矿山生态修复不仅是对闭坑矿山废弃地的生态环境进行修复,还包括对正在开采矿山中不再受矿业活动影响区块的生态环境的修复,如闭坑的矿段(采区)、结束开采的露采边坡段、闭库的尾矿库、堆场等,即所谓的"边开采、边修复"。

2019年12月17日,自然资源部下发的《自然资源部关于探索利用市场化方式推进矿山生态修复的意见》(自然资规〔2019〕6号)中使用了"矿山生态修复"这一名词。虽然该文件并未对矿山生态修复的概念进行定义,但是从该文件的内容中可知,此文件所说的矿山生态修复的主要工程包括矿山地质环境保护和土地复垦两类。

2020年8月,自然资源部、财政部、生态环境部联合印发的《山水林田湖草生态保护修复工程指南(试行)》(自然资办发〔2020〕38号)规定的山水林田湖草生态保护定义如下:按照山水林田湖草是生命共同体理念,依据国土空间总体规划以及国土空间生态保护修复等相关专项规划,在一定区域范围内,为提升生态系统自我恢复能力,增强生态系统稳定性,促进自然生态系统质量的整体改善和生态产品供应能力的全面增强,遵循自然生态系统演替规律和内在机理,对受损、退化、服务功能下降的生态系统进行整体保护、系统修复、综合治理的过程和活动。

2020 年 12 月 17 日,河南省自然资源厅为贯彻落实国务院"放管服"精神,进一步减轻企业负担,减少管理环节,简化矿业权审批资料,印发了《关于开展矿产资源开采与生态修复方案编制评审有关工作的通知》(豫自然资发〔2020〕61 号)。自 2021 年 1 月 1 日起,河南省在矿山地质环境保护与治理恢复方案、矿山土地复垦方案合并编制(即"二合一"方案)的基础上,对矿山的矿产资源开发利用方案、矿山地质环境保护与治理恢复方案及土地复垦方案等三个方案进行合并编制。合并后名称统一为矿产资源开采与生态修复方案,简称"三合一"方案。对比"三合一"方案与"二合一"方案的内涵,该文件所称矿山生态修复是指矿山地质环境保护治理与矿山土地复垦的总和。

综合以上关于生态环境和矿山生态环境的概念,本书所称的矿山生态修复是指按照山水林田湖草沙是生命共同体理念,依据矿山所在地的国土空间总体规划以及国土空间生态保护修复等相关专项规划,在矿山活动影响区域内,为提升生态系统自我恢复能力,增强生态系统稳定性,促进自然生态系统质量的整体改善和生态产品供应能力的全面增强,遵循自然生态系统演替规律和内在机理,对受损、退化、服务功能下降的生态系统进行整体保护、系统修复、综合治理的过程和活动。

本书尝试以矿山企业投资的项目为例,将全过程工程咨询引入矿山生态修复项目之中,希望以此引导更多矿山生态修复从业者对全过程工程咨询进行深入研究。因此,本书所称矿山生态修复项目一般是指矿山企业为履行《土地复垦条例》(国务院令第 592 号)和《矿山地质环境保护规定》(国土资源部令第 44 号)赋予的法定义务,按照矿产资源开采与生态修复方案,以修复或缓解矿山生态环境问题为目的所采取的保护措施和适当工程技术措施,因地制宜地保护、恢复、治理与利用的一系列工程。包括但不仅限于矿山地质环境保护与治理恢复工程和土地复垦工程。

1.2 工程咨询概述

为准确掌握全过程工程咨询的定义,需要了解咨询、工程咨询、项目管理等概念的关系。

1.2.1 咨询与工程咨询

咨询是指征求意见,在我国历史悠久。秦孝公采纳商鞅变法,使秦走上了强国之路。刘备三顾茅庐,就天下大势咨询诸葛亮:"汉室倾颓,奸臣窃命,主上蒙尘。孤不度德量力,欲信大义于天下;而智术浅短,遂用猖蹶,至于今日。然志犹未已,君谓计将安出?"

现代社会,科学技术和生产力高度发展,社会分工越来越细,咨询已不是一种普通的社会活动,而是在各个领域发展成了独立的行业。现代咨询是以信息为基础,依靠专家的知识和经验,对客户委托的任务进行分析、研究,提出建议、方案和措施,并在需要时协助实施的一种智力密集型的服务。

工程咨询是咨询的一个重要分支。根据国家发改委于 2017 年 11 月 6 日颁发的《工程咨询行业管理办法》(国家发改委令第 9 号)之规定,工程咨询是遵循独立、公正、科学的原则,综合运用多学科知识、工程实践经验、现代科学和管理方法,在经济社会发展、境内外投资建设项目决策与实施活动中,为投资者和政府部门提供阶段性或全过程工程咨询和管理的智力服务。从该定义可以看出,工程咨询既可以是阶段性的,也可以贯穿工程项目建设的全过程。

1.2.2 工程咨询与项目管理

项目管理通过策划、组织、协调和控制等手段,实现项目目标。项目管理分为投资人的项目管理、工程咨询单位的项目管理以及承包人的项目管理等。工程咨询是为项目提供整体或局部解决方案以及项目管理服务,即从咨询工程师或工程咨询单位的角度,提供项目专业解决方案并进行项目管理。因此,从工程咨询单位的角度看,工程咨询和项目管理可以合二为一,专业解决方案是进行项目管理的基础,项目管理是专业解决方案实现其价值的重要手段。

1.2.3 工程咨询发展历程及实施现状

1.2.3.1 工程咨询的产生

工程咨询产生于 18 世纪末 19 世纪初的第一次产业革命,它是近代工业化和社会分工的产物。1818 年成立的英国土木工程师协会是建筑业出现的第一个专业组织,但工程咨询还没有完全从建筑工程领域分离出来,建筑师受业主雇佣负责组织施工和设计;19世纪 40 年代,工业革命的结果使建筑技术复杂化,导致设计与施工分离,工程承包市场形成,建筑师的作用由为业主设计并组织施工演变为业主的顾问;19 世纪 90 年代,美国土木工程师协会成立标志着独立执业的咨询机构开始出现;1904 年,丹麦国家咨询工程师协会成立标志着工程咨询的名称正式产生。

1955 年,国际咨询工程师联合会(FIDIC)成立,标志着工程咨询的成熟和规范发展;20 世纪 70 年代开始的国际项目管理热潮使国际工程咨询跨越到新的台阶,工程咨询的外延不断扩大,咨询理念日益更新。

1.2.3.2 国际工程咨询的发展历程

国际工程咨询在发展中经历了个体咨询、合伙咨询和综合咨询三个阶段。

（1）个体咨询阶段

19 世纪 90 年代美国成立土木工程师协会，批准土木工程师可以独立承担土木工程建设中的技术咨询业务。此后，一些个人公司开始出现，如著名的美国柏克德（Bechtel）公司的创始人 W. A. Bechte 为估价师，其于 1909 年创立了个人执业的公司 W. A. Bechte Co。最初的工程咨询以土木工程和铁路工程为主，以及部分公路项目。

（2）合伙咨询阶段

第一次世界大战前后，欧洲和北美的公路交通、能源及石油化工行业飞速崛起，工程咨询也从土木工程拓展到工业、交通、能源等领域。为提高竞争力，咨询工程师之间开始出现联合，咨询形式也由个体独立咨询发展到合伙咨询。根据公司的产权性质，合伙咨询阶段又分为松散合伙阶段和紧密合伙阶段。松散合伙体现为两个以上的个体咨询者（或公司）根据项目的需要形成的联盟，如 1930 年胡佛大坝项目的总承包是柏克德公司为首的六公司联盟。紧密合伙是指根据个体咨询者的产权比例规定各自权利义务的合伙公司。

（3）综合咨询阶段

第二次世界大战以后，各国为了修补战争的破坏，掀起了一股工程建设的热潮。工程咨询也随之步入发展的快车道，理念不断创新，从工程技术咨询发展到项目管理咨询。20 世纪 80 年代后的核心竞争力和企业再造理论的应用使得一些巨型公司开始出现并走出国门，从国内咨询发展到国际咨询，涌现了一些著名的国际工程咨询公司，如柏克德公司（Bechtel）、艾麦克公司（AMEC）等。

（4）国际工程咨询的发展趋势

按 FIDIC 白皮书的定义，工程建设过程中所需要的全部技术服务、管理服务统称为工程咨询，突出的是智力服务，咨询工程师（工程咨询单位）的业务范围贯穿了工程项目建设的全过程。

进入 21 世纪以来，工程咨询的外延已经扩展到项目战略咨询和全生命周期咨询。项目战略咨询是充分发挥咨询工程师在战略计划和投资选择中的作用，为投资人提供项目战略规划上的建议，并为实现项目可持续发展服务。2003 年，FIDIC 将项目战略咨询、绿色与可持续发展、全生命周期咨询列入工程咨询的服务范围。项目全生命周期咨询是指工程咨询业务贯穿于项目战略规划、项目准备、实施、竣工、投产等项目全生命周期的各个阶段。包括投资机会研究、项目建议书和可行性研究、工程勘察、设计、造价、招标采购、合同管理和施工监理、生产准备、人员培训、竣工验收及项目建成投产后评估、运营期咨询等项目生命周期的各个阶段的咨询，全生命周期咨询的中心内容就是如何在设计阶段将运行和维护结合起来。

随着科学技术和经济的发展,工程咨询已走向综合型、国际化,突破了以技术为核心的狭义服务,向项目融资、建设、运营和可持续发展领域延伸。由于工程咨询业在工程承包市场中有着其他行业不可替代的重要作用,工程总承包和项目管理总承包已成为当前国际上大型工程咨询公司开展业务的一个趋势,并逐渐成为大型工程咨询公司的主营业务,尤其是 EPC(engineering procurement construction,设计、采购、施工总承包)模式和项目管理承包模式。为适应新型建设模式不断涌现的形势,FIDIC 在 1999 版合同条件中新增加了 EPC/交钥匙工程合同条件(银皮书)。而工程咨询的外延仍处于不断扩张的态势。为了更容易获得总承包合同,最大限度地降低交易费用,工程咨询与其他相关行业的联合已初见端倪,如工程咨询公司与建筑公司、项目开发商、融资商等机构的伙伴式开发经营模式,"融资咨询—采购—建造—经营"一体化的集成管理模式已开始出现。

1.2.3.3　中国工程咨询的引入与发展

我国最早是在建设工程领域引入了工程咨询,至今我国工程咨询行业主要经历了萌芽、培育、鼓励发展全过程工程咨询三个阶段。

(1)工程咨询行业的萌芽

新中国成立初期的工程建设主要沿用苏联模式,主管部门直接成立建设管理班子,负责完成方案研究、建设建议书、技术经济分析等项目前期的调研、论证、筹划、准备工作。少数特殊项目的部分前期工作由专业对口的勘察设计单位来做。这一时期,我国工程咨询的雏形初步呈现。

工程咨询在我国作为一个行业始于 20 世纪 80 年代。1982 年,国家计委组建中国国际工程咨询公司,标志着我国工程咨询行业开始萌芽。

(2)培育发展建设项目管理咨询服务

随着我国市场经济的发展和改革开放的深入,工程咨询业取得了一定的发展,但同时也暴露了一些问题。诸如咨询业务各个模块的分割;企业数量众多,但综合实力强大的工程咨询企业少,行业集中度低,缺乏国际竞争力;面临着体制机制的约束;工程咨询行业整体的认知度低等。针对行业暴露的问题,应对新时期国内外经济形势的变化,政府加强了对工程咨询行业的引导,加快培养我国的工程项目管理咨询。

为深化我国工程建设项目组织实施方式改革,培育发展专业化的工程总承包和工程项目管理企业,2003 年 2 月 13 日,建设部发布了《关于培育发展工程总承包和工程项目管理企业的指导意见》(建市〔2003〕30 号)。2004 年,为了促进我国建设工程项目管理健康发展,规范建设工程项目管理行为,不断提高建设工程投资效益和管理水平,建设部制定并发布了《建设工程项目管理试行办法》(建市〔2004〕第 200 号)。

2016 年,《住房城乡建设部关于进一步推进工程总承包发展的若干意见》(建市

〔2016〕93 号)明确提到:在工程总承包项目上应加强全过程的项目管理,建设单位可以自行对项目进行管理,也可以委托项目管理单位进行全过程管理。在地方文件中,上海市发布了《关于进一步加强本市建设工程项目管理服务的通知》(沪建建管〔2017〕125号);江苏住房和城乡建设委员会在《关于推进工程建设全过程项目管理咨询服务的指导意见》(苏建建管〔2016〕730 号)中大力提倡在江苏省内培养全过程的项目管理咨询服务企业,为建设单位的项目管理提供咨询服务。

(3)鼓励发展全过程工程咨询

2017 年 2 月,《国务院办公厅关于促进建筑业持续健康发展的意见》(国办发〔2017〕19 号)中倡导:"培育全过程工程咨询。鼓励投资咨询、勘察、设计、监理、招标代理、造价等企业采取联合经营、并购重组等方式发展全过程工程咨询,培育一批具有国际水平的全过程工程咨询企业。制订全过程工程咨询服务技术标准和合同范本。政府投资工程应带头推行全过程工程咨询,鼓励非政府投资工程委托全过程工程咨询服务。在民用建筑项目中,充分发挥建筑师的主导作用,鼓励提供全过程工程咨询服务。"这是在建筑工程领域首次明确提出"全过程工程咨询"这一理念。

2017 年 5 月,住房和城乡建设部印发的《住房和城乡建设部关于开展全过程工程咨询试点工作的通知》(建市〔2017〕101 号),选择北京、上海、江苏、浙江、福建、湖南、广东、四川 8 省(市)以及 40 家企业开展全过程工程咨询试点,探索全过程工程咨询管理制度和组织模式,为全面开展全过程工程咨询积累经验。

继国办发〔2017〕19 号之后,2017 年 5 月,住房和城乡建设部印发的《工程勘察设计行业"十三五"规划》再次提出要培育全过程工程咨询。该规划还为不同规模和实力的勘察设计企业发展全过程工程咨询提供了建议:促进大型企业向工程公司或工程顾问咨询公司发展;中小型企业向具有较强专业技术优势的专业公司发展;鼓励有条件的企业以设计和研发为基础,以自身专利及专有技术为优势,拓展装备制造、设备成套、项目运营维护等相关业务,逐步形成工程项目全生命周期的一体化服务体系。

2018 年 3 月 15 日,《关于征求推进全过程工程咨询服务发展的指导意见(征求意见稿)和建设工程咨询服务合同示范文本(征求意见稿)意见的函》(建市监函〔2018〕9 号)提出:进一步完善我国工程建设组织模式,推进全过程工程咨询服务发展,培育具有国际竞争力的工程咨询企业,推动我国工程咨询行业转型升级,提升工程建设质量和效益;借鉴和参照国际通行规则开展全过程工程咨询服务,结合国际大型工程顾问公司的业务特征,培育既熟悉国际规则又能符合国内建筑市场需求的高水平工程咨询服务企业和人才队伍;鼓励有能力的工程咨询企业积极参与国际竞争,推动中国工程咨询行业"走出去",为实现"一带一路"倡议服务。

全过程工程咨询的出现,是我国工程咨询行业发展的积淀,是市场选择的结果,是向国际惯例接轨的要求,是行业发展的必然趋势。

1.3　矿山生态修复项目全过程工程咨询的概念

1.3.1　全过程工程咨询的概念

相较于建设工程,矿山生态修复行业兴起较晚。采用全过程工程咨询的矿山生态修复项目鲜有报道。自 2016 年以来,笔者尝试在矿山企业投资的矿山生态修复项目中以全过程工程咨询的形式开展生产经营工作,并取得了一定的成效。在对生产经营工作总结的基础上,开展了相关研究工作,旨在将全过程工程咨询的理念引入矿山生态修复领域,提升项目价值。

不同行业的工程阶段不同,其全过程工程咨询包括的服务也相应地有所不同。结合上文所述矿山生态修复的概念和工程咨询的相关知识,本书认为矿山生态修复项目全过程工程咨询,狭义的概念是指咨询人接受委托人的委托,综合运用多学科知识、工程实践经验、现代科学和管理方法,采用多种服务方式组合,为委托人提供矿山生态修复项目整体解决方案的综合性智力服务活动。主要咨询服务内容包括矿产资源开采与生态修复方案编制,矿山生态修复项目勘查设计、施工管理或工程监理、工程评估等。广义的,咨询人为委托人提供两项或两项以上技术服务的均称为全过程工程咨询。具体项目的全过程工程咨询服务内容以合同约定的为准。

从概念的两个层面来看,狭义的概念侧重于矿山生态修复项目全过程工程咨询的外延,强调其工作性质为技术服务,具体工作包括矿产资源开采与生态修复方案编制,矿山生态修复项目勘查设计、施工管理或工程监理、工程评估等。广义的概念更侧重于矿山生态修复项目全过程工程咨询的内涵,使用更广泛和灵活。

1.3.2　全过程工程咨询的原则

1.3.2.1　服务性

服务性是指以服务对象为中心。矿山生态修复项目全过程工程咨询单位利用自己的知识、技能和经验,为服务对象提供组织、管理、经济和技术服务。矿山企业既是项目的出资人又是全过程工程咨询的服务对象,是全过程工程咨询合同的委托人。全过程工程咨询合同决定了服务对象的中心地位。

矿山生态修复项目具有周期性和周期长的特点。矿产资源开采与生态修复方案的适用期一般为五年,适用期满应进行修编。因此,矿山企业一般以五年为周期开展矿山生态修复项目。一个周期内至少完成一次方案编制、勘查设计、施工、评估验收等工作。根据矿山具体情况,有些矿山可能在方案适用期内,完成多次阶段性勘查设计、施工和评估验收。因此,矿山生态修复项目全过程工程咨询的服务期一般也较长。正所谓"路遥知马力,日久见人心",矿山企业不可能持续将服务质量差的作为下一工程阶段或下一项目周期的工程咨询单位。

以服务对象为中心不仅关乎全过程工程咨询的服务质量,更与持续经营息息相关,应作为全过程工程咨询单位的基本服务理念。

1.3.2.2 科学性

全过程工程咨询的依据、方法和过程应具有科学性。全过程工程咨询要求实事求是,了解并反映客观、真实的情况,据实比选,据理论证;要求符合科学的工作程序、技术标准和行为规范,不违背客观规律;要求运用科学的理论、方法、知识和技术,使咨询成果经得起时间的检验。矿山生态修复理念不断更新,工程措施不断进步,新技术、新工艺、新材料、新设备不断涌现,全过程工程咨询单位只有采用科学的思想、理论、方法和措施,才能确保高质量的咨询服务。全过程工程咨询科学化的程度,决定了咨询服务的水准和质量,进而决定咨询成果是否可信、可用、可靠。

1.3.2.3 独立性

全过程工程咨询单位应具有独立的法人地位,不受其他方面的偏好和意图干扰,独立自主执业,对完成的咨询成果独立承担法律责任。工程咨询单位承担招标服务、施工管理、监理或工程评估的,不得与投标人、施工单位及材料设备供应商有利害关系。全过程工程咨询单位的独立性,是其从事技术服务的法律基础,是坚持客观、公正立场的前提条件,是赢得社会信任的重要因素。

1.3.2.4 公正性

全过程工程咨询工作应坚持原则,坚守公正立场。全过程工程咨询的公正性并非无原则的调和或折中,也不是简单地在矛盾的双方之间保持中立。矿山企业既是全过程工程咨询的委托人又是服务对象,全过程工程咨询以服务对象为中心并不是一味地盲从委托人的所有想法和意见,更不能对其诉求无底线地满足。矿山生态修复关乎人与自然和谐共生及子孙后代的长远利益,当委托方的想法和意见不正确时,咨询单位及其工程师应敢于提出不同意见,或在授权范围内进行协调,支持意见正确的另一方。特别是对不符合国家法律、规划的,要提出并坚持不同意见,帮助委托方优化方案,甚至做出否定的咨询结论。这既是对国家、社会和人民负责,也是对委托方的长远利益负责。不符合宏观要求的盲目发展,不可能取得长久的经济和社会效益,最终可能成为委托方的历史包袱。

总之,矿山生态修复项目全过程工程咨询是原则性、政策性很强的工作,既要忠实地为委托方服务,又不能完全以委托方暂时的满意度作为评价工作好坏的唯一标准。全过程工程咨询单位及咨询工程师要恪守职业道德,不能因利益而丧失原则。

1.3.3　全过程工程咨询的特点

矿山生态修复项目全过程工程咨询具有一次性、智慧化服务、涉及面广和产品非物质性的特点。

1.3.3.1　一次性

每项全过程工程咨询服务都是一次性的单独任务。不同项目之间有类似之处但不会完全重复。即便是相同矿种、相同开采方式、同类矿山生态问题的项目,也会因地质条件、气候条件、工程规模、矿山企业的管理模式、项目所在地管理规定、工程咨询阶段等因素,造成项目之间的差异化。因此,不同项目之间可以借鉴工作经验,但不能简单地复制。

1.3.3.2　智慧化服务

全过程工程咨询需要多学科知识、技术、经验、方法、信息的集成和创新,是高度智慧化服务。其智慧化程度会伴随科技进步逐渐提升。

1.3.3.3　涉及面广

矿山生态修复项目特殊性强、地域差异性大,工程措施灵活、理念更新快,本身属于交叉学科。另外,全过程工程咨询涉及政治、经济、技术、社会、环境、文化、管理等诸多领域。因此,矿山生态修复项目全过程工程咨询涉及面甚广。

1.3.3.4　产品非物质性

全过程工程咨询为矿山企业提供智力服务,其成果属于非物质产品。

1.3.4　全过程工程咨询的服务对象

矿山企业是矿山生态修复的责任人也是项目投资人。因此,全过程工程咨询的服务对象一般为矿山企业。特殊的,有些矿山企业会委托其他单位作为代理人负责实施矿山生态修复项目。此时,全过程工程咨询的服务对象还应包括受委托企业,具体根据委托关系及全过程工程咨询合同的约定而定。

【**案例**】灵宝黄金投资有限责任公司委托灵宝武地灵建材有限公司全权代理其第三矿区2021—2022年度的矿山生态修复工作。灵宝武地灵建材有限公司持矿山企业出具的委托书与全过程工程咨询单位签署合同,咨询范围包括勘查设计、施工管理、工程评估三个工程阶段。此项目中,全过程工程咨询的直接服务对象为灵宝武地灵建材有限公司。

1.3.5　全过程工程咨询服务阶段

矿山生态修复项目包括矿产资源开采与生态修复方案编制、勘查设计、施工(含监测和管护)和评估验收四个主要工程阶段。另外,"双随机、一公开"监管贯穿矿山生态修复项目的全过程,如图1-1所示。

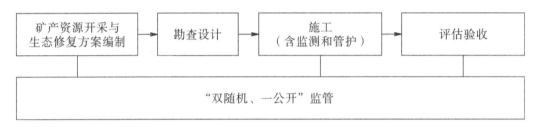

图1-1　矿山生态修复项目的工程阶段

(1)矿产资源开采与生态修复方案编制阶段

矿产资源开采与生态修复方案是对矿产资源开采的策划,并在此基础上对矿山活动可能造成的矿山生态问题进行预测,基于预测结论规划生态修复工程。借用建设工程对设计阶段的划分标准,方案相当于概念设计或初步设计。

(2)工程勘查设计阶段

自方案生效到完全实施所规划的工程,往往要历时数年。所规划工程的可行性受制于矿产资源开采方案的科学性、执行矿产资源开采方案的严谨性、矿山生态问题预测的准确性等不确定因素。工程技术的进步、工程规划深度、市场价格波动等也是影响方案能否落实的重要因素。《河南省生产建设项目土地复垦管理暂行办法》(豫国土资规〔2016〕16号)规定土地复垦义务人在实施土地复垦工程前,应当依据方案编制期限不超过3年的分期规划设计。因此,为了优化和细化矿山生态修复工程,提升矿山生态修复效果,需要在方案的基础上进行勘查设计,此阶段相当于建设工程的施工图设计。

（3）工程施工阶段

矿山生态修复项目施工阶段是按照相关技术要求将工程设计"变成"实物的过程。此阶段的主要咨询服务包括监理、施工管理等。施工管理的具体工作包括施工组织设计、施工过程管理、竣工报告编制、工程决算等。

（4）工程评估验收

《河南省矿山地质环境恢复基金管理办法》（豫财环资〔2020〕80 号）第十五条规定：已完成治理修复的工程，由矿山企业委托第三方对治理修复工程及基金使用情况进行评估。矿山企业应在评估完成后 30 日内，将评估报告等资料报当地自然资源主管部门备案，同时抄报当地生态环境主管部门。此阶段，最重要的咨询服务工作为工程评估，还包括工程验收服务等。

（5）"双随机、一公开"

《河南省自然资源厅"双随机、一公开"监管工作实施细则》和《河南省自然资源厅随机抽查事项清单》（豫自然资规〔2019〕3 号）将矿山生态修复项目列入"双随机、一公开"监管的内容，主要检查基金提取存储及履行矿山地质环境恢复治理和土地复垦义务情况。"双随机、一公开"监管贯穿于矿山生态修复项目的全过程。此项工作中，咨询单位能做的不多。如矿山企业需要咨询单位就已经完成的各类咨询服务成果配合监管检查，咨询单位应积极配合。

综上，矿山生态修复项目全过程工程咨询服务阶段包括矿产资源开采与生态修复方案编制、勘查设计、施工（含监测和管护）和评估验收四个主要工程阶段。根据矿山企业需要，还可以包括招标服务、"双随机、一公开"监管配合等辅助性咨询服务。目前，矿山生态修复项目全过程工程咨询概念刚刚提出，宣传和普及力度还很欠缺，工程实践中，包含完整的四个工程阶段的咨询服务项目还不是常态。为区别于传统的单一阶段的工程技术服务，本书认为工程咨询单位为矿山企业提供超过一个工程阶段的咨询服务即可称之为全过程工程咨询。

1.3.6　全过程工程咨询的目标

（1）人与自然和谐共生

马克思认为，自然界是人类生存与发展的基础，人是自然界的一部分，"人靠自然界生活。这就是说，自然界是人为了不致死亡而必须与之处于持续不断的交互作用过程的、人的身体"。恩格斯针对美索不达米亚、希腊、小亚细亚等地的变迁发出警示："我们不要过分陶醉于我们人类对自然界的胜利。对于每一次这样的胜利，自然界都对我们进行报复。"从这一角度来说，矿山开采其实就是人与自然的相互作用。人类通过采矿从自然界获取资源和财富，自然条件被破坏，轻则造成地形地貌景观破坏、占压土地资源、地下水疏干、生物种群灭绝等降低人类生活条件,重则造成矿难,诱发崩塌、滑坡、泥石流、地面塌陷、地裂缝等地质灾害夺走人的生命,报复人类。

党的十九大报告指出:坚持人与自然和谐共生是新时代坚持和发展中国特色社会主义的基本方略之一。党的二十大报告将"推动绿色发展,促进人与自然和谐共生"作为十五项核心内容之一提出。矿山生态修复项目全过程工程咨询要坚持山水林田湖草沙一体化保护和系统治理的理念,深入贯彻人与自然和谐共生的基本方略。通过智力服务,既助力矿山企业赢得金山银山,又为子孙后代保住绿水青山,是全过程工程咨询的首要目标。

(2)集约发展

集约发展是指在最充分利用一切资源的基础上,更集中合理地运用现代管理与技术,充分发挥人力资源的积极效应,以提高工作效益和效率的一种形式。通俗地讲,集约就是通过技术进步和改善管理,提高生产要素的质量和效益来实现经济增长,它要求在人力资源利用上不断提高劳动生产率,不断提高科学技术在经济增长中的作用;在物质资源利用上不断降低物耗水平,不断降低产品成本;在财力资源利用上不断提高投资收益率和资金使用效果。在生产要素组合方式上,与粗放式模式相比,集约化发展最主要的特点是要素组合的集结、协调和优化,粗放式组合是"外延扩张",集约化组合则是以提高效率和效益为要求的"内涵增长"。

全过程工程咨询模式下矿山企业和咨询单位分别发挥在项目基础条件及技术、管理方面的优势,更新生态修复理念,改善管理模式,通过规模效应降本增效,以达到集约发展的目的。

(3)项目价值提升

项目价值提升是全过程工程咨询的落脚点,也是全过程工程咨询的生命力所在。项目价值由效果和成本两个因素决定,价值与效果成正比、与成本成反比。

一方面,工程措施在方案编制、勘查设计、施工三个环节持续细化和优化,工程质量控制环环相扣,可保证和提升矿山生态修复效果。另一方面,在项目全过程中持续控制工程成本。效果提升、成本下降,从而实现项目增值。

第 2 章

相关法律解读

　　矿山生态修复项目全过程工程咨询是一项原则性和政策性很强的工作,要做好该工作除了接受全过程工程咨询的理念外,最重要的是掌握相关的法律和规范。法律和规范是全过程工程咨询的依据和基本方法。本章将从为什么要开展矿山生态修复项目和项目全过程工程咨询怎么做两个角度对主要相关法律进行解读。本书摘录的是与矿山生态修复直接相关的法律条款,解读的目的是帮助读者站在矿山生态修复的角度理解法律的一般性规定,掌握这些内容能满足从业者的基本需求,如需进一步提升可对法律全文进行研读。

　　需要指出的是,本章是按照原文引用法律条款,读者需掌握 2018 年国务院机构改革前后主管部门的对应关系。例如,土地复垦条例是在 2011 年发布实施的,其中所称的土地资源主管部门对应现在的自然资源主管部门。

2.1　主要相关法律和规范

　　从广义的法律概念来讲,与矿山生态修复相关的法律包括法律、行政法规、自然资源部规章及规范性文件、地方性法规及规范性文件四大类。由于矿山生态修复项目属地化管理,地方性法规及规范性文件、地方标准是全过程工程咨询的最直接依据。全国各省的地方性法规及规范性文件、地方标准既有统一性又有一定的地域差异性,本书仅以河南省为例进行解读。主要相关法律和规范如表 2-1 所示,建议读者进行全面而深入的学习。

表2-1 主要相关法律和规范一览表

序号	名称	文号	实施时间	修正时间	备注
1. 法律					
1.1	土地管理法	主席令41号	1987.1.1	2019.8.26	土地复垦条例的上位法
2. 行政法规					
2.1	土地复垦条例	国务院令第592号	2011.3.5		
2.2	地质灾害防治条例	国务院令第394号	2004.3.1		
3. 部门规章及规范性文件					
3.1	矿山地质环境保护规定	国土资源部令第44号	2009.5.1	2019.7.16	
3.2	土地复垦条例实施办法	国土资源部令第56号	2013.3.1	2019.7.16	
3.3	山水林田湖草生态保护修复工程指南(试行)	自然资办发〔2020〕38号	2020.8.26		
3.4	关于做好矿山地质环境保护与土地复垦方案编报有关工作的通知	国土资规〔2016〕21号	2017.1.3		附《矿山地质环境保护与土地复垦方案编制指南》
3.5	关于取消矿山地质环境治理恢复保证金建立矿山地质环境治理恢复基金的指导意见	财建〔2017〕638号	2017.11.1		
4. 地方性法规及规范性文件(以河南省为例)					
4.1	河南省地质环境保护条例		2012.7.1		
4.2	河南省生产建设项目土地复垦管理暂行办法	豫国土资规〔2016〕16号	2017.1.1		
4.3	关于取消矿山地质环境治理恢复保证金建立矿山地质环境治理恢复基金的通知	豫财环〔2017〕111号	2018.1.1		
4.4	《河南省自然资源厅"双随机、一公开"监管工作实施细则》和《河南省自然资源厅随机抽查事项清单》	豫自然资规〔2019〕3号	2019.11.1		

续表 2-1

序号	名称	文号	实施时间	修正时间	备注
4.5	关于进一步规范矿山生态修复工作的紧急通知	豫自然资办明电〔2020〕27 号	2020.7.27		
4.6	河南省矿山地质环境治理恢复基金管理办法	豫财环资〔2020〕80 号	2020.11.27		
4.7	关于开展矿产资源开采与生态修复方案编制评审有关工作的通知	豫自然资发〔2020〕61 号	2020.12.17		
5. 规范					
5.1	地质灾害防治工程监理规范	DZ/T 0222	2006.9.1		行业标准
5.2	土地复垦质量控制标准	TD/T 1036	2013.2.1		行业标准
5.3	土地整治项目工程量计算规则	TD/T 1039	2013.8.1		行业标准
5.4	土地整治工程质量检验与评定规程	TD/T 1041	2013.12.1		行业标准
5.5	土地整治工程施工监理规范	TD/T 1042	2013.12.1		行业标准
5.6	矿山地质环境恢复治理工程施工质量验收规范	DB41/T 1836	2019.9.17		地方标准
5.7	山水林田湖草生态保护修复工程监理规范	DB41/T 1993	2021.1.23		地方标准

2.2　土地管理法

　　《中华人民共和国土地管理法》于 1986 年 6 月 25 日第六届全国人民代表大会常务委员会第十六次会议通过,自 1987 年 1 月 1 日起施行;1988 年 12 月 29 日第七届全国人民代表大会常务委员会第五次会议进行第一次修正;1998 年 8 月 29 日第九届全国人民代表大会常务委员会第四次会议进行修订;2004 年 8 月 28 日第十届全国人民代表大会常务委员会第十一次会议进行第二次修正;2019 年 8 月 26 日进行第三次修正。

　　现行《中华人民共和国土地管理法》共八章八十七条,是矿山生态修复行业的根本大法,是相关行政法规的上位法。

2.2.1　土地用途管理

【原文】第四条:国家实行土地用途管制制度。国家编制土地利用总体规划,规定土地用途,将土地分为农用地、建设用地和未利用地。严格限制农用地转为建设用地,控制建设用地总量,对耕地实行特殊保护。前款所称农用地是指直接用于农业生产的土地,包括耕地、林地、草地、农田水利用地、养殖水面等;建设用地是指建造建筑物、构筑物的土地,包括城乡住宅和公共设施用地、工矿用地、交通水利设施用地、旅游用地、军事设施用地等;未利用地是指农用地和建设用地以外的土地。使用土地的单位和个人必须严格按照土地利用总体规划确定的用途使用土地。

【解读】土地用途分为农用地、建设用地和未利用地三类。其中,矿山生态修复项目相关的工矿用地属于建设用地,土地管理法关于建设用地的转用审批、出让、复垦等规定均适用于工矿用地。

2.2.2　土地复垦责任制

【原文】第四十三条:因挖损、塌陷、压占等造成土地破坏,用地单位和个人应当按照国家有关规定负责复垦;没有条件复垦或者复垦不符合要求的,应当缴纳土地复垦费,专项用于土地复垦。复垦的土地应当优先用于农业。

【原文】第七十六条:违反本法规定,拒不履行土地复垦义务的,由县级以上人民政府自然资源主管部门责令限期改正;逾期不改正的,责令缴纳复垦费,专项用于土地复垦,可以处以罚款。

【解读】土地管理法第四十三条规定了土地使用人的复垦责任,第七十六条是相应的罚则,这两条是土地复垦条例的主要立法依据,也是矿山企业缴纳土地复垦保证金的基本法律依据。矿山开采往往会造成土地挖损、塌陷、压占等,从土地管理角度来说,这些属于土地破坏,从矿山地质环境角度来说,地面塌陷是地质灾害的主要类型之一,挖损和压占土地属于地形地貌景观破坏。从工程角度来说,土地复垦工程的实施既恢复了土地利用性质,同时解决了矿山地质环境问题,因此,将此类工程统称为矿山生态修复工程是合适的。

2.3　土地复垦条例

《土地复垦条例》于2011年2月22日国务院第145次常务会议通过,2011年3月5

日,以国务院令第 592 号公布并施行。

《土地复垦条例》围绕落实十分珍惜、合理利用土地和切实保护耕地的基本国策,规范土地复垦活动,加强土地复垦管理,提高土地利用的社会效益、经济效益和生态效益,规定了土地复垦的原则、职能分工、工程实施、监督管理、激励措施等。其上位法为《中华人民共和国土地管理法》。

2.3.1　土地复垦的概念及基本原则

【原文】第二条:本条例所称土地复垦,是指对生产建设活动和自然灾害损毁的土地,采取整治措施,使其达到可供利用状态的活动。

【原文】第三条:生产建设活动损毁的土地,按照"谁损毁,谁复垦"的原则,由生产建设单位或者个人(土地复垦义务人)负责复垦。但是,由于历史原因无法确定土地复垦义务人的生产建设活动损毁的土地(历史遗留损毁土地),由县级以上人民政府负责组织复垦。自然灾害损毁的土地,由县级以上人民政府负责组织复垦。

【原文】第四条:生产建设活动应当节约集约利用土地,不占或者少占耕地;对依法占用的土地应当采取有效措施,减少土地损毁面积,降低土地损毁程度。土地复垦应当坚持科学规划、因地制宜、综合治理、经济可行、合理利用的原则。复垦的土地应当优先用于农业。

【原文】第五条:国务院国土资源主管部门负责全国土地复垦的监督管理工作。县级以上地方人民政府国土资源主管部门负责本行政区域土地复垦的监督管理工作。县级以上人民政府其他有关部门依照本条例的规定和各自的职责做好土地复垦有关工作。

【解读】以上四条分别规定了土地复垦的概念、用地原则及土地复垦的实施和监管主体。从第二条可知,土地损毁的诱因有生产建设活动和自然灾害两类,本书所称的土地复垦对象是矿山活动损毁的土地,属于生产建设活动造成的土地损毁。因此,土地复垦条例第二章——"生产建设活动损毁土地的复垦"全部条款均适用于矿山生态修复项目中的土地复垦工程。

第四条规定了"节约集约"的用地原则和"坚持科学规划、因地制宜、综合治理、经济可行、合理利用"的土地复垦原则。其中,用地原则应贯穿于矿产勘探和开采的全过程,在编制"三合一"方案的矿产开采部分时要充分落实这一原则。在编制"三合一"方案的土地复垦部分及勘查设计时应贯彻落实土地复垦原则。

第三条和第五条分别规定了土地复垦义务人的确认原则及监管主体,这两大主体是土地复垦项目的重要参与者。"谁损毁,谁复垦"的土地复垦义务人确认原则可结合"预防为主、防治结合,谁开发谁保护、谁破坏谁治理、谁投资谁受益"的矿山地质环境保护原则一起掌握,在矿山生态修复项目中准确、灵活运用。

2.3.2 矿山土地损毁的形式及复垦义务

【原文】第十条:下列损毁土地由土地复垦义务人负责复垦:(一)露天采矿、烧制砖瓦、挖沙取土等地表挖掘所损毁的土地;(二)地下采矿等造成地表塌陷的土地;(三)堆放采矿剥离物、废石、矿渣、粉煤灰等固体废弃物压占的土地;(四)能源、交通、水利等基础设施建设和其他生产建设活动临时占用所损毁的土地。

【原文】第二十条:土地复垦义务人不依法履行土地复垦义务的,在申请新的建设用地时,有批准权的人民政府不得批准;在申请新的采矿许可证或者申请采矿许可证延续、变更、注销时,有批准权的国土资源主管部门不得批准。

【解读】第十条既规定了矿山企业是矿山活动损毁土地的复垦义务人,也指出了矿山开采造成土地损毁的一般形式,即露天开采造成地表挖损、地下开采造成地面塌陷及堆放固废造成土地压占。在编制"三合一"方案时应根据矿山开采方式、地质条件等,遵循一般规律预测土地损毁类型,进而规划土地复垦措施。第二十条规定了矿山企业不履行土地复垦义务面临的法律风险。这两条从正反两方面回答了矿山企业为什么要开展土地复垦这一问题。

2.3.3 土地复垦方案

【原文】第十一条:土地复垦义务人应当按照土地复垦标准和国务院国土资源主管部门的规定编制土地复垦方案。

【原文】第十二条:土地复垦方案应当包括下列内容:(一)项目概况和项目区土地利用状况;(二)损毁土地的分析预测和土地复垦的可行性评价;(三)土地复垦的目标任务;(四)土地复垦应当达到的质量要求和采取的措施;(五)土地复垦工程和投资估(概)算;(六)土地复垦费用的安排;(七)土地复垦工作计划与进度安排;(八)国务院国土资源主管部门规定的其他内容。

【原文】第十三条:土地复垦义务人应当在办理建设用地申请或者采矿权申请手续时,随有关报批材料报送土地复垦方案。土地复垦义务人未编制土地复垦方案或者土地复垦方案不符合要求的,有批准权的人民政府不得批准建设用地,有批准权的国土资源主管部门不得颁发采矿许可证。

【解读】土地复垦条例规定了土地复垦义务人编制土地复垦方案的责任及土地复垦方案的主要内容,并针对矿山开采活动规定了土地复垦方案是办理采矿许可证的要件和前提条件。为贯彻落实中共中央、国务院关于深化行政审批制度改革的有关要求,切实减少管理环节,提高工作效率,减轻矿山企业负担,《国土资源部办公厅关于做好矿山地质环境保护与土地复垦方案编报有关工作的通知》(国土资规〔2016〕21 号)规定:自 2017 年 1 月 3 日起,施行矿山地质环境保护与治理恢复方案和土地复垦方案合并编报制度。合并后的方案以采矿权为单位进行编制,即一个采矿权编制一个方案,名称为矿山地质环境保护与土地复垦方案,即"二合一"方案。河南省自 2021 年 1 月 1 日起,在"二合一"方案的基础上,对矿山的矿产资源开发利用方案、矿山地质环境保护与治理恢复方案及土地复垦方案进行合并,称为矿产资源开采与生态修复方案,即"三合一"方案,详见下文 2.9 节。

2.3.4　土地复垦工程实施

【原文】第十四条:土地复垦义务人应当按照土地复垦方案开展土地复垦工作。矿山企业还应当对土地损毁情况进行动态监测和评价。

生产建设周期长、需要分阶段实施复垦的,土地复垦义务人应当对土地复垦工作与生产建设活动统一规划、统筹实施,根据生产建设进度确定各阶段土地复垦的目标任务、工程规划设计、费用安排、工程实施进度和完成期限等。

【解读】土地复垦条例规定了土地复垦工程实施的基本流程和不依法履行土地复垦义务的罚则。矿山活动一般周期较长,土地复垦工程应按照土地复垦方案统一规划、分阶段统筹实施。阶段性土地复垦工程应与矿山实际开采进度相协调,既及时复垦矿山开采损毁的土地,又不影响矿山的正常生产活动,不能在同一地块形成"损毁—复垦—再损毁—再复垦"的恶性循环。这就要求矿山土地复垦工程要以矿山实际损毁的土地为基本依据,实事求是地对土地复垦方案进行动态管理,及时作出必要的修改(《土地复垦条例实施办法》规定了土地复垦方案修改的程序),要对土地复垦工程进行分阶段规划,并明确各阶段的工程目标和费用估算。

2.3.5　土地复垦质量管理

【原文】第十六条:土地复垦义务人应当建立土地复垦质量控制制度,遵守土地复垦标准和环境保护标准,保护土壤质量与生态环境,避免污染土壤和地下水。土地复垦义务人应当首先对拟损毁的耕地、林地、牧草地进行表土剥离,剥离的表土用于被损毁土地的复垦。禁止将重金属污染物或者其他有毒有害物质用作回填或者充填材料。受重金属污染物或者其他有毒有害物质污染的土地复垦后,达不到国家有关标准的,不得用于种植食用农作物。

【解读】这一条规定了土地复垦质量管理的基本原则,可以总结为"制度化管理、按标准实施、保护环境、避免污染"。除此之外,还规定了采用剥离方式保护和利用表土,重金属污染物及重金属污染场地的管理等具体情况。土地复垦质量管理原则应贯穿土地复垦方案、规划设计、施工及验收全过程,是一个动态的系统工程。以上所称质量管理是从行政管理角度出发的,是土地复垦质量管理的基本要求和底线,工程实践中还应按照相应的规范及项目管理的科学规律,采用组织、技术、经济等措施进行质量管理。

2.3.6 土地复垦费用管理

【原文】第十五条:土地复垦义务人应当将土地复垦费用列入生产成本或者建设项目总投资。

【原文】第十八条:土地复垦义务人不复垦,或者复垦验收中经整改仍不合格的,应当缴纳土地复垦费,由有关国土资源主管部门代为组织复垦。确定土地复垦费的数额,应当综合考虑损毁前的土地类型、实际损毁面积、损毁程度、复垦标准、复垦用途和完成复垦任务所需的工程量等因素。土地复垦费的具体征收使用管理办法,由国务院财政、价格主管部门商国务院有关部门制定。土地复垦义务人缴纳的土地复垦费专项用于土地复垦。任何单位和个人不得截留、挤占、挪用。

【原文】第十九条:土地复垦义务人对在生产建设活动中损毁的由其他单位或者个人使用的国有土地或者农民集体所有的土地,除负责复垦外,还应当向遭受损失的单位或者个人支付损失补偿费。损失补偿费由土地复垦义务人与遭受损失的单位或者个人按照造成的实际损失协商确定;协商不成的,可以向土地所在地人民政府国土资源主管部门申请调解或者依法向人民法院提起民事诉讼。

【解读】第十五和第十八条是矿山企业缴存土地复垦保证金的法律依据,土地复垦条例实施办法规定了具体的预存和支取程序,读者可对照学习掌握。除此之外,损失补偿费也是土地复垦费的组成部分。土地开发整理项目预算定额标准中所称拆迁补偿费包括房屋拆迁、林木及青苗损毁等补偿费用,与前期工作费、工程监理费、竣工验收费和业主管理费共同构成土地整理项目其他费用。河南省自2020年11月27日起,将矿山的土地复垦保证金并于矿山地质环境治理恢复基金统一管理,详见下文2.8节。矿山之外的其他类土地复垦项目仍然执行保证金制度。

2.3.7 项目验收

【原文】第二十八条:土地复垦义务人按照土地复垦方案的要求完成土地复垦任务后,应当按照国务院国土资源主管部门的规定向所在地县级以上地方人民政府国土资源主管部门申请验收,接到申请的国土资源主管部门应当会同同级农业、林业、环境保护等有关部门进行验收。进行土地复垦验收,应当邀请有关专家进行现场踏勘,查验复垦后的土地是否符合土地复垦标准以及土地复垦方案的要求,核实复垦后的土地类型、面积和质量等情况,并将初步验收结果公告,听取相关权利人的意见。相关权利人对土地复垦完成情况提出异议的,国土资源主管部门应当会同有关部门进一步核查,并将核查情况向相关权利人反馈;情况属实的,应当向土地复垦义务人提出整改意见。

【原文】第二十九条:负责组织验收的国土资源主管部门应当会同有关部门在接到土地复垦验收申请之日起 60 个工作日内完成验收,经验收合格的,向土地复垦义务人出具验收合格确认书;经验收不合格的,向土地复垦义务人出具书面整改意见,列明需要整改的事项,由土地复垦义务人整改完成后重新申请验收。

【原文】第三十一条:复垦为农用地的,负责组织验收的国土资源主管部门应当会同有关部门在验收合格后的 5 年内对土地复垦效果进行跟踪评价,并提出改善土地质量的建议和措施。

【解读】条例规定了土地复垦项目验收的责任主体、程序和时限等基本原则,对于矿山土地复垦项目验收可以总结如下:矿山企业提交验收申请,国土资源管理部门会同相关单位、组织专家在接到申请 60 日内完成验收,公告初步验收结果,结果有异议的进行核查和必要的整改,合格的出具验收合格确认书。土地复垦条例实施办法在此基础上对项目验收从操作层面作出了具体规定,包括验收需要的工程资料、重点验收内容、验收合格确认书载明的事项等,读者可对照学习。

矿山闭坑后一般复垦为农用地(耕地、林地、草地、农田水利用地、养殖水面等),验收合格后,负责验收的部门还要进行为期 5 年的跟踪评价。在此期间,矿山企业应对土地复垦进行监测和管护,《矿山地质环境保护与土地复垦方案编制指南》规定了监测和管护的内容和时间,读者可对照学习。

2.4　地质灾害防治条例

《地质灾害防治条例》于 2003 年 11 月 19 日国务院第 29 次常务会议通过,2003 年 11 月 24 日以中华人民共和国国务院令第 394 号发布,自 2004 年 3 月 1 日起施行。

《地质灾害防治条例》的立法目的是防治地质灾害,避免和减轻地质灾害造成的损失,维护人民生命和财产安全,促进经济和社会的可持续发展等。主要规定了地质灾害防治规划、地质灾害预防、地质灾害应急、地质灾害治理等方面的内容。对地质灾害的责任主体及地质灾害评估、勘查、设计、施工、监理单位的资质、责任等进行了明确。

有些矿山生态修复项目会涉及地质灾害,作为从业者应掌握《地质灾害防治条例》的相关内容。

2.4.1　地质灾害的概念及一般类型

【原文】第二条：本条例所称地质灾害，包括自然因素或者人为活动引发的危害人民生命和财产安全的山体崩塌、滑坡、泥石流、地面塌陷、地裂缝、地面沉降等与地质作用有关的灾害。

【原文】第四十八条：地震灾害的防御和减轻依照防震减灾的法律、行政法规的规定执行。防洪法律、行政法规对洪水引发的崩塌、滑坡、泥石流的防治有规定的，从其规定。

【解读】条例从内涵和外延两个角度定义了地质灾害。其中，内涵包含灾害诱因和灾害后果两个方面。外延是指与地质作用相关的山体崩塌、滑坡、泥石流、地面塌陷、地裂缝、地面沉降等灾害。例如，地震、海啸、洪水、飓风、核辐射等虽然也是灾害，但是与地质作用没有直接关系，不归为地质灾害。对于法律的适用，条例第四十八条作出了规定。本书所称矿山生态修复项目中的地质灾害可称为矿山地质灾害，其诱因为人类采矿活动。露天开采主要诱发的地质灾害类型为崩塌和滑坡；井下开采主要诱发地面塌陷、地裂缝和地面沉降；另外，不稳定的矿渣堆放场往往可以为泥石流提供物源。矿山生态修复项目从业人员应重点掌握地质灾害防治条例中人为活动引发地质灾害的相关的内容。

2.4.2　地质灾害的基本原则

【原文】第三条：地质灾害防治工作，应当坚持预防为主、避让与治理相结合和全面规划、突出重点的原则。

【解读】本条规定了地质灾害防治的基本原则。地质灾害往往具有危害大，治理难度和费用高的特点。包含地质灾害的矿山生态修复项目在矿山生态修复方案编制和设计环节要落实预防为主、避让与治理相结合的原则，强化预防措施，从技术可行、结构可靠，经济合理等角度对比论证避让方案与治理方案的优劣，综合选择地质灾害防治技术路线。

【原文】第五条：地质灾害防治工作，应当纳入国民经济和社会发展计划。因自然因素造成的地质灾害的防治经费，在划分中央和地方事权和财权的基础上，分别列入中央和地方有关人民政府的财政预算。具体办法由国务院财政部门会同国务院国土资源主管部门制定。因工程建设等人为活动引发的地质灾害的治理费用，按照谁引发、谁治理的原则由责任单位承担。

【原文】第四十二条：违反本条例规定，对工程建设等人为活动引发的地质灾害不予治理的，由县级以上人民政府国土资源主管部门责令限期治理；逾期不治理或者治理不符合要求的，由责令限期治理的国土资源主管部门组织治理，所需费用由责任单位承担，处 10 万元以上 50 万元以下的罚款;给他人造成损失的,依法承担赔偿责任。

【解读】条例第五条规定了地质灾害防治的责任主体和出资人。作为矿山生态修复项目从业人员,重点关注关于人为活动引发地质灾害的规定。按照"谁引发、谁治理"的原则,矿山地质灾害的责任主体和出资人为矿山企业。另外,第四十二条规定了不履行地质灾害治理责任或履行不力的罚则。

【原文】第七条:国务院国土资源主管部门负责全国地质灾害防治的组织、协调、指导和监督工作。国务院其他有关部门按照各自的职责负责有关的地质灾害防治工作。县级以上地方人民政府国土资源主管部门负责本行政区域内地质灾害防治的组织、协调、指导和监督工作。县级以上地方人民政府其他有关部门按照各自的职责负责有关的地质灾害防治工作。

【原文】第九条:任何单位和个人对地质灾害防治工作中的违法行为都有权检举和控告。

【解读】条例第七条和第九条分别规定了地质灾害的组织分工和社会监督原则。对于矿山地质灾害,一般由矿山所在地县级国土资源管理部门负责组织、协调、指导和监督。

2.4.3 地质灾害评估与"三同时"制度

【原文】第二十一条:在地质灾害易发区内进行工程建设应当在可行性研究阶段进行地质灾害危险性评估,并将评估结果作为可行性研究报告的组成部分;可行性研究报告未包含地质灾害危险性评估结果的,不得批准其可行性研究报告。编制地质灾害易发区内的城市总体规划、村庄和集镇规划时,应当对规划区进行地质灾害危险性评估。

【原文】第二十四条:对经评估认为可能引发地质灾害或者可能遭受地质灾害危害的建设工程,应当配套建设地质灾害治理工程。地质灾害治理工程的设计、施工和验收应当与主体工程的设计、施工、验收同时进行。配套的地质灾害治理工程未经验收或者经验收不合格的,主体工程不得投入生产或者使用。

【解读】地质灾害评估和"三同时"是预防地质灾害的重要措施,虽然不是本书所说的矿山生态修复全过程工程咨询包含的工作,但是作为从业者应了解其基本内容,以便为矿山企业提供更好的咨询服务。

2.4.4 地质灾害报告制度

【原文】第二十八条:发现地质灾害险情或者灾情的单位和个人,应当立即向当地人民政府或者国土资源主管部门报告。其他部门或者基层群众自治组织接到报告的,应当立即转报当地人民政府。当地人民政府或者县级人民政府国土资源主管部门接到报告后,应当立即派人赶赴现场,进行现场调查,采取有效措施,防止灾害发生或者灾情扩大,并按照国务院国土资源主管部门关于地质灾害灾情分级报告的规定,向上级人民政府和国土资源主管部门报告。

【解读】地质灾害报告是地质灾害应急的重要环节,也是控制损失的重要措施,是任何单位和个人应尽的义务。矿区发生地质灾害的,矿山企业应按照程序如实向当地人民政府或者国土资源主管部门报告,更不得谎报、瞒报或隐瞒不报。

2.4.5　地质灾害资质

【原文】第三十六条:地质灾害治理工程的确定,应当与地质灾害形成的原因、规模以及对人民生命和财产安全的危害程度相适应。承担专项地质灾害治理工程勘查、设计、施工和监理的单位,应当具备下列条件,经省级以上人民政府国土资源主管部门资质审查合格,取得国土资源主管部门颁发的相应等级的资质证书后,方可在资质等级许可的范围内从事地质灾害治理工程的勘查、设计、施工和监理活动,并承担相应的责任:

(1)有独立的法人资格;

(2)有一定数量的水文地质、环境地质、工程地质等相应专业的技术人员;

(3)有相应的技术装备;

(4)有完善的工程质量管理制度。

地质灾害治理工程的勘查、设计、施工和监理应当符合国家有关标准和技术规范。

【原文】第三十七条:禁止地质灾害治理工程勘查、设计、施工和监理单位超越其资质等级许可的范围或者以其他地质灾害治理工程勘查、设计、施工和监理单位的名义承揽地质灾害治理工程勘查、设计、施工和监理业务。禁止地质灾害治理工程勘查、设计、施工和监理单位允许其他单位以本单位的名义承揽地质灾害治理工程勘查、设计、施工和监理业务。禁止任何单位和个人伪造、变造、买卖地质灾害治理工程勘查、设计、施工和监理资质证书。

【原文】第四十五条:违反本条例规定,伪造、变造、买卖地质灾害危险性评估资质证书、地质灾害治理工程勘查、设计、施工和监理资质证书的,由省级以上人民政府国土资源主管部门收缴或者吊销其资质证书,没收违法所得,并处5万元以上10万元以下的罚款;构成犯罪的,依法追究刑事责任。

【解读】地质灾害治理工程实行严格的市场准入制度,勘查、设计、施工、监理单位均应在取得相应资质证书后,在资质允许的范围内承揽地质灾害治理业务。2023年1月1日起施行的《地质灾害防治单位资质管理办法》(自然资源部令第8号)规定:地质灾害防治单位资质分为评估和治理工程勘查设计资质、施工资质、监理资质三个类别,甲级、乙级两个等级;项目规模分为一级、二级两个级别。其中,甲级资质单位可以承揽相应一级、二级地质灾害危险性评估项目及地质灾害治理工程项目,乙级资质单位仅可以承揽相应二级地质灾害危险性评估项目及地质灾害治理工程项目。

条例严禁借用、伪造、变造、买卖地质灾害资质的行为,并规定了相应罚则。综上,包含地质灾害治理的矿山生态修复项目,其全过程工程咨询单位应具备所包含工程阶段相应类型和等级的地质灾害治理资质。

2.4.6　法律责任

【原文】第四十四条:违反本条例规定,有下列行为之一的,由县级以上人民政府国土资源主管部门或者其他部门依据职责责令停止违法行为,对地质灾害危险性评估单位、地质灾害治理工程勘查、设计或者监理单位处合同约定的评估费、勘查费、设计费或者监理酬金1倍以上2倍以下的罚款,对地质灾害治理工程施工单位处工程价款2%以上4%以下的罚款,并可以责令停业整顿,降低资质等级;有违法所得的,没收违法所得;情节严重的,吊销其资质证书;构成犯罪的,依法追究刑事责任;给他人造成损失的,依法承担赔偿责任:

(1)在地质灾害危险性评估中弄虚作假或者故意隐瞒地质灾害真实情况的;

(2)在地质灾害治理工程勘查、设计、施工以及监理活动中弄虚作假、降低工程质量的;

(3)无资质证书或者超越其资质等级许可的范围承揽地质灾害危险性评估、地质灾害治理工程勘查、设计、施工及监理业务的;

(4)以其他单位的名义或者允许其他单位以本单位的名义承揽地质灾害危险性评估、地质灾害治理工程勘查、设计、施工和监理业务的。

【解读】如前文所述,矿山生态修复项目全过程工程咨询贯穿方案编制、勘查、设计、施工、验收等全部工程环节。如项目中包含矿山地质灾害,则适用于该罚则,从业者应全面掌握相关规定。

2.5　矿山地质环境保护规定

《矿山地质环境保护规定》于2009年3月2日以国土资源部令第44号公布;根据2015年5月6日国土资源部第2次部务会议《国土资源部关于修改〈地质灾害危险性评估单位资质管理办法〉等5部规章的决定》第一次修正;根据2016年1月5日国土资源部第1次部务会议《国土资源部关于修改和废止部分规章的决定》第二次修正;根据2019

年 7 月 16 日自然资源部第 2 次部务会议《自然资源部关于第一批废止修改的部门规章的决定》第三次修正。

《矿山地质环境保护规定》围绕保护矿山地质环境,减少矿产资源勘查开采活动造成的矿山地质环境破坏,保护人民生命和财产安全,促进矿产资源的合理开发利用和经济社会、资源环境的协调发展,规定了矿山地质环境保护的原则、职能分工、矿山地质环境保护规划、工程实施、监督管理等。其上位法为《中华人民共和国矿产资源法》《地质灾害防治条例》和《土地复垦条例》。

2.5.1 矿山地质环境治理恢复工程概念

【原文】第二条:因矿产资源勘查开采等活动造成矿区地面塌陷、地裂缝、崩塌、滑坡,含水层破坏,地形地貌景观破坏等的预防和治理恢复,适用本规定。开采矿产资源涉及土地复垦的,依照国家有关土地复垦的法律法规执行。

【解读】第二条给出了矿山地质环境治理恢复工程及矿山地质环境问题的概念,划清了矿山地质环境治理恢复与土地复垦的法律适用界线,及矿山地质环境问题与矿山地质灾害的关系。

由第二条的规定可以演绎出矿山地质环境治理恢复工程的概念为:预防和治理矿山地质环境问题的工程。从诱因和表现形式两个角度定义矿山地质环境问题的概念为:由矿产资源勘查开采等活动诱发的矿区地面塌陷、地裂缝、崩塌、滑坡,含水层破坏,地形地貌景观破坏等地质环境破坏现象。对比上文地质灾害的概念会发现,矿山地质环境问题所列举的矿区地面塌陷、地裂缝、崩塌、滑坡也属于地质灾害的主要类型。因此,可以说矿山地质环境问题包括矿山地质灾害、含水层破坏、地形地貌景观破坏等地质环境破坏现象。认识到矿山地质环境问题包含矿山地质灾害这一点非常重要,相对于含水层破坏和地形地貌景观破坏,矿山地质灾害的破坏性和突发性更强。可以说矿山地质灾害是地质灾害的一种,是特殊的矿山地质环境问题。工程实践中要从如下三个方面对待矿山地质灾害的特殊性:其一,从适用法律角度来说,矿山地质灾害治理工程不仅适用于矿山地质环境保护规定,还是地灾害防治条例等与地质灾害相关的法律法规的调整对象。其二,目前国家对从事一般的矿山地质环境治理恢复工程的方案编制、勘查设计、施工、监理等单位,没有资质要求。如果矿山地质环境治理恢复工程中包含地质灾害治理的,则要求参建单位具备相应的资质。其三,由于其突发性和破坏性,工程实践中矿山地质灾害治理的勘查设计比一般的矿山地质环境治理工程的工作精度要求更高,比如滑坡、地面塌陷等往往需要通过详细勘查搞清楚地质灾害的诱因和破坏边界等。

地面塌陷、地裂缝和地形地貌景观破坏等矿山地质环境问题往往造成土地资源的损毁,属于土地复垦条例规定的生产建设活动损毁的土地。按照"谁损毁,谁复垦"的原则,矿山企业应作为责任人进行复垦。此类工程应依照国家有关土地复垦的法律法规执行。另外,矿山地质环境问题发生在土地上,因此,工程实践中往往难以明确区分一般矿山地质环境问题与土地资源损毁。虽然从生态修复效果角度来说,对二者进行区分的意义不大,但是二者的工程费用管理模式有所不同。在没有合并为基金的省份来说,矿山地质环境治理恢复是按照基金进行管理、土地复垦是按照保证金进行管理,厘清二者的关系有利于更好地管理工程费用。综上,在没有合并为基金的省份编制矿山生态修复方案时应根据矿山类型、开采方式、造成的矿山地质环境问题等权衡矿山地质环境治理恢复基金和土地复垦保证金的关系,从工程估算上对二者进行区分。后期的勘查设计等工程阶段,执行方案估算的分类即可。对于合并为基金的河南省来说,则没有严格区分两项费用的必要性。

2.5.2　矿山地质环境保护原则及责任主体

【原文】第三条:矿山地质环境保护,坚持预防为主、防治结合,谁开发谁保护、谁破坏谁治理、谁投资谁受益的原则。

【原文】第四条:自然资源部负责全国矿山地质环境的保护工作。县级以上地方自然资源主管部门负责本行政区的矿山地质环境保护工作。

【原文】第七条:任何单位和个人对破坏矿山地质环境的违法行为都有权进行检举和控告。

【解读】以上三条规定了矿山地质环境保护的基本原则及组织分工、社会监督原则。

【原文】第十六条:开采矿产资源造成矿山地质环境破坏的,由采矿权人负责治理恢复,治理恢复费用列入生产成本。矿山地质环境治理恢复责任人灭失的,由矿山所在地的市、县自然资源主管部门,使用经市、县人民政府批准设立的政府专项资金进行治理恢复。自然资源部,省、自治区、直辖市自然资源主管部门依据矿山地质环境保护规划,按照矿山地质环境治理工程项目管理制度的要求,对市、县自然资源主管部门给予资金补助。

【原文】第二十条:采矿权转让的,矿山地质环境保护与土地复垦的义务同时转让。采矿权受让人应当依照本规定,履行矿山地质环境保护与土地复垦的义务。

【解读】按照“谁开发谁保护、谁破坏谁治理”的原则,第十六条明确了矿山企业是矿山地质环境治理恢复的责任主体,这一义务随着采矿权的转让而转让。

2.5.3　矿山地质环境保护与土地复垦方案

【原文】第十三条:采矿权申请人未编制矿山地质环境保护与土地复垦方案,或者编制的矿山地质环境保护与土地复垦方案不符合要求的,有批准权的自然资源主管部门应当告知申请人补正;逾期不补正的,不予受理其采矿权申请。

【原文】第十四条:采矿权人扩大开采规模、变更矿区范围或者开采方式的,应当重新编制矿山地质环境保护与土地复垦方案,并报原批准机关批准。

【原文】第二十六条:违反本规定,应当编制矿山地质环境保护与土地复垦方案而未编制的,或者扩大开采规模、变更矿区范围或者开采方式,未重新编制矿山地质环境保护与土地复垦方案并经原审批机关批准的,责令限期改正,并列入矿业权人异常名录或严重违法名单;逾期不改正的,处3万元以下的罚款,不受理其申请新的采矿许可证或者申请采矿许可证延续、变更、注销。

【解读】编制矿山地质环境保护与土地复垦方案是申请采矿权的前置条件,另外,变更开采规模、矿区范围或开采方式的需要重新编制方案。

如前文土地复垦条例章节所述,自2017年1月3日起,国家施行矿山企业矿山地质环境保护与治理恢复方案和土地复垦方案合编,即"二合一"方案;河南省自2021年1月1日起,施行"三合一"方案。矿山地质环境保护规定是在2019年7月16日修正的,因此采用了"二合一"方案的表述形式。工程实践中,应按照《国土资源部办公厅关于做好矿山地质环境保护与土地复垦方案编报有关工作的通知》(国土资规〔2016〕21号)及其附件《矿山地质环境保护与土地复垦方案编制指南》编制"二合一"方案或者"三合一"方案中矿山生态修复部分。

2.5.4 矿山地质环境治理恢复基金

【原文】第十七条:采矿权人应当依照国家有关规定,计提矿山地质环境治理恢复基金。基金由企业自主使用,根据其矿山地质环境保护与土地复垦方案确定的经费预算、工程实施计划、进度安排等,统筹用于开展矿山地质环境治理恢复和土地复垦。

【原文】第二十八条:违反本规定,未按规定计提矿山地质环境治理恢复基金的,由县级以上自然资源主管部门责令限期计提;逾期不计提的,处3万元以下的罚款。颁发采矿许可证的自然资源主管部门不得通过其采矿活动年度报告,不受理其采矿权延续变更申请。

【解读】以上两条规定了矿山地质环境治理恢复基金的计提、使用方法和使用范围,以及矿山企业不履行基金计提义务的罚则。读者可结合《财政部自然资源部环境保护部关于取消矿山地质环境治理恢复保证金建立矿山地质环境治理恢复基金的指导意见》(财建〔2017〕638号)的规定全面掌握与矿山地质环境治理恢复基金的相关规定。

2.5.5　矿山地质环境治理工程的实施与验收

【原文】第十五条：采矿权人应当严格执行经批准的矿山地质环境保护与土地复垦方案。矿山地质环境保护与治理恢复工程的设计和施工，应当与矿产资源开采活动同步进行。

【原文】第二十七条：违反本规定，未按照批准的矿山地质环境保护与土地复垦方案治理的，或者在矿山被批准关闭、闭坑前未完成治理恢复的，责令限期改正，并列入矿业权人异常名录或严重违法名单；逾期拒不改正的或整改不到位的，处 3 万元以下的罚款，不受理其申请新的采矿权许可证或者申请采矿权许可证延续、变更、注销。

【原文】第十八条：采矿权人应当按照矿山地质环境保护与土地复垦方案的要求履行矿山地质环境保护与土地复垦义务。采矿权人未履行矿山地质环境保护与土地复垦义务，或者未达到矿山地质环境保护与土地复垦方案要求，有关自然资源主管部门应当责令采矿权人限期履行矿山地质环境保护与土地复垦义务。

【原文】第十九条：矿山关闭前，采矿权人应当完成矿山地质环境保护与土地复垦义务。采矿权人在申请办理闭坑手续时，应当经自然资源主管部门验收合格，并提交验收合格文件。

【解读】矿山地质环境保护与土地复垦方案对于工程的具体实施是纲领性文件，治理工程应按照批准的方案实施。如参照建设工程的阶段划分，矿山地质环境保护与土地复垦方案相当于方案设计或者初步设计。第十五条所称"设计"是在方案的基础上对治理工程在操作层面的细化，相当于建设工程的施工图设计。

第十五条中的"同步进行"，并不是严格意义的"三同时"（即治理恢复和矿产开采同时设计、同时施工、同时验收）。因为发生矿山地质环境问题是开展治理恢复工程的前提，所以按照"边开采、边治理"理解更准确。

工程实践中，为完善基金管理和方案修编宜对完成的工程组织阶段性的验收。

2.5.6　探矿权人的矿山地质环境治理责任

【原文】第二十一条：以槽探、坑探方式勘查矿产资源，探矿权人在矿产资源勘查活动结束后未申请采矿权的，应当采取相应的治理恢复措施，对其勘查矿产资源遗留的钻孔、探井、探槽、巷道进行回填、封闭，对形成的危岩、危坡等进行治理恢复，消除安全隐患。

【原文】第二十九条：违反本规定第二十一条规定，探矿权人未采取治理恢复措施的，由县级以上自然资源主管部门责令限期改正；逾期拒不改正的，处 3 万元以下的罚款，5 年内不受理其新的探矿权、采矿权申请。

【解读】探矿权人是矿产资源勘查阶段破坏环境的责任人,按照"谁破坏谁治理"的原则,应承担治理责任。以上两条规定了探矿权人的环境治理责任和罚则。

【案例】青海省德令哈市巴音山北金多金属矿普查项目地质环境治理

2011 年 7 月 22 日,河南省地质矿产勘查开发局第四地质勘查院(地勘四院)通过申请取得青海省德令哈市巴音山北金多金属矿(见照片 2-1)预查探矿权。通过 2011—2013 年预查工作,取得了一定的地质成果,具有进一步地质普查的前景。2014 年 12 月 11 日,经青海省国土资源厅批准,该项目转入普查阶段。2015—2016 年,地勘四院开展了野外地质勘查工作。矿产普查采用了槽探、钻探等工作方法,对地形地貌景观及土地资源造成了一定程度的破坏,须开展矿山地质环境治理恢复工作。

照片 2-1　巴音山北金多金属矿探槽 TC1001

2021 年 7 月,地勘四院编制了《青海省德令哈市巴音山北金多金属矿普查图斑(T28)矿山地质环境恢复治理方案》,并于 2021 年 7 月 2 日至 6 日、10 月 8 日至 13 日分两阶段实施了方案规划的工程措施。项目回填探槽 8 处,平整钻机平台 8 处、施工便道 4 段,平整修复面积 3612 m²,有效恢复了矿产勘查区的地质环境,履行了探矿权人的矿山地质环境治理责任。

2.5.7　监督管理

【原文】第二十二条:县级以上自然资源主管部门对采矿权人履行矿山地质环境保护与土地复垦义务的情况进行监督检查。相关责任人应当配合县级以上自然资源主管部门的监督检查,并提供必要的资料,如实反映情况。

【原文】第二十三条:县级以上自然资源主管部门应当建立本行政区域内的矿山地质环境监测工作体系,健全监测网络,对矿山地质环境进行动态监测,指导、监督采矿权人开展矿山地质环境监测。采矿权人应当定期向矿山所在地的县级自然资源主管部门报告矿山地质环境情况,如实提交监测资料。县级自然资源主管部门应当定期将汇总的矿山地质环境监测资料报上一级自然资源主管部门。

【原文】第二十四条:县级以上自然资源主管部门在履行矿山地质环境保护的监督检查职责时,有权对矿山地质环境与土地复垦方案确立的治理恢复措施落实情况和矿山地质环境监测情况进行现场检查,对违反本规定的行为有权制止并依法查处。

【解读】如前文第四条规定,县级以上地方自然资源主管部门负责本行政区的矿山地质环境保护工作,以上三条规定了自然资源主管部门的具体监管措施。矿山企业作为相关责任人,应配合自然资源主管部门的监管工作。除此之外,矿山地质环境保护也列入"双随机、一公开"的随机抽查事项清单。例如《河南省自然资源厅"双随机、一公开"监管工作实施细则》(豫自然资规〔2019〕3 号)将"矿山地质环境保护与土地复垦监督检查"列为河南省自然资源厅随机抽查事项。

【原文】第二十五条:开采矿产资源等活动造成矿山地质环境突发事件的,有关责任人应当采取应急措施,并立即向当地人民政府报告。

【解读】与地质灾害报告制度类似,矿区发生地质环境突发事件的,矿山企业应按照程序如实向当地人民政府或者自然资源主管部门报告,不得谎报、瞒报或隐瞒不报。

2.6　山水林田湖草生态保护修复工程指南(试行)

为贯彻落实中共中央、国务院关于统筹推进山水林田湖草一体化保护和修复的部署要求,指导和规范各地山水林田湖草生态保护修复工程实施,自然资源部、财政部、生态环境部研究制定了《山水林田湖草生态保护修复工程指南(试行)》,并于 2020 年 8 月 26日以自然资办发〔2020〕38 号印发。

该指南提出了生态修复的新理念和原则,矿山生态修复项目全过程工程咨询单位应掌握这些理念和原则并落实在方案编制、设计、施工等工作中。

2.6.1　总体要求

【原文】3.13.1 总体要求:全面贯彻落实习近平生态文明思想,坚持人与自然和谐共生基本方略,坚持节约优先、保护优先、自然恢复为主的方针。遵循自然生态系统的整体性、系统性、动态性及其内在规律,用基于自然的解决方案,综合运用科学、法律、政策、经济和公众参与等手段,统筹整合项目和资金,采取工程、技术、生物等多种措施,对山水林田湖草等各类自然生态要素进行保护和修复,实现国土空间格局优化,提高社会—经济—自然复合生态系统弹性,全面提升国家和区域生态安全屏障质量、促进生态系统良性循环和永续利用。

【原文】A.1 基于自然的解决方案(nature-based solutions,简称 NbS):根据 IUCN 的《基于自然的解决方案全球标准》,是指对自然的或已被改变的生态系统进行保护、可持续管理和修复行动,这些行动能够有效地和具有适应性地应对社会挑战,同时为人类福祉和生物多样性带来益处。

【解读】该指南从基本方略、主要方针、工作手段和措施、目的和意义等角度对生态修复提出了总体要求。虽然矿山生态修复项目从生态要素、空间格局、时空跨度上一般达不到如此高度,但是矿山是国土空间的重要单元,每个矿山生态修复项目的实施均是优化国土空间格局、提高"社会—经济—自然"复合生态系统弹性的一小步。积跬步以至千里,矿山生态修复项目在提升国家和区域生态安全屏障质量、促进生态系统良性循环和永续利用方面功不可没。因此,矿山生态修复项目应积极落实山水林田湖草生态保护修复工程的总体要求,具体要在方案编制和设计阶段落实下文所示的保护修复原则。

2.6.2 保护修复原则

【原文】3.2.2 自然恢复为主,人工修复为辅:保护生物多样性与生态空间多样性,加强区域整体保护和塑造。根据生态系统退化、受损程度和恢复力,合理选择保育保护、自然恢复、辅助再生和生态重建等措施,恢复生态系统结构和功能,增强生态系统稳定性和生态产品供给能力。

【原文】A.19 保护保育(ecosystem conservation):是指保护单一生物物种或者不同生物群落所依存的栖息地、生态系统,以及保护和维系栖息地(自然生态保护区域内)原住民文化与传统生活习惯,以达到维持自然资源可持续利用与永续存在的活动。

【原文】A.21 自然恢复(natural regeneration):是指对生态系统停止人为干扰,以减轻负荷压力,依靠生态系统的自我调节能力和自组织能力使其向有序的方向自然演替和更新恢复的活动。一般为生态系统的正向演替过程。

【原文】A.22 辅助再生(assisted regeneration):亦称协助再生。是指充分利用生态系统的自我恢复能力,辅以人工促进措施,使退化、受损的生态系统逐步恢复并进入良性循环的活动。

【原文】A.23 生态重建(reconstruction):是指对因自然灾害或人为破坏导致生态功能和自我恢复能力丧失,生态系统发生不可逆转变化,以人工措施为主,通过生物、物理、化学、生态或工程技术方法,围绕修复生境、恢复植被、生物多样性重组等过程,重构生态系统并使生态系统进入良性循环的活动。

【解读】该指南明确提出"自然修复为主,人工修复为辅"的生态修复原则。提出的保育保护、自然恢复、辅助再生和生态重建四类措施。按照四类措施的排序,自然修复的作用依次降低、人工修复的作用依次增加。工程实践中,应根据生态系统退化、受损程度和恢复力,优先选择突出自然修复作用的措施。

例如,对于自然稳定的堆渣场,在气候适宜的区域停止堆渣后会天然地恢复植被,这就是自然恢复措施;如堆渣场含土量少,不足以维持植被生长,可以采用喷播手段对堆渣场坡面的土壤进行改良,这就是辅助再生措施。这些措施要比"放坡+砌筑挡土墙+覆土+种树"更经济合理,更能体现自然修复为主的原则。加之,修建的挡土墙本身难以生长植被,造成新的生态环境问题,三者对比,前两种措施更符合"自然恢复为主,人工修复为辅"的原则。

【原文】3.2.3 统筹规划,综合治理:坚持长远结合、久久为功,按照整体规划、总体设计、分期部署、分段实施的思路,科学确定生态保护修复目标、合理布局项目工程、统筹实施各类工程,协同推进山上山下、地上地下、岸上岸下、流域上下游山水林田湖草一体化保护和修复,增强保护修复效果。

【解读】矿山生态修复项目的第一个工程阶段就是编制矿山生态修复方案,对一个矿山的生态修复项目而言,方案起到了规划的作用。土地复垦条例和矿山地质环境保护规定均规定了责任单位要严格按照方案实施。由此可见,矿山生态修复项目一贯执行了统筹规划的原则。对于综合治理原则,矿山生态修复项目中应综合考虑矿山地质灾害、土地复垦和地质环境治理三者的空间和逻辑关系,通过统筹考虑落实到具体的生态修复工程之中,以达到在防治地质灾害的前提下,综合修复矿山生态环境的目的。

【原文】3.2.4 问题导向,科学修复:追根溯源、系统梳理隐患与风险,对自然生态系统进行全方位生态问题诊断,提高问题识别和诊断精度。按照国土空间开发保护格局和管制要求,针对生态问题及风险,充分考虑区域自然禀赋,因地制宜开展保护修复,提高修复措施的科学性和针对性。

【解读】坚持问题导向和科学修复原则,要求矿山企业和工程咨询单位在方案编制阶段,针对不同的矿山条件及开采方式,充分认识和尊重自然规律,采用科学的方法准确预测可能发生的矿山生态问题。在矿山开采过程中,如发生预测之外的生态问题,及时实事求是地对方案进行修订。在设计阶段针对实际发生的生态问题,充分考虑气象、水文、地质、交通、工程后期维护可能性等条件,采用适宜的生态修复措施。

【原文】3.2.5 经济合理,效益综合:按照财力可能、技术可行的原则,优化工程布局、时序,对保护修复措施进行适宜性评价和优选,提高工程效率,避免相关专项资金重复安排,实行低成本修复、低成本管护,促进生态系统健康稳定、可持续利用与价值实现,实现生态、社会、经济综合效益。

【解读】矿山生态修复项目的资金来源为矿山企业提取的矿山地质环境治理恢复基金。矿山生态修复方案通过评审，标志着矿山生态修复项目的资金上限基本确定。从经济可行的角度优选生态修复方案时，要充分考虑项目全寿命周期成本。例如种树的成本不仅包括树苗采购费和栽种费，还包括后期管护费、死苗补栽费等。

2.7　河南省生产建设项目土地复垦管理暂行办法

为进一步加强和规范河南省土地复垦管理工作，有效解决当前土地复垦工作中存在的问题，根据《土地管理法》《土地复垦条例》《土地复垦条例实施办法》《河南省人民政府关于进一步落实最严格耕地保护制度的若干意见》（豫政〔2015〕71 号）等法律、法规和政策规定，结合河南省实际，河南省国土资源厅于 2016 年 12 月 30 日，印发了《河南省生产建设项目土地复垦管理暂行办法》（豫国土资规〔2016〕16 号），自 2017 年 1 月 1 日起施行。该办法规定了总则、土地复垦方案的审查与备案、土地复垦实施、土地复垦验收、监督管理、附则共六章。

在《土地复垦条例》《土地复垦条例实施办法》的基础上，《河南省生产建设项目土地复垦管理暂行办法》规定了土地复垦分期设计的年限、设计变更及分阶段期验收的年限等，从业人员需要重点掌握。

2.7.1　分期规划设计

【原文】第二十条：土地复垦义务人在实施土地复垦工程前，应当依据审查通过的土地复垦方案编制期限不超过 3 年的分期规划设计。分期规划设计需经县级国土资源主管部门组织的专家评审，评审通过的规划设计作为项目施工和验收的依据。

【解读】《土地复垦条例》和《土地复垦条例实施办法》规定了土地复垦工程施工前应依据土地复垦方案进行土地复垦规划设计，在此基础上《河南省生产建设项目土地复垦管理暂行办法》提出了分期规划设计的概念，并规定分期规划设计期限不超过 3 年。这样就厘清了设计与土地复垦方案在时间跨度上的关系。矿山土地复垦方案服务年限一般延续到闭坑后一段时间，一般超过 3 年，长的可达数十年，因此，方案服务年限内会进行多期设计。土地复垦方案融合到"三合一"方案后，这一条仍然适用。这也是矿山分期开展生态修复项目的重要依据。

【原文】第二十二条：项目实施需严格执行审查通过的土地复垦方案和分期规划设计，未经批准不得随意变更。确需变更的，按以下情形办理：（一）因生产建设项目的用地位置、规模或采矿项目矿区范围、开采方式等发生重大变化的,土地复垦义务人应当对原土地复垦方案进行调整,并按源程序报国土资源主管部门审查备案。(二)对于生产建设项目由于复垦费用减少、复垦工程建设标准降低等需变更规划设计的,由县级国土资源主管部门组织专家审查。审查通过后,将变更规划设计的工程内容及预算调整有关资料备案存档。(三)除以上情形外,其他变更由土地复垦义务人自行研究解决。

【解读】《土地复垦条例》和《土地复垦条例实施办法》均没有对设计变更进行规定,本办法进行了有效补充。矿山土地复垦项目,自编制土地复垦方案至项目竣工一般历时数年,工程变更在所难免,明确设计变更程序十分必要。

2.7.2 分阶段验收

【原文】第二十七条:生产建设周期 5 年以上的项目,土地复垦义务人可分阶段提出验收申请,县级国土资源主管部门可按照土地复垦方案开展阶段验收和初步验收。

【解读】对于生产建设周期 5 年以上的项目,可以分阶段验收的规定与《土地复垦条例实施办法》是一致的。工程实践中,分阶段验收应与上述的分期规划设计的时间跨度协调起来。为了节约勘查设计费、工程监理费、工程验收费等工程其他费用,矿山企业宜将地质环境治理恢复工程与土地复垦工程合并进行分期设计和阶段验收。

2.8 河南省矿山地质环境治理恢复基金管理办法

为规范和加强河南省矿山地质环境治理恢复基金管理,落实矿山企业地质环境治理恢复与土地复垦责任,根据《国务院关于印发矿产资源权益金制度改革方案的通知》(国发 C201729 号)、《财政部国土资源部环境保护部关于取消矿山地质环境治理恢复保证金建立矿山地质环境治理恢复基金的指导意见》(财建〔2017〕638 号)、《土地复垦条例实施办法》(国土资源部令第 56 号)等有关规定,结合河南省实际,河南省财政厅、自然资源厅、生态环境厅制定了《河南省矿山地质环境治理恢复基金管理办法》(豫财环资〔2020〕80 号),于 2020 年 11 月 27 日印发并实施。包括:总则、资金提取、基金使用、监督管理、附则共五章。

2.8.1 矿山地质环境治理恢复基金的含义

【原文】第三条:本办法所称矿山地质环境治理恢复基金(以下简称"基金")是指矿山企业为依法履行矿山地质环境治理恢复、土地复垦等地质环境保护责任而提取的基金。

【原文】第四条：基金按照"企业所有、专户储存、专款专用"的原则进行管理。

【解读】《财政部国土资源部环境保护部关于取消矿山地质环境治理恢复保证金，建立矿山地质环境治理恢复基金的指导意见》(财建〔2017〕638号)和《河南省财政厅河南省国土厅河南省环保厅关于取消矿山地质环境治理恢复保证金，建立矿山地质环境治理恢复基金的通知》(豫财环〔2017〕111号)已取消矿山地质环境治理恢复保证金建立矿山地质环境治理恢复基金，但没有提及土地复垦保证金的变革。本办法是在以上两个文件之后印发的，其所称的矿山地质环境治理恢复基金包含矿山地质环境治理恢复和土地复垦两项费用，也就是说河南省取消了矿山土地复垦保证金并入矿山地质环境治理恢复基金统一管理。这是河南省的一项制度创新，在矿山地质环境保护与土地复垦方案合编的体系下推动了两项费用的融合，既减轻了矿山企业的资金压力，也方便了资金管理，体现了"放管服"的精神。

矿山地质环境治理恢复基金包含两层含义：其一，在矿山开采行业取消土地复垦保证金，转为基金。基金和保证金的区别可以参考财建〔2017〕638号的规定理解。其二，将矿山地质环境治理恢复费用和矿山土地复垦费用合并为一项费用进行管理。这一点在项目管理方面意义非凡，大大减轻了矿山企业和咨询单位的工作压力。主要体现在项目设计、施工和验收阶段将矿山地质环境治理恢复和土地复垦合并实施，相当于扩大了工程规模，减少了一半工作环节。不仅提升了工作效率，更是降低了工程其他费用占项目总投资的比例，实现项目增值。

值得注意的是本办法仅适用于河南省内的矿山地质环境治理恢复项目和矿山土地复垦项目，其他省份或者河南省内其他类型的土地复垦项目并不适用。

2.8.2 基金提取

【原文】第五条：矿山企业应按规定在其银行账户中设立基金账户，单独反映基金的提取及使用情况。

【原文】第六条：矿山企业应将退还的矿山地质环境治理恢复保证金和缴存的土地复垦费用统一转入基金账户，专项用于已有矿山地质环境问题的治理恢复和土地复垦。对于母公司所属的子公司因破产倒闭等因素无法继续履行治理义务的，其原缴存的保证金和土地复垦费用由矿山企业母公司统筹用于子公司所在地矿山地质环境治理恢复和土地复垦。对于责任主体已灭失的矿山企业，其原缴存的保证金和土地复垦费用由当地政府统筹用于辖区内历史遗留废弃矿山地质环境治理恢复和土地复垦。

【原文】第七条：矿山企业应按照满足实际需求的原则，根据自然资源主管部门审查通过的《矿山地质环境保护与土地复垦方案》(以下简称《方案》)，将矿山地质环境治理恢复和土地复垦费用按照会计准则相关规定预计弃置费用,计入相关资产的入账成本,在预计开采年限内根据产量比例等方法按月摊销,计入当月生产成本,依据税法相关规定在所得税前列支。

【原文】第八条:矿山企业应于每半年和年度终了后 10 日内,按照弃置费用已摊销金额提取基金,缴存至基金账户,专项用于矿山地质环境保护和矿区土地的治理恢复和监测等。

【原文】第九条:基金账户中提取的金额已满足《方案》中的治理费用且满足实际需求的,可不再提取。矿山企业处于建设期或暂停开发的矿权,确实未实施开采的,需向矿权所在地县级自然资源主管部门报备后,可暂不提取基金,待投产或复工后按上述规定再行提取。

【原文】第十条:剩余服务年限在三年以下的矿山,应当一次性全额预存基金。

【原文】第十一条:矿山企业基金账户余额不足以满足本年度矿山地质环境治理恢复与土地复垦需求的,应以本年实际所需费用为限进行补足。

2.8.3　基金使用及监管

【原文】第十二条:基金由矿山企业按照规定自主使用,不需签订监管协议,不需报政府相关部门审批。

【原文】第十三条:矿山企业应按照《方案》中年度治理任务明确基金使用计划,严格落实矿山地质环境保护、治理恢复与土地复垦等责任。

【原文】第二十二条:矿山企业应于每半年和年度终了后 10 日内将基金提取、使用情况以及相关成效报县级自然资源主管部门,逐级审核后报省级自然资源主管部门。

【原文】第二十三条:各级自然资源主管部门应会同生态环境部门建立动态化监管机制,加强对企业矿山地质环境治理恢复和土地复垦的监督检查。将矿山企业的基金提取、使用以及《方案》执行和相关义务的履行情况纳入"双随机一公开"监管,并列入矿业权人勘查开采信息公示系统。对于未按照《方案》落实基金使用、开展治理恢复工作的企业,列入矿业权人异常名录或严重违法失信名单,责令其限期整改。对于逾期不整改或整改不到位的,不得批准其申请新的采矿许可证或者申请采矿许可证延期、变更、注销,不得批准其申请新的建设用地。对于拒不履行矿山地质环境治理恢复和土地复垦义务的企业和提交不实评估报告的第三方评估单位,有关主管部门应将其违法违规信息建立信用记录,纳入全国信用信息共享平台,通过"信用中国"网站、国家企业信用信息公示系统等向社会公布,为相关行业、部门实施联合惩戒提供信息,并可指定符合条件的社会组织就其破坏生态环境的行为向人民法院提起公益诉讼,依据相关法律法规规定对其进行处罚并追究其法律责任;情节严重的,根据审批权限,由自然资源部门提请同级人民政府责令其退出、关闭矿山。对于拒不履行生效法律文书确定义务的被执行人,将由人民法院将其纳入失信被执行人名单,依法对其进行失信联合惩戒。

【解读】矿山企业无需与政府签署保证金账户监管协议,其支取不需要审批,这是保证金与基金的本质区别。自然资源主管部门仅通过"双随机一公开"抽查基金提取存储及履行矿山地质环境恢复治理和土地复垦义务情况,详见《河南省自然资源厅随机抽查事项清单》(豫自然资规〔2019〕3号)。

本书认为,基金的提取和使用基本上形成了以矿山企业自律为主,政府抽查和社会监督相结合的管理模式。

【原文】第十四条:基金使用范围:(一)因矿山勘查开采活动造成的矿山地质灾害、地形地貌景观破坏、地下含水层保护和治理恢复支出;(二)矿山保护性采矿的附加支出和对因开采活动造成的损毁土地资源复垦或采前预复垦支出;(三)矿区废弃物综合利用、地下水资源保护、水土保持、地表植被恢复、矿山绿化、矸石山综合治理等支出;(四)矿山地质环境监测与土地复垦监测支出;(五)矿山地质环境监测、治理恢复工程与土地复垦工程的勘察、设计、竣工验收等支出;(六)矿山土地复垦与地质环境保护治理方案编制费用支出;(七)与矿山地质环境治理恢复和土地复垦相关的其他合理支出。

【解读】工程的估算、预算、使用、决算应采用统一的费用构成,工程实践中矿山地质环境保护与土地复垦一般采用土地整理定额规定的费用构成,即工程施工费、设备购置费、其他费用和不可预见费共四项。第十四条规定的基金使用范围前三项均属于工程施工费;虽然定额未提及监测费,但根据工程费用形成机理,应计入工程施工费;第五项和第六项应计入其他费用。基金的使用范围与土地整理定额规定的费用构成并不是一一对应的,主要体现在其他费用上。例如,定额未提及的方案编制费,确实属于基金的使用范围。这就要求从业人员在定额规定的费用构成基础上,从实事求是的角度出发,编制估算、预算和决算。读者可对照土地整理定额全面掌握这方面的知识。本书认为矿山生态修复项目相对准确的费用构成将在下文工程决算章节进行详细介绍。

2.8.4 工程实施及评估

【原文】第十五条:矿山企业应落实矿山地质环境保护与土地复垦主体责任,建立日常工作制度,根据已审查通过的《方案》以及动态监测情况,对条件成熟的区域实行边生产、边治理修复。已完成治理修复的工程,由矿山企业委托第三方根据《方案》要求和动态监测情况,对治理修复工程及基金使用情况进行评估。《方案》中包括地质灾害防治内容的,工程勘察、设计、施工、监理和评估等第三方需具备地质灾害防治相关资质。矿山企业应在评估完成后30日内,将评估报告等材料报当地自然资源主管部门备案,同时抄报当地生态环境主管部门。

【原文】第二十一条:矿山企业应按照本办法及时足额提取基金,建立健全基金管理制度,规范基金使用,确保基金专项用于矿山地质环境治理恢复与土地复垦。基金提取、使用的会计处理,应当符合国家会计制度相关规定。第三方评估单位应对矿山企业完成的治理修复工程按照实际发生的工程量、工程质量和工程费用等如实进行评估,并对评估结果的真实性负责,接受当地自然资源等主管部门的监督。

【原文】第十九条:矿山企业关闭矿山并注销采矿许可证时,在注销采矿许可证前,由矿山企业所在地县级自然资源主管部门对其矿山地质环境治理保护和土地复垦情况进行综合评估。完成矿山地质环境治理恢复和土地复垦的,结余基金可全部转出基金账户,由企业自主使用;对未完成矿山地质环境治理恢复和土地复垦的,结余基金仍应保留,并督促矿山企业继续履行矿山地质环境治理恢复等义务。

【解读】工程的实施总体原则是以方案为依据,实行边生产、边治理,这与《矿山地质环境保护规定》的"矿山地质环境保护与治理恢复工程的设计和施工,应当与矿产资源开采活动同步进行"是一脉相承的。

工程评估包括两层含义,分别是矿山企业委托第三方对矿山开采过程中实施的阶段性工程的评估,以及自然资源主管部门对闭坑矿山履行矿山生态修复责任的综合评估。这是咨询单位经营评估业务的主要方向。

第三方对治理修复工程及基金使用情况进行评估,是服务于工程验收的。本办法没有规定自然资源主管部门负责工程验收,仅备案评估报告和抽查监督。第三方进行评估,然后将评估报告向自然资源主管部门备案,构成了矿山生态修复项目验收的基本程序。

对于不含地质灾害防治的项目,本办法未对参建单位的资质提出任何要求,贯彻了"放管服"的精神。既减轻了矿山企业负担,又促进了中小型咨询单位的发展。放宽资质要求是全过程工程咨询模式能够在此类项目上实施的重要政策依据。

2.9　关于开展矿产资源开采与生态修复方案编制评审有关工作的通知

为贯彻落实国务院"放管服"精神,进一步减轻企业负担,减少管理环节,简化矿业权审批资料,河南省自然资源厅于 2020 年 12 月 17 日印发了《关于开展矿产资源开采与生态修复方案编制评审有关工作的通知》。从 2021 年 1 月 1 日起,河南省矿山的矿产资源开发利用方案、矿山地质环境保护与治理恢复方案及土地复垦方案进行合并。

该通知规定了合编方案的名称、编制和修订条件、编制标准、评审和公示等,并以附件的形式规定了编制大纲和审查要求。

2.9.1 合编方案名称

【原文】第一条:三个方案合并后,名称统一为《××矿山矿产资源开采与生态修复方案》(简称"三合一"方案)。

【解读】"三合一"是指将原来的矿产资源开发利用方案、矿山地质环境保护与治理恢复方案及土地复垦方案合并为一个方案。从"三合一"方案的名称及方案编制大纲来说,名称中的"矿产资源开采"对应原来的矿产资源开发利用方案,"生态修复"对应原来的矿山地质环境保护与治理恢复方案和土地复垦方案。本书所称"矿山生态修复"的含义与"三合一"方案名称中的"生态修复"是一致的,所称的"矿山生态修复方案"就是指"三合一"方案中与矿山地质环境治理恢复和土地复垦相关的部分。

2.9.2 方案的编制和修订条件

【原文】第三条:采矿权新立时,应当编制"三合一"方案;采矿权变更时,涉及扩大开采规模、扩大矿区范围、变更开采方式、变更(含增列)开采矿种的,应当重新编制"三合一"方案;采矿权变更时,涉及变更矿山名称、变更矿权人名称或转让的,应修订"三合一"方案相关内容并重新进行公示。

【原文】第四条:在办理采矿权延续、变更手续时,矿山原有地质环境保护与治理恢复方案、土地复垦方案中有一个超过适用期的,应当重新编制"三合一"方案。

2.9.3 方案编制依据

【原文】第五条:"三合一"方案应严格按照《国土资源部关于加强对矿产资源开发利用方案审查的通知》(国土资发〔1999〕98 号)、《国土资源部办公厅关于做好矿山地质环境保护与土地复垦方案编报有关工作的通知》(国土资规〔2016〕21 号)以及《河南省矿产资源开采与生态修复方案编制提纲》(附件 1)进行编制。编制单位应对方案及相关资料的真实性、合规性负全责。

2.9.4 方案评审

【原文】第二条:通过审查的"三合一"方案及专家审查意见在采矿许可证登记机关的门户网站上公示,接受社会监督。公示无异议的,由采矿许可证登记机关在本机关门户网站进行公告,作为采矿权登记、矿产资源开发、矿山地质环境治理恢复与土地复垦工作的依据。

【原文】第六条:"三合一"方案由采矿许可证登记机关按照《河南省矿产资源开采与生态修复方案审查要求》(附件 2)组织审查,可委托有关单位组织审查。评审机构对审查工作的公平性、公正性,审查程序的合法性、合规性,审查意见的真实性负全责。

【原文】第七条:评审工作原则上采取专家组会审方式。根据实际需要,也可现场核查。评审专家应包括地质、采矿工程、水工环地质、土地整理、技术经济等专业,参加评审专家人数原则上不少于 5 人。审查专家应坚持实事求是、客观公正的原则,严格遵守相关法律、法规,严格执行现行的规范、标准,认真负责地进行"三合一"方案审查工作。审查专家对审查的"三合一"方案技术、质量、合规性终身负责,严禁徇私舞弊、弄虚作假、玩忽职守等行为。

【原文】第八条:"三合一"方案的审查费用列入自然资源主管部门年度预算,不得向矿山企业或编制单位收取费用。

【解读】关于"三合一"方案评审可以总结如下:自然资源主管部门组织专家会审并承担审查费用,审查结果在网上公示,接受社会监督。

第3章

全过程工程咨询理论基础

掌握与全过程工程咨询相关的基础理论是开展矿山生态修复项目全过程工程咨询的大前提,以此为基础,结合项目具体情况,采取正确的工作方法,方可做好咨询服务工作。这些基础理论包括集成管理理论、范围经济理论、利益相关者理论和交易成本理论等。

3.1 集成管理理论

3.1.1 集成管理理论概述

1953年,日本丰田汽车公司提出了准时制造(just in time,简称 JIT)的生产方式。JIT 强调汽车制造商与客户、供应商之间的紧密合作,其实质就是实现物质流与信息流在生产活动中的集成。"集成"的概念可以理解为两个或两个以上要素集合在一起并组成一个有机系统的动作或者过程。这种要素之间的集成并不是简单的叠加或合并,而是一种符合一定规则的科学的构造和组合。其集成目的在于提高这个由多要素组合而成的系统的整体功能,产生"1+1>2"的效果。

集成管理就是指将集成思想应用于项目管理实践。即,在管理理念上以集成理论为指导,在管理行为上以集成机制为核心,在管理方法上以集成手段为基础。具体而言,就是要通过科学的创造性思维,从新的角度和层次来对待各种资源。拓展管理的视野,提高各项管理要素的集成度,以优化和增强管理对象的有序性。集成管理的理论基础是集成理论和系统理论。其技术与方法不仅仅是某几种管理方法,也不纯粹是某几种工程手段,而是综合各类方法的、定性与定量分析相结合的综合集成方法体系。

矿山生态修复项目的集成管理就是指根据项目特点,应用系统论、协同论、信息论和控制论等,综合考虑项目从"三合一"方案编制、勘查设计、招标采购、施工管理、评估验收到发挥生态修复效益的全过程各阶段的衔接关系,质量、工期、费用、安全等各目标要素之间的协同关系,以及自然资源主管部门、生态环境主管部门、矿山企业、方案编制单位、勘查设计单位、施工单位、监理单位、评估单位及材料设备供应单位等各参建方之间的动态关系,采用组织、经济及技术等手段,运用项目相关参与人员的知识能力以实现项目利益最大化的一种高效的项目管理模式。

类似于"集成"的概念,项目集成管理也不是管理要素的简单叠加,而是通过管理要素之间的选择搭配和优化。并按照一定的集成原则和模式进行的构造和组合。例如"三合一"方案就是矿山开发利用方案、矿山地质环境保护与治理恢复方案、土地复垦方案的集成,但不是把三个方案的内容进行简单堆积。项目集成管理要求在项目的发起阶段就对项目全生命周期中的多重约束条件进行系统的考虑,明确各项目参与方之间的影响和依赖关系,构建合适的沟通和协调平台,明确和平衡项目各目标之间的关系,全面实现项目的整体目标。

全过程工程咨询集成管理的基本理念是:根据全过程项目特征,将其看作在一定项目环境之中、由多个相互联系又相互作用的要素组成、为达到整体目标而存在的系统工程,使系统各阶段、各要素有效集成为一个整体,解决整体系统的管理问题。对管理方法进行综合优化与控制,达到提高全过程项目管理水平的目的。

3.1.2　集成管理理论与全过程工程咨询的结合

3.1.2.1　全过程工程咨询要素集成管理

（1）全过程工程咨询的外部环境

外部环境是指能够对全过程项目绩效造成潜在影响的外部力量和机构。外部因素由具体环境与一般环境两部分组成。全过程项目外部环境是指对项目有影响的所有外部因素总和。其处在一个不断变化的环境之中。

①具体环境　具体环境是指对全过程工程咨询单位决策和行动产生直接影响,并与实现的项目目标直接相关的要素,包括:矿山企业,自然资源、生态环境等政府相关主管部门,施工单位,其他技术服务单位,技术成果评审机构,公众、媒体等利益相关者。

②一般环境　一般环境包括社会、经济、环境的持续影响,文化影响,技术标准和行业惯例等。

外部环境对项目有重大影响,主要体现在外部环境决定着社会对项目的需求,决定着项目的存在价值,决定着项目技术成果的类型及表现形式;环境还是产生风险的根源。例如,《河南省矿山地质环境治理恢复基金管理办法》（豫财环资〔2020〕80 号）规定:工程竣工后,矿山企业应委托第三方对工程和基金使用情况进行评估。这项制度创新促使产生了工程评估这一社会需求。《河南省自然资源厅关于开展矿产资源开采与生态修复方案编制评审有关工作的通知》（豫自然资发〔2020〕61 号）规定:实行矿山开发利用方案、矿山地质环境保护方案、土地复垦方案合编,这就改变了三项技术成果的表现形式。

(2)全过程工程咨询的内部环境

全过程工程咨询内部环境是指项目内部的特定资源和相应能力,主要包括项目组织机构、项目信息、项目文化等要素。

①项目组织机构　将全过程项目管理视为一个系统,系统组织包括系统结构形式、分工及工作流程。全过程工程咨询组织包括总咨询工程师和项目组其他成员,是代表咨询单位履行全过程工程咨询合同的组织。全过程工程咨询组织在总咨询师领导下,以项目总体目标为导向,在合同工期内保质保量地完成全部咨询服务工作。

②项目信息　项目信息包括项目内部和项目与外界两个交换过程。其中,内部信息交换主要有自上而下、自下而上、横向或网状四种形式;项目与外界的信息交换有项目外界输入和项目向外界输出两种形式。

③项目文化　项目文化是指项目特有的领导风格、管理方法、工作水平、人员素质、成员信仰、价值观和思想体系,是项目共同的价值观、认同感、行为规范和组织氛围,是项目内部环境的综合表现。

(3)全过程环境要素集成模型

全过程项目环境要素集成是指全过程工程咨询单位以促进项目时间维度、逻辑维度、知识维度的集成为导向,对项目内外环境各要素进行有效管理,并深入分析各要素相互间的关系和影响,将它们进行有效集成,形成全过程项目的坚实管理基础和保障,最终实现项目总体目标。

3.1.2.2　全过程工程咨询集成管理模型

(1)全过程项目集成管理框架

根据美国学者霍尔提出的由时间维度、逻辑维度和知识维度组成的项目集成"三维结构体系"思想,《建设项目全过程工程咨询理论与实务》(中国建筑工业出版社)将全过程项目集成管理系统归纳为由时间维度-过程集成、逻辑维度-组织集成、知识维度-目标集成组成的三维集成系统空间结构,并提出了项目战略要素集成管理思想,构建了全过程工程咨询集成管理总体框架。在此基础上,结合行业特点,矿山生态修复项目的集成管理系统框架模型如图3-1所示:

①时间维度-过程集成　矿山生态修复项目的过程集成是指通过从"三合一"方案编制、勘查设计、施工、评估验收到发挥生态修复效益等项目全过程各阶段之间的信息交流,实现项目各参与方的有效沟通与协同合作,实现项目的有机整合与统筹管理,提升建设项目的整体绩效。过程集成不仅从项目实施的角度,还从管护和发挥生态修复效益角度来进行项目的规划与决策。

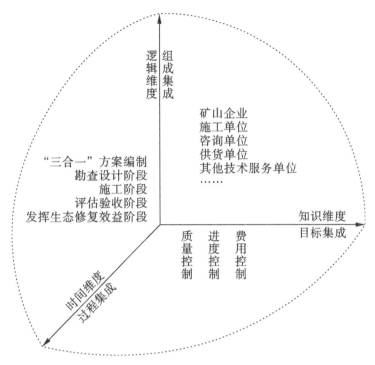

图 3-1　矿山生态修复项目全过程工程咨询集成管理系统框架模型

②逻辑维度-组织集成　项目组织集成就是运用系统方法对项目组织进行的集成管理,各参与方之间通过协作沟通,实现优势互补,从而使项目的整体利益最大化,实现各参与方共赢的最终目标。

③知识维度-目标集成　知识运用贯穿矿山生态修复项目管理的全过程,且不同阶段所运用的知识各不相同。从项目集成管理的角度,知识的运用主要体现出对项目管理所使用的集成化技术,如用于成本、进度和质量等目标要素集成管理的控制技术。因此,从某种意义上讲,"三维结构体系"中的知识维度就体现在目标集成控制的技术和方法上。

（2）全过程工程咨询集成管理模型

全过程工程咨询中有两类工作过程,一是为完成项目对象所必需的技术工作过程,二是在这些技术工作的形成及实施过程中所需的计划、协调、监督、控制等项目管理工作。二者之间存在大量的实物传递和信息传递。上一过程的成果作为下一过程的输入,管理工作和技术工作之间存在大量的管理措施运用和效果反馈。项目最终输出也有两种,一种是技术成果输出,另一种是项目管理总结、提炼出的知识和经验。

根据矿山生态修复项目特点,建立全过程工程咨询项目集成管理模型如图 3-2 所示。呈现了项目从方案编制、勘查设计、招标采购、施工、评估验收到管护及持续发挥生态修复效益整个过程的基本功能及其过程之间的联系,为项目全过程有效集成管理提供思路。

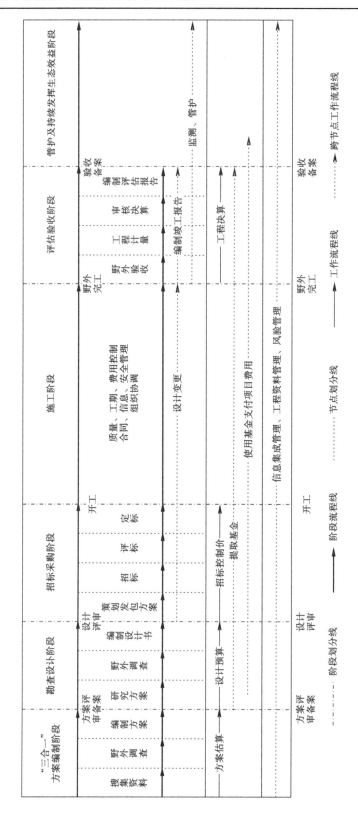

图 3-2 矿山生态修复项目全过程工程咨询集成模型

3.2　范围经济理论

3.2.1　范围经济理论概述

范围经济最早是由美国经济学家 David J. Teece 在探讨多产品公司的效率基础理论时提出来的。David J. Teece 以美国石油工业为例分析了企业多样化经营的策略。通过建立一个成本函数进行分析,得到范围经济与企业的经营范围没有直接关系的结论。但是,如果范围经济是基于共同和经常使用的专有知识或一个专门的和不可分割的有形资产之上产生的,那么多元经营策略是提高企业经济活力的有效途径。Bailey 等人则对范围经济这一假说进行了进一步的证实。他们的主要成果是就生产方面分析了企业的范围经济。随后,有不少学者对这一假说在不同的行业和领域进行了实证检验。其中,美国经济学家小艾尔弗雷德·钱德勒在其著作《规模与范围——工业资本主义的原动力》一书中,把范围经济定义为利用单一经营单位内的生产或销售过程来生产或销售多于一种产品而生的经济。他分别从生产和批发经销两个方面考虑实现范围经济,并指出一个企业的范围经济是有限的。美国经济学家 Robert S. Pindyck 在其著作《微观经济学》中认为,如果两个企业分配到的投入物相等,那么范围经济存在于两个企业的联合产出超过各自生产一种产品所能达到的产量之和。

结合前人的研究成果,可以把范围经济定义为:企业联合生产或经营多种产品比相应的多个企业分别生产或经营各种产品更节约成本的经济现象。范围经济以降低成本为宗旨,是研究经济组织的生产(或经营)与经济效益关系的一个基本概念。范围经济的存在本质上在于企业的多个业务可以共享剩余资源。

具体来看,范围经济产生的原因主要有以下两个方面。

(1)生产过程

在生产过程中,有些生产要素一旦用于一种产品的生产,那么它们同时也能以较小成本用于其他产品的生产,这样就能够提高生产要素的使用效率,降低产品的生产成本。在生产过程中企业更充分地利用闲置生产能力,能以更多的产品分摊固定成本,节省了单位产品的成本。企业进行多产品经营时,通过优化企业的内部管理,以内部市场代替外部市场,企业内部各单位之间的产品和服务就能够更有效地交换,降低交易成本。

(2)销售过程

一个企业所销售的产品类型越多,存货周转就越大,对现有人员、设施以及存货所投入的资本使用越密集。因此,单位产品的销售成本就越低。如果一个企业所生产的主要产品在消费者心目中有着良好的信誉,那么这一良好信誉对企业的其他产品的销售就会产生信誉溢出效应,这样不但节约了新产品开拓市场的成本,而且对其他跟进者也设置了巨大障碍。成功的广告所带来的收益不但会大大超出其花费的成本,而且对提高企业的知名度及促进企业其他产品的销售方面都有重大作用。

总之,任何投入都有最小规模要求,这种投入在经营一种产品时可能未得到充分利用,但在经营两种或多种产品时就能使这种投入的成本在不同产品中分摊,使单位产品成本降低,从而产生范围经济。

20 世纪 80 年代以来,全过程工程咨询和工程总承包越来越普及并逐渐成为国际工程领域主流的项目管理方式。由于市场出现了此类需求,一些工程咨询公司的业务范围开始由专业咨询向全过程工程咨询拓展,开始为投资人提供多方位或一系列的服务。在工程咨询业,范围经济表现为一个咨询单位或多个咨询单位组成联合体所提供的全过程工程咨询的成本低于多个咨询单位分别提供专业咨询的成本。

3.2.2 范围经济理论与全过程工程咨询的结合

因范围经济可以降低生产成本、提高利润,一直备受关注。范围经济通常存在于以下几种情况之中:企业纵向一体化策略、企业多样化策略、成本互补性商品生产、销售渠道、品牌效应等。对于咨询单位而言,基于纵向一体化或虚拟企业的全过程工程咨询业务扩展尤其值得借鉴。

(1)纵向一体化

纵向一体化是指沿着某种产品生产链扩展企业的生产经营范围,在企业内部连续完成原料、零部件和最终产成品等各个阶段的生产。企业可以通过前向兼并或后向兼并实现纵向一体化,也可以通过向上游生产阶段或向下游生产阶段扩展逐渐形成纵向一体化体系。

工程咨询业的纵向一体化是指在专业化经营的基础上,大力发展与国际形势接轨的贯穿项目全过程的工程咨询,在传统专业基础上沿着工程产品的生产链(或价值链)向纵向发展,可以通过企业兼并或扩展业务范围提供全过程工程咨询服务。

(2)虚拟企业

随着现代管理理念的不断创新,新型管理模式的出现给产业发展带来了相当大的冲击。实践证明,一些新兴的管理模式如虚拟企业同样可以实现纵向一体化,获得范围经济效益,甚至可以获得更大的效益,因为它更能体现成本优势,并且已在一些产业中显现出强大的生命力。

虚拟企业不是通过企业兼并形成的,也没有形成业务流程一体化的实体企业,而是通过现代网络工具或其他方式(包括联合体、战略合作等)建立企业联盟,形成一个能够提供多种产品或咨询服务的虚拟企业,它同样可以达到纵向一体化的效果。只是这种纵向一体化是通过多个企业建立的联盟达到的,并且由于虚拟企业组织特有的扁平化的特点,其管理成本和生产效率与传统方式相比更具优势。

3.3　利益相关者理论

3.3.1　利益相关者理论概述

虽然利益相关者理论发展至今已有几百年,但关于概念的界定,至今没有得到一个普遍的认同。1695 年,美国学者 Ansoff 最早将该词引入管理学界和经济学界。他认为要制定一个理想的企业目标,必须平衡考虑企业的诸多利益相关者之间相互冲突的索取权,他们可能包括管理者、工人、股东、供应商及分销商。Mitchell、Agle 和 Wood 对 30 种利益相关者的定义进行了归纳和分析,总的来看有广义和狭义之分。广义的概念能够为企业管理者提供一个全面的利益相关者分析框架,而狭义的概念则指出哪些利益相关者对企业具有直接影响从而必须加以考虑。其中,比较有代表性的是弗里曼与克拉克森的表述。弗里曼认为:利益相关者是能够影响一个组织目标的实现,或者受到一个组织实现其目标过程影响的所有个体和群体。这个概念强调利益相关者与企业的关系,对利益相关者的界定十分广泛,股东、债权人、雇员、供应商、顾客、社区、环境、媒体等对企业活动有直接或间接的影响的都可以看作利益相关者。克拉克森认为:利益相关者在企业中投入了一些实物资本、人力资本、财务资本或一些有价值的东西,并由此而承担了某些形式的风险;或者说,他们因企业活动而承受风险。这个表述不仅强调了利益相关者与企业的关系,也强调了专用性投资。国内学者贾生华、陈宏辉结合了上述二者的观点,认为:利益相关者是指那些在企业中进行了一定的专用性投资,并承担了一定风险的个体和群体,活动能够影响企业目标的实现,或者受到企业目标实现过程的影响。这一概念既强调专用性投资,又强调利益相关者与企业的关联性,具有一定代表性。

对于利益相关者的分类,不同的学者也有着不同的观点。一般认为,只有对利益相关者进行科学分类,才能针对不同类别的利益相关者进行科学管理。根据时间线索对利益相关者的分类主要集中在多维细分法和米切尔评分法。Freeman 从所有权、经济依赖性和社会利益三个不同的角度对企业的利益相关者进行分类:公司股票持有者是对企业拥有所有权的利益相关者;对企业有经济依赖性的利益相关者包括管理人员、员工、债权人、供应商等;与企业在社会利益上有关系的则是政府、媒体、公众等。Frederik 按是否与企业直接发生市场交易将利益相关者分为直接利益相关者和间接利益相关者。Clarkson 认为可以根据相关群体在企业经营活动中所承担风险的种类,将利益相关者分为自愿和非自愿两类。区分的标准是利益相关者是否自愿向企业提供物资资本和非物资资本投资。米切尔在提出 Score based Approach 评分法界定利益相关者,从利益相关者的合法性(是否被赋予法律上、道义上或者特定的对企业的索取权)、权力性(是否拥有影响企业决策的地位、能力和相应的手段)、紧急性(所提出的要求能否立即引起企业管理层的关注)三个属性维度进行评分,根据分值将企业的利益相关者分为三类:第一类是确定型利益相关者,同时拥有合法性、权力性和紧急性。确定型利益相关者是企业首要关注和密切联系的对象,包括股东、雇员和顾客。第二类是预期型利益相关者,拥有三种属性中任意两种。同时拥有合法性和权利性的,如投资者、雇员和政府部门等;同时拥有合法性和紧急性的群体,如媒体、社会组织等;同时拥有紧急性和权力性,却没有合法性的群体,如一些政治和宗教的极端主义者、激进的社会分子,他们往往会通过一些比较暴力的手段来达到目的。第三类是潜在型利益相关者,他们只具备三种属性中的其中一种。

3.3.2 利益相关者理论与全过程工程咨询的结合

3.3.2.1 基于利益相关者理论的系统观点

系统的观点提倡用动态发展的眼光更加全面、更加系统地考察项目的成功与否。除考虑项目给投资人带来的利益外,更要从项目的全过程、全生命周期出发,关注项目所涉及的不同群体的利益。因此,要定义项目的成功不仅仅局限于项目实施阶段,还需要逐步扩展至项目所涉及的众多利益相关者和全过程、全生命周期。

运用此观点,矿山生态修复项目的利益相关者如表 3-1 所示。

表 3-1 矿山生态修复项目利益相关者一览表

方案编制阶段	勘查设计阶段	招标采购阶段	施工阶段	评估验收阶段	持续发挥生态修复效益阶段
自然资源主管部门 矿山企业 方案编制单位 评审机构及专家 ……	自然资源主管部门 矿山企业 勘查设计单位 评审专家 ……	矿山企业 招标代理单位 投标单位 ……	矿山企业 监理单位 施工单位 供货单位 ……	自然资源主管部门 生态环境主管部门 矿山企业 施工单位 供货单位 评估单位 验收专家 ……	自然资源主管部门 矿山企业 ……

3.3.2.2　基于利益相关者的项目价值分析

关于"价值"的定义,在学术上有着不同的论述和争论,诸如将价值视为一种需求、愿望、兴趣、标准、信念、态度和绩效等,也有提出"劳动价值论""生产费用论"及价值工程中"价值=功能/成本"等。具有代表性的研究有:Anita 等从马克思劳动价值论的基本观点出发,将价值分为使用价值和交换价值,基本观点是人类劳动是创造价值的根源。使用价值即对社会或人类的有用性,而交换价值是买卖双方在交易过程中用货币衡量的表现形式。Schwart 和 Bilsky 给出了项目价值(values)的概念,它至少有 5 个关键元素:是一种概念和信念;是对最终状态或行为的期待;要超越一般具体的情况;是指导对状态或行为的选择或评估;具有相对的重要性顺序。并将价值分为最终价值(terminal value)和作用性价值(instrumental value)。

矿山生态修复项目的价值不仅仅是质量、成本和时间的简单综合,还需要在矿山生态修复方案编制和勘查设计阶段,考虑多个价值因素,如自然环境因素、地质条件因素、生态理念因素、技术因素、时间因素、经济因素、美学因素和安全因素等。这些因素有些可以量化,有些不能量化,评价的标准也是随着社会经济的发展而发生变化的。因此,在定义项目价值的过程中,要考虑所有利益相关者或关键利益相关者的期望实现程度,根据利益相关者的期望实现程度来衡量价值的大小。对项目的核心价值可以理解如下:在公平的前提下,以最优的资源配置有效地实现项目利益相关者的需求。换句话说,项目的核心价值是项目利益相关者共同协商妥协得到的结果,在这个核心价值的指导下,在公平的前提下,项目实现了各种有形资源和无形资源的最优配置。

除了成本之外,全生命周期的价值还考虑了时间、质量、功能、符合性以及项目对于社会和环境的影响等多种因素。因此,全生命周期的价值更能全面地反映项目综合效益的好坏。

以上价值概念是从项目的有用性及满足利益相关者的利益诉求角度来定义的。同时,利益相关者的利益满足也是项目成功的体现。如 Wateridge 和 Turne 分别于 1998 年和 2004 年在总结项目成功的四个关键条件时谈道:项目开始之前项目成功的标准必须征得利益相关者的同意和认可,这些标准在项目实施过程中应该反复进行检验;项目的投资人和项目经理之间是一个互相合作的关系,双方都应该把项目看成是一种伙伴关系;应该给予项目经理充分的授权;投资人应该对项目的实施有足够的兴趣。

一些大型项目,特别是政府投资的项目,涉及的利益相关者复杂多变,不同利益相关者的价值标准不同。在项目决策过程中不能仅仅以政府管理者或投货人等少数人的利益追求为出发点。不同的利益相关者对项目的需求各不相同,有时甚至是相互冲突的,因此,有效解决这些冲突是项目成功的重要保障。从项目价值角度考虑,利益相关者的利益需求冲突解决程度是衡量项目价值的重要标准。

综上,矿山生态修复项目全过程工程咨询的目标是:为项目出资人——矿山企业提供咨询服务,这种咨询服务要平衡利益相关者之间的价值需求,而利益相关者的这种价值需求是在项目达到的生态修复功能与付出的费用为最佳匹配状态下实现的。

3.3.3 基于利益相关者的价值提升路径

将不同利益相关者对该项目的利益诉求进行统一,尽可能满足各方的需求是体现项目价值的重要手段,是实现项目价值提升的主要路径。主要是利用价值管理工具,通过项目实施过程中不同阶段的信息集成,实现价值提升。提升项目价值的核心在于通过集成化的项目管理方式、使项目利益相关者的各种不同利益诉求进行有机统一。就矿山生态修复项目而言,工程咨询单位为矿山企业提供专业的咨询服务,能够有效地解决项目实施过程中的信息不对称问题。而从项目价值提升的角度来看,工程咨询单位在各工程阶段提供的咨询服务产品也是项目价值提升的重要组成部分。

(1)"三合一"方案编制阶段

在研究矿产开采方案、预测可能造成的生态环境问题的基础上,规划技术先进、经济合理的生态修复措施。在此阶段,工程咨询成果主要为矿山生态修复方案、工程估算等。此阶段,工程咨询单位要充分理解矿山企业的目标,并利用价值管理的基本原理等方法对项目其他利益相关者的利益诉求进行充分的考虑,对项目的预期目标是否能够实现,是否合理等进行判断,并为设计阶段提供良好的基础。

(2)勘查设计阶段

在勘查设计阶段,矿山开采造成的生态环境问题已经实际发生。从时间跨度上来说,勘查设计距方案编制的时点可能已过去多年。期间的生态理念、技术措施、管理制度等项目外部环境也可能发生了变化。需要对实际发生的矿山生态环境问题勘查后,根据外部环境对方案规划的工程进行优化和细化,设计出具体的施工图并编制设计书和预算。矿山企业的项目目标和生态修复效果通过设计予以展现,同时,设计质量的优劣还将影响项目的施工和管护等。这就要求工程咨询单位在项目设计阶段能够与项目各利益相关者进行充分的沟通。例如,向矿山企业就项目所能达到的生态修复效果、工程预算等进行详细介绍;如施工单位在此阶段已经确定,可就施工的重点、难点等与施工单位进行沟通。

(3)施工阶段

在施工阶段,工程咨询服务包括监理、项目管理等。此时,项目目标的实现程度则主要取决于施工单位的产出绩效。通过选择最优的施工单位,并在施工过程中加以必要的监督,是实现项目目标最为常见的方式。工程咨询单位运用其掌握的知识和经验,协助矿山企业选择施工单位和材料供应商,并与施工单位、材料供应商等进行沟通和协调,能够有效地保证项目成功实施,获得良好的项目管理绩效。

综上所述,工程咨询是实现项目价值提升的重要手段。因此,工程咨询应涵盖项目实施全过程。工程咨询成果的基础形态为基于项目管理各阶段的专业咨询服务,其在客观上促进了项目价值的提升。由于项目利益相关者关于提升项目价值的需求是不断增加的,所以项目价值的提升反过来又在相当大的程度上激励着工程咨询在基本形态的基础上拓展咨询范围,形成更高端的增值型咨询服务产品。如将生态环境鉴定、合同纠纷的调解、项目融资等作为工程咨询的高端拓展方向。同时,也可就矿山生态修复方案编制、勘查设计、招标代理、项目管理、工程监理、工程评估中的某一个或若干个阶段提供更深层次的咨询服务。

3.4　交易成本理论

3.4.1　交易成本理论概述

交易成本理论是诺贝尔经济学奖获得者罗纳德·哈里·科斯(Coase R. H.)于1937年在论文《企业的性质》中提出来的。它的基本理念是:围绕交易费用节约这一中心,把交易作为分析单位,找出区分不同交易的特征因素,然后分析什么样的交易应该用什么样的体制组织来协调。科斯认为,交易成本是获得准确市场信息所需要的费用以及谈判和经常性契约的费用。也就是说,交易成本由信息搜寻成本、谈判成本、缔约成本、监督履约情况的成本、可能发生的处理违约行为的成本所构成。

交易成本是指在搜寻所需信息,谈判、签约和履行合同等过程中所耗用的资源。根据威廉姆森的研究,交易成本分为事先的交易成本和事后的交易成本两类。交易成本的存在来源于人的两大天性:一是有限理性,即受人的见识、预见、技能、经验等所限,个体的完全理性行动受到限制;二是存在机会主义倾向,包括合同欺骗、反悔等其他存在欺诈性质的行为,使得主体对可能的机会主义行为保持警惕。

按照古典经济学的思想,市场是最有效的资源配置手段。科斯却对其持怀疑态度,他假设:如果市场最有效率,那为什么还要有企业呢? 把企业的黑箱打开,各工序之间由市场调节不就行了吗? 企业不是靠价值规律调节内部生产,而是靠行政命令和计划手段调节。科斯发现市场和计划都能有效地调节生产,孰优孰劣莫衷一是,可以用交易成本解释这种现象。如果把企业产品的各工序交由市场去组织,则工序之间就会产生可以用货币表现的采购、谈判、纠纷调解、结算等时间延长、成本增加,即产生了交易成本。如果在工序之上加上企业组织,则企业管理层的行政机构利用计划手段调节生产则能回避或降低交易成本。因此,企业的组织方式相比市场更有效。大而化之,如果把整个社会都看成是一个企业组织,利用行政和计划来管理岂不快哉。中国和苏联的实践证明在社会层面市场比计划更有效;新加坡的实践却表明,计划组织还是很有效的。因此,人类到今天仍然未能证明市场和计划孰优孰劣,只能具体问题具体分析。分析的方法就是比较交易成本的高低,哪个交易成本越低,哪个制度或组织就越有效率。

科斯提出交易成本理论后,广大研究制度和组织的经济学家松了一口气,终于有了判断制度优劣或组织规模经济的标准了。真正掌握交易成本理论的经济学家却创造了许多新的经济学流派,如信息经济学和交易成本理论结合形成了契约经济学。而契约经济学和委托代理理论结合形成了现代治理理论的框架。科斯提出的交易成本理论,其核心就是观察制度或组织的交易成本,比较交易成本的高低,就可以选择制度和组织模式了。

张五常先生运用科斯的交易成本理论分析中国的经济制度和改革开放政策获得巨大声誉。中国的一些经济学家对科斯的理论情有独钟,以至于科斯是中国人最熟悉的西方经济学家。

3.4.2 交易成本理论与全过程工程咨询的结合

3.4.2.1 矿山生态修复项目全过程交易成本的识别

工程交易成本是指在工程交易中寻找交易对象、签订交易合同、监督合同履行以及建立保障合同履行的机构和组织等,使合同顺利实施所需要的费用和付出的代价。工程交易成本产生主要源于工程交易的不确定性,使得合同主体在合同签订过程中需要花费额外的成本来找寻信息以确定最优合同对象;在合同履行过程中支付额外费用监督合同内容,以确保自身利益。工程交易的不确定性包括社会经济条件的不确定性、合同双方信息的不确定性和人的机会主义不确定性。

工程交易的不确定性使得合同主体需要组建专门的组织进行监控和管理,需要对方缴纳各种保证金或者为了避免巨额损失向保险机构缴纳保险,这些都构成了工程交易成本。

(1)社会经济条件不确定性产生的交易成本

社会经济条件的不确定性是包括自然条件的不确定性、市场经济环境的不确定性和政策环境的不确定性等。自然条件的不确定性主要表现如下:矿山生态修复项目所处自然环境一般较复杂,常伴随有地质灾害,受暴雨、洪水破坏的工程也屡见不鲜。市场环境的不确定表现如下:材料、人工等市场价格浮动。政策环境的不确定性表现为:国家法律法规、技术规范的变动,生态修复理念的更新等。对于这些不确定性因素,在合同中难以做出详尽的处理方案。不得不在工程开始前组织人员对相关信息进行尽可能全面的搜寻，或者在不确定性事件发生后进行协调处理。在信息的搜寻和事件的处理过程中，就产生了交易费用。主要有项目前期论证费、专家咨询费、相关资料的核实和审查费以及事故发生后处理工程变更和合同索赔发生的费用等。

（2）合同双方信息不确定性产生的交易成本

合同双方信息的不确定性主要指合同主体的信息不对称。如在招投标过程中，对于矿山企业来说，投标人的实际能力、经验、人才、信誉等情况具有不确定性。对于投标人来说，矿山企业的资金状况、配合工作的效率等具有不确定性。合同双方信息不确定性产生的交易成本分为签订合同的交易成本和履行合同的交易成本两类。

（3）机会主义倾向产生的交易成本

机会主义倾向的不确定性指工程交易双方有意隐瞒、歪曲事实以期获得额外利益。如投标单位有利用虚假信息投标以期获得中标机会的倾向，施工方有偷工减料以求自身利益最大化的倾向等。

为了克服上述问题，需要采取一定的监管措施对工程交易过程实施监督管理。在这个过程中的交易费用主要包括两个方面：一是组建管理机构的成本，二是在施工过程中管理、协调、解决争端所支出的费用等。

归纳起来，矿山生态修复项目的交易成本主要包括：不同工程阶段衔接合作的协调成本；不同工程专业之间的合作产生的成本；采购过程中发生的信息费用、缔约费用、审核费用以及可能产生的时间延误或质量不合格等产生的费用；矿山企业搜寻技术服务和施工单位、技术服务和施工单位寻找项目信息以及解决纠纷所引起的费用；避免承包方的毁约、欺骗等风险，实施第三方监督产生的费用等。

3.4.2.2　矿山生态修复项目全过程交易成本的控制

矿山生态修复项目全过程交易成本的控制措施主要包括如下四个方面：

（1）合理选择招标方式

在确定技术服务和施工单位时，竞争的激烈程度对交易成本有着直接影响。当市场竞争较激烈时，各投标方为了中标，会尽可能详细而真实地展示自身的实力，在一定程度上可避免因信息不对称引起的交易费用增加；在合同履行过程中，中标单位会好好把握机会，认真履行合同，以期获得后续项目，投标人的机会主义倾向得到遏制，可降低交易成本。

（2）合理选择工程发包方式

目前，矿山生态修复项目主要采用传统的平行承发包方式，即将方案编制、勘查设计、施工、监理、评估、材料、设备等分别发包。根据交易成本经济学理论，企业的出现是通过内部的组织来代替市场交易，由企业来分配资源、指挥生产，达到节约交易成本的目的。因此,如果矿山生态修复项目将方案编制、勘查设计、施工管理、监理、工程评估等技术服务工作进行一体化运作,则可以把各阶段用于信息收集、合同签订、监督管理等的交易成本变成组织成本,将市场交易行为变为组织行政行为,从而减少合同数量和协调工作,最大限度地降低交易成本。

（3）合理选择交易合同类型

目前,工程交易合同有单价合同、固定总价合同、调值总价合同、固定工程量总价合同、成本加固定费用合同、目标价格激励合同和限定最高价格合同等。不同交易合同的交易成本有所不同,单价合同和成本加固定费用合同由于需要协调和确认的工作较多,交易成本一般较高,总价合同的交易成本则相对较低。

（4）构建稳定的供应链体系

各工程阶段的实施单位构成了项目的供应链。稳定而又密切配合的项目供应链对项目的成功运作十分有利。一方面,对链上所有单位的资源进行整合和统筹管理,使其整体达到最优。另一方面,构建稳定的工程项目供应链体系后,供应链上各单位是一种长期的、相互了解和信任的合作关系,这样就可以最大限度地减少合同双方的信息不确定性,减小机会主义倾向,从而使交易成本得到降低。

3.4.2.3　交易成本理论在全过程工程咨询中的体现

与其他成熟的工程领域相比,矿山生态修复项目的施工和管理技术成熟度较低,项目成本的可降空间相对较大。项目交易成本的控制和管理也应成为工程成本管理的重点。只要正确识别工程交易成本,建立合理的工程交易制度,构建稳定的供应链体系。就能够大幅度的降低工程交易过程中的信息不确定性和机会主义倾向,节约交易成本。全过程工程咨询模式充分体现了交易成本理论的思想,主要体现在:

（1）节约交易成本

一方面,项目各阶段技术工作存在紧密联系,上阶段的工作成果是下阶段工作的必要条件;另一方面,不同工程阶段的从业人员对对方的成果或需求了解程度不足,因此,为获得其他阶段的信息就需要付出一定代价。与传统的项目管理模式相比,全过程工程咨询可大大降低这部分费用。同时,洽商费用、签订合同的费用、监督执行的成本等在全过程工程咨询模式下也会大大降低。

（2）获得连续生产效率

矿山生态修复项目的不同工程阶段具有较强的连续性,用到的技术知识关联性也很大,就目前的主要从业单位来说,一般能够胜任方案编制、勘查设计、施工管理、工程评估等全部技术工作。如能保持同一项目技术咨询工作的连续性,就能够提高交易效率、节约成本,并有利于持续确保成果质量。

（3）控制能力加强

在全过程工程咨询模式中，前后阶段的管理工作被控制在同一机构之中，实施统一规划，各阶段的成果更容易直接监督，对项目的控制能力加强，项目目标更容易完成，也更符合项目管理的规律。

第4章

全过程工程咨询理论工具

全过程工程咨询需要使用一些理论工具开展工作。吴玉珊等主编的《建设项目全过程工程咨询理论与实务》及咨询工程师、监理工程师、建造师等执（职）业资格（能力）考试辅导教材等均对其进行了不同程度的整理。这些方法论在国防、制造、建设工程等领域得到了广泛应用，已十分成熟。近年来，笔者尝试将其应用于矿山生态修复项目，在提升工作效果方面取得了一定成效。现将一些理论工具结合矿山生态修复项目的特点进行梳理，希望对从业者有所启发。

4.1 全生命周期造价管理

4.1.1 全生命周期造价管理概述

4.1.1.1 全生命周期造价管理的发展概述

全生命周期造价（life cycle cost，简称 LCC）也被称为寿命周期费用，最早由美国国防部提出。对于 LCC 的研究，大致可划分为四个阶段。

第一阶段（1950—1970 年）：萌芽阶段。1950 年，在美国对可靠性的研究中开始萌芽。1966 年 6 月，美国国防部开始正式研究 LCC，主要应用于军工产品的成本核算。1970 年开始，LCC 评价法在美国国防领域得到了广泛的运用，并逐步向民用领域扩展。

第二阶段（20 世纪 70 年代）：初步形成阶段。A. Gordon 于 1974 年 6 月在英国皇家特许测量师协会《建筑与工料测量》季刊上发表了《3L 概念的经济学》一文，首次提出"全生命周期工程造价管理"的概念。1977 年，美国建筑师协会（American Institute of Architects，简称 AIA）发表的《生命周期成本分析——建筑师指南》一书，给出了全生命周期成本分析的初步概念和思想，指出了开展研究的方向和分析方法。

第三阶段（20 世纪 80 年代）：发展阶段。在此阶段，英美的一些学者和从业者将 LCC

作为一种管理方法应用于工程造价领域。在英国皇家测量师协会的直接组织和大力推动下,LCC 理论和实践都得到了广泛深入的研究和推广。O. Orsha 在《生命周期造价:比较建筑方案的工具》一文中,将全生命周期造价作为建筑设计方案比较的工具,并探讨了在建筑方案设计中应该全面考虑建造成本和运营维护成本的概念和思想,提出了对工程项目 LCC 的分析方法。如:工程项目成本划分方法、工程项目造价的数学模型和工程项目的不确定性风险的估算方法等。R. Flanagan 写了一系列有关 LCC 理论的论文与书籍,包括《生命周期造价管理所涉及的问题》、《工程项目生命周期造价核算》、《生命周期造价管理:理论与实践》等。J. W. Bull 在《建筑项目生命周期成本估价》的著作中分析了建设成本、运营和维护成本与生命周期成本之间的关系并给出了关系图。Robert. J. Brown,Rudolph. R,Yanuck. E 提出了生命周期成本造价的应用领域及研究方法。

第四阶段(20 世纪 90 年代以后):成熟阶段。《生命周期成本分析手册》(*Life Cycle Cost Analysis Handbook*)比较统一地给出了全生命周期造价分析(LCCA)的有关概念术语及实施的总体步骤。美国的 SielindaK. fuller 和 StephenR. Petersen 提出了 LCCA 的分析流程。其应用领域不断扩大,制造、建筑、能源、交通等行业已将 LCCA 作为比较常用的决策工具。

4.1.1.2　全生命周期造价管理的基本概念

有不少学者和机构提出过 LCC 的概念。比较而言,《生命周期成本分析手册》(1999 年版)给出的概念比较规范和完整,之后相关文献也多采用此概念或受其影响。手册中对进行 LCC 分析的基本术语都给出了具体的定义:

生命周期造价(LCC):在一定时期内拥有、运行、维护、修理和处置建筑物或建设项目系统所发生的全部成本的贴现值的总和。包括三个变量:成本、时间和折现率。

【举例】对于矿山生态修复工程,"拥有"是指矿山企业建成矿山生态修复工程。"运行"是指工程发挥生态修复效益的过程。"维护"和"修理"与建设工程的含义基本一致,例如竣工后对林草地的浇水、施肥、杀虫等属于工程维护,汛期后对受损的挡土墙、排水渠的维修、补强等属于工程修理;由于需要长期运行、持续发挥生态修复作用,就目前而言,矿山生态修复工程的"处置"阶段不明显。

生命周期造价分析(LCCA):一种测定在一定时期内拥有和运营设施的总成本的经济评价方法。

初始成本(initial cost/expense):占用建筑物/设施之前所发生的全部成本/费用。

未来成本(future cost/expense):占用建筑物/设施之后所发生的全部成本/费用。通常可分为两类:一类是一次性成本(one-time cost),即在研究期内只发生一次而不是每年发生,如大多数的重置/替换成本(replacement cost)。另一类是重复发生成本(recurring cost),即在研究期内每年都要发生,如大多数的运营和维护成本(opera-tional &

maintenance cost)。

【举例】矿山生态修复项目除监测费和管护费之外,基本上均是初始成本。例如,建设监测点属于未来成本中的一次性成本;工程日常监测和管护费为未来成本中的重复发生成本。

残值(residual value):建筑物/项目在研究期末的净价值。与未来成本不同,它可以为正、为负甚至为零。

研究期(study period):是用于估测设施拥有和运营费用的时间范围。通常在20~40年内,与研究者的偏好和项目预期的稳定使用寿命有关。一般研究期比设施的寿命期短。

【举例】矿山生态修复项目的管护期结束,一般工程会持续发挥生态修复效益,无需人工干预。因此,本书认为矿山生态修复项目的研究期可以为建设期和管护期的总和。

折现率(discount rate):反映了投资者资金时间价值的利率,它使得投资在现在获得一笔收入和在将来获得一笔更大的收入没有什么不同。可分为两种:名义折现率(nominal discount rate)和真实折现率(real discount rate),二者的区别在于前者包括了通胀率。

【举例】矿山生态修复项目的投资者为矿山企业,从国民经济分析角度来说,项目会带来生态修复效益,从财务分析角度来说,此类项目为纯支出项目。因此,本书认为,在进行矿山生态修复方案比选时不仅要做财务分析,在满足生态修复效果的前提下选择造价低的方案,更重要的是做国民经济分析,充分考虑更为长远的生态修复效果和防灾减灾效果。

现值(present value):把发生在过去、现在和未来的现金流通过等值计算折算到基年的价值。

4.1.2 全生命周期造价管理的应用流程

以建设项目为例,全生命周期分为决策阶段、设计阶段、招标阶段、施工阶段、运行和维护阶段、拆除阶段等。如图4-1所示,建设项目全生命周期造价分析的主要任务是基于特定的性能(安全性、可靠性、耐久性)以及其他要求,优化建筑产品的生命周期成本。其目的是在建筑产品生命周期的所有阶段,特别是前期的决策、规划和设计阶段,为其做出正确决策提供科学依据。因此,要使投入的资金达到最佳效果,投资者就必须综合考虑项目的前期成本、建设成本、未来成本,以及项目的社会成本和项目所产生的综合效益。同时,决策者必须对项目的整个生命周期进行系统考虑和全方位的综合管理。

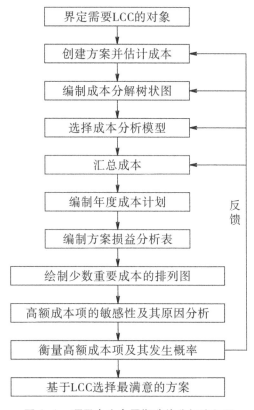

图 4-1　项目全生命周期造价分析流程图

项目全生命周期造价管理的具体内容如下所示：

首先，确定各目标值，在建设实施过程中阶段性地收集完成目标的实际数据，将实际数据与计划值比较，若出现较大偏差时采取纠正措施，以确保目标值的实现。

其次，工程成本的有效控制是以合理确定为基础，有效控制为核心，它是贯穿于项目全过程的控制。

在项目各阶段，把成本控制在批准的限额以内，随时纠正发生的偏差，以保证管理目标的实现，以求合理使用人力、物力、财力，取得较好的投资效益和社会效益。要有效地控制工程成本，应从组织、技术、经济、合同与信息管理等多方面采取措施。其中，技术与经济相结合是控制工程成本最为有效的手段。要通过技术比较、经济分析和效果评价，正确处理技术先进与经济合理两者之间的对立统一关系，力求在技术先进条件下的经济合理，在经济合理基础上的技术先进，把控制工程成本观念渗透到设计和施工措施中去。

最后，要立足于事先控制，即主动控制，以尽可能地减少乃至避免目标值与实际值的偏离。也就是说，工程成本控制不仅要反映投资决策，反映设计、发包和施工被动的控制，更要主动地影响投资决策，影响设计、发包和施工，主动地控制。

4.1.3 全生命周期造价管理在矿山生态修复项目中的应用

在方案编制及设计阶段,可以采用LCC对多个生态修复方案进行比选。例如,"放坡+覆土+植树+种草"和喷播均能实现边坡的生态修复,但是全生命周期造价是不同的,细分的初始成本和未来成本差别会更大。这种情况下,就可以采用LCC进行方案比选,科学决策。

与建设工程相比,矿山生态修复项目造价管理阶段的称谓有所不同,但是本质是一样。按照工程造价的形成过程和精度,依次为估算、预算、结算和决算。对应成本管理,估算和预算是成本计划,结算是成本核算,决算是成本考核。由于矿山生态修复项目的复杂程度和规模相对不大,一般没有明确的初步设计阶段,工程实践中一般不做工程概算,直接由估算过渡到预算。

(1)估算

矿山生态修复方案是在假设矿产资源开采按计划进行的条件下进行的预测,是基于计划的计划。理论上来说,不确定性因素较多,该阶段的工程规划重在选型,对于工程量、具体工程指标难以准确确定。因此,对应的成本控制精度不高,属于工程估算。

矿山企业依据估算金额及年度计划筹集资金,分阶段提取矿山地质环境治理恢复基金,作为工程的资金来源。

估算的精度相对不高,是矿山生态修复项目造价控制的上限,一般情况下后期的预算不能超估算。在各工程阶段中,方案编制阶段对造价控制的影响最大,是全生命周期造价管理的重中之重。也就是说,从造价管理角度来说,编制和比选矿山生态修复方案是工程咨询单位为矿山企业提供的首要且核心的技术服务。

(2)预算

在矿山生态修复方案的基础上,根据矿山实际开采情况,按照边开采、边治理,分阶段实施的原则,进行年度或阶段工程设计。由于是基于实际发生的矿山生态修复问题进行的设计,因此,具体工程指标、工程量可以相对精准地确定和计算。该阶段的成本计划就是预算,与估算比预算的精度更好,但金额不可超过估算。

对于将工程施工发包的矿山生态修复项目,无论是否采用招标方式,在发包环节矿山企业不可避免地要与承包人确定施工合同价款。该合同价款原则上不能超过设计预算,对于矿山企业来说,所签订的施工合同价就是施工成本计划。而对于矿山企业组织施工的矿山生态修复项目,施工成本计划可按照设计预算中的工程施工费执行或者按照矿山企业批准的预算执行。

(3)结算

结算包括工程施工、设备购置、材料采购、方案编制、勘查设计、招标代理、监理、评估、工程咨询等费用的结算。工程结算应按照合同约定的方式执行,结算金额原则上不超过合同额,结算资金从提取的矿山地质环境治理恢复基金中支出。

（4）决算

完成一项或某阶段矿山生态修复项目,应对项目的全部支出进行汇总,编制决算报告。决算应沿用预算或估算的费用构成,与预算或估算进行逐项对比,对成本计划和控制效果进行评价,总结经验教训,为以后的项目提供指导性建议。

（5）成本控制

成本控制是节约成本的重要环节,方案编制、勘查设计、施工、监理等每个项目参建单位、各个工程阶段均应该重视成本控制工作。可以采用 PDCA 循环和挣值管理等方法进行费用控制。施工费是矿山生态修复项目中占比最大的一项成本,对矿山企业来说是成本控制的主要工作。如采用施工发包的,准确的工程计量和决算金额审核是成本控制的重要措施。

根据全生命周期造价管理（LCC）理论及矿山生态修复项目的特点,矿山生态修复项目全生命周期造价管理如图 4-2 所示。

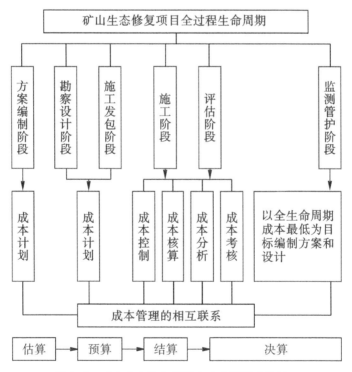

图 4-2　矿山生态修复项目全生命周期造价管理

4.2 价值管理

4.2.1 价值管理概述

项目价值管理是一种以价值为导向的有组织的创造性活动,它利用管理学的基本原理和方法,同时以项目利益相关者的利益实现为目标,最终实现项目利益各方最高满意度。

价值管理一般包括价值计划、价值形成、价值实现和价值消失四个部分。通常项目的价值计划阶段对项目价值的影响是决定性的,因此,这阶段也是价值管理介入的重要阶段,其服务成果基本上决定了工程价值系统的其他部分。在该阶段要确定项目利益相关者价值、内容、大小与传递方式,因此要进行大量的调研工作。在对项目利益相关者需求进行识别的基础上,平衡他们之间的利益冲突,实现利益相关者价值的最大化。价值形成阶段是价值计划成果的物化,形成价值实体。价值实现阶段是通过工程实施达成预定目标,带来经营效益。价值消失阶段一般是指工程报废拆除,恢复场地和环境,为策划新项目提供可能。

由于矿山生态修复工程竣工后将持续发挥生态修复效益,一般不考虑价值消失。方案编制、勘查设计、施工、管护等矿山生态修复项目全生命周期各阶段都会对项目的价值造成影响,如图4-3所示。

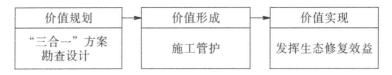

图4-3 矿山生态修复项目价值管理范围

4.2.2 价值管理的应用

在项目全生命周期管理中,应用价值管理是十分有必要的。由于项目自身的特殊性,如何以最小化的全生命周期造价实现项目各利益相关者的最大满意度,体现出项目的有所值,是个复杂的过程。因此,需要借助于价值管理等理念与全生命周期管理相结合以提高项目决策与控制的科学合理性。

根据项目的进程,分别实施价值规划、价值工程、价值分析(这三者可视为价值管理的子集）以实现项目的最优 LCC。在项目生命周期的不同阶段实施价值管理对 LCC 的影响度是不一样的，或者说运用价值管理思想来进行 LCC 的控制，在项目生命周期的各阶段有不同的具体方法，如图 4-4 所示。

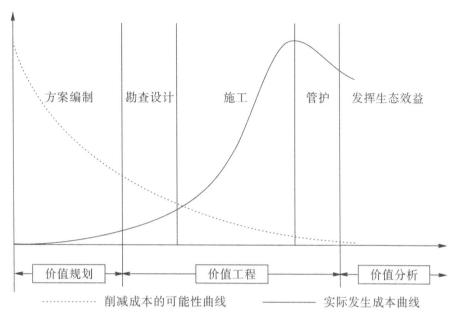

图 4-4　矿山生态修复项目不同阶段价值管理对 LCC 的影响图

从图 4-4 可以发现价值管理介入的重点是方案编制阶段，可能有最大的削减 LCC 机会。在设计、施工和管护阶段通过价值工程实现价值规划。施工完成后通过价值分析对其进行评估，为下一阶段项目 LCC 管理提供经验与数据支持。

4.3　可施工性分析

4.3.1　可施工性概述

1983 年，英国建筑行业研究信息协会（The Construction Industry Research and Information Association，简称 CIRIA）提出了可施工性（buildability）概念："The extent to which the design of the building facilitates ease of construction，subject to the overall requirements for the completed building."可施工性是通过影响施工的因素来控制设计队伍，建立彼此间的联系。该概念的正式提出，进一步补充了建筑行业的理论体系。其不足之处是仅仅建立了设计和施工的联系，并没有涉及运行与维护等方面，缺少连续性。

同期,美国建筑行业协会(The Construction Industry Institute,简称 CII)正在进行以提高成本效率为目标的全质量管理和建筑行业国际竞争理论的研究与发展工作,可施工性研究是其重要的组成部分。与 CIRIA 相比,CII 对可施工性的定义范围更为广泛"A system for achieving optimum of construction knowledge and experience in planning, engineering, procurement and field operations in the building process and balancing and environmental to achieve overall project objectives."。到 20 世纪 90 年代初,澳大利亚建筑行业协会(CIIA)又对 CII 的可施工性定义进一步深化,其定义为" A system for achieving optimum integration of construction knowledge in the building process and balancing the various project and environmental constraints to achieve maximization of project goals and building perform-ance."。

崔云静、王旭峰在对建设项目的可施工性进行研究后指出:"第一类设计的可施工性问题"是指常见设计质量问题中那些"不便施工"或"不能施工"的问题,也可称之为"狭义的不可施工问题"。

矿山生态修复项目中较为典型的,如:设计的树种在项目周边缺少供应商;树苗规格过大,移栽成活率低;削坡工程设计的平台宽度过窄,挖掘机转弯困难等。第一类可施工性问题比较直观,一般来说,这些问题发生在某个工序的施工过程中,是设计原因引起的难以顺利施工的问题。

"第二类设计的可施工性问题"是与总体施工方案有关的问题,它也可以称之为"广义的不可施工问题",是"狭义的可施工性问题"之外的问题。第二类可施工性问题主要表现在项目实施的早期阶段,通常的设计质量管理没有从总体上考虑后续施工的需求。

矿山生态修复项目中较为典型的,如:设计的树种所需的气候条件与项目所在地不适宜;设计的爆破削坡或拆除工程位于名胜古迹、油库、水源等不允许爆破的范围内等。

根据以上分析,产生两类可施工性问题的原因如下:

一是承发包模式选择的局限性导致设计与施工相分离,直接影响了设计的可施工性。一方面导致设计人员的可施工性经验是通用的,考虑施工问题带有主观性。另一方面导致施工单位在拿到设计文件后,才可能进行施工组织设计,其优化施工流程的创造性受到既有图纸的限制。特别是一些先进的施工技术,因得不到设计的有效配合而失去采用的机会。施工单位在签订施工合同后才能参与项目,无法直接参与设计的可施工性研究。

二是设计单位项目管理水平不足,往往只能从大的原则上来考虑施工的需要,而不能从特定的项目和施工单位的实际情况来进行取舍和优化,不能完全考虑到施工单位的实际需要。

4.3.2　可施工性的应用

4.3.2.1　实施可施工性研究的要素

（1）施工人员参与

设计缺乏对施工方法的考虑是产生可施工性问题的主要原因。选择适当的施工方案可以节约成本和加快施工进度，如采用机械挖树穴、装配式排水沟、喷播等施工方法。由于不了解施工方法，同时又没有施工知识的输入，设计人员在设计阶段普遍对施工的需求考虑不足，在设计决策时往往采用不适当的假设而没有对未来的施工方法进行最优分析。

在传统项目管理模式中，施工单位在设计完成后才介入项目的实施，其创新性受到设计文件的约束。如果让有丰富施工知识和经验的人参与设计，就能够在设计过程中考虑施工的需求，使设计与施工集成，并不断深化，可以解决很多设计人员容易忽视的问题，从而优化施工流程，降低项目全生命周期成本。

（2）尽早实施可施工性研究

在方案编制和设计阶段，项目决策成本很低，但这些决策能够对项目的整体成本造成很大影响。设计成果一旦提交，再进行大的变更不是件容易的事情。主要原因是设计人员对变更有抵触情绪，设计变更还会造成设计成本增加、工期延误，变更责任人互相扯皮等。在某些政府投资的矿山生态环境修复项目中，设计变更拖上两三年也是有的。因此，可施工性研究应尽早开始。

在方案编制阶段就开始实施可施工性研究，让经验丰富的施工专家尽早参与项目，能够充分利用他们的施工经验，为早期方案比选提供建议，适当影响矿山企业和设计者的决策，可以产生最大的效益。使项目的工期缩短、总体效果提升，可操作性、可维护性以及使用的可靠性都有所提高，并使项目全寿命周期成本降低。在项目实施的不同阶段实施可施工性研究，其效益不同，如图 4-5 所示。

（3）可施工性研究延伸至项目全生命周期

可施工性强调在项目实施的全过程中进行系统的研究，充分发挥施工经验和知识的作用。也就是说，可施工性研究应该成为项目实施总体部署的一部分，从方案编制开始，在项目的整个实施周期内持续进行，一直延续到整个项目竣工发挥生态效益为止。

（4）多方参与，有组织进行

可施工性研究是致力于项目目标的集成化、系统化、专业化的研究活动。实施高效的可施工性研究，需要将参与项目的各方人员有效地组织起来，以利用各方的专业知识和经验，优化项目的实施过程。

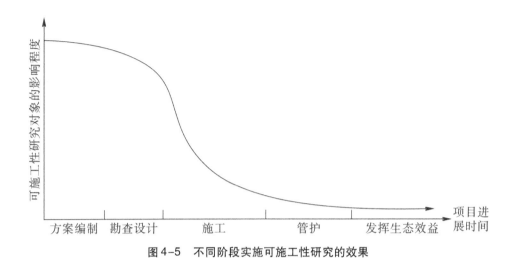

图4-5　不同阶段实施可施工性研究的效果

参与可施工性研究的各方应始终从项目的整体利益出发进行研究。具体包括：

①矿山企业作为出资人必须在实施可施工性研究过程中发挥重要的作用。矿山企业负责选定参与可施工性研究的人员，指定一位负责人。最重要的是，需要赋予施工单位在方案编制和设计阶段的权力。

②可施工性研究的协调人不仅要具有设计方面的知识和经验，而且必须有施工方面的知识和经验。同时，还需要具有良好的交流技能，以便与其他参与者沟通。

③参与可施工性研究的设计人员必须耐心地与其他参与人员交流，能够虚心接受其他参与者提出的改善可施工性的建议。

④参与可施工性研究的施工人员必须具备丰富的施工知识和经验，应当能够作权威性的发言。清晰地提出自己的见解，耐心地与其他参与者交流。可以表达参与项目的意愿，支持有利于优化项目的总体目标（不仅仅是施工目标）方案，以赢得可施工性研究参与各方的信任，使研究顺利进行。

⑤可施工性研究还需要其他专业的专家共同参与，以审核某些特殊的工作，如地质灾害、爆破、安全、林草等。

4.3.2.2　可施工性分析的实施

在方案编制和设计阶段，施工人员要发挥建设性作用。可施工性分析过程中，设计人员、施工人员、造价人员充分沟通交流，可通过定期会议制度或组织制度来保证。可施工性研究小组应参与制定项目总体进度计划和拟定出主要的施工方法，以保证实际进度与计划相匹配。

可施工性研究，重点审查总体方案。分析实现单项设计意图的施工方法，开展价值工程活动，分析项目所需物资的可供性，提高设计对自然环境的适应性，集中组织审查会议,确保设计具有较高的可施工性。

在不同工程阶段可施工性研究可以通过如下方法实现:

(1)方案编制阶段

施工人员在方案编制过程中就要了解工程规划思路,在规划基础上提出自己的技术建议。一方面,为以后的勘查设计做准备。另一方面,可以相互启发,让方案编制人员循序渐进地考虑可施工性来完善规划,减少返工。施工人员还可以把一些新的施工方法、施工工艺传递给方案编制人员,使方案在实施中更具时效性,利用先进的技术成果促进项目目标实现,达到优化方案目的。

(2)勘查设计阶段

施工人员全程参与设计,不仅增加了设计的合理性,而且更早地熟悉设计内容。这就省去了施工人员在认识设计、反馈问题、变更等花费的时间,真正做到专业工种搭配进行,消除设计脱离实际的问题,用过程优化替代了以往的结果优化。

(3)施工阶段

在施工中,重视设计交底与图纸会审活动。加强对工程变更的管理,建立激励机制,鼓励施工单位就设计文件提合理化建议等。

开展可施工性研究的基本程序可分为七步,如图4-6所示。

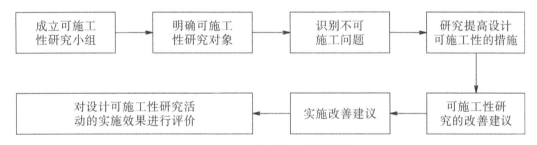

图4-6　可施工性研究流程图

第一步,组建研究小组。随着建设项目的开展,应及时将研究人员扩大到施工单位、专业分包单位和主要材料设备供应商。

第二步,确定研究的项目目标,明确可施工性研究的对象。

第三步,应用项目分解结构(work breakdown structure,简称WBS),识别设计的不可施工性问题。

第四步,研究提高设计可施工性的措施。

第五步,提出改善设计可施工性的建议,并对它们进行技术、经济评价,择优选择。

第六步,应用设计可施工性研究的成果(进行设计变更后实施)。

第七步,对设计可施工性研究活动及其实施效果进行评价。

4.4 PDCA 循环

4.4.1 PDCA 循环概述

PDCA 循环又叫质量环,是由质量管理专家戴明博士采纳并宣传的,是质量体系活动应该遵循的科学工作程序。PDCA 循环是能使任何一项活动有效进行的方法,如图 4-7所示。

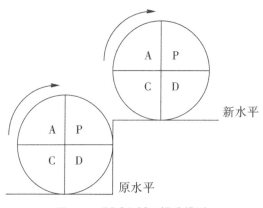

图 4-7　PDCA 循环提升模型

P、D、C、A 四个字母所代表的意义如下:

P(plan)计划,包括方针和目标的确定以及活动计划的制定;

D(do)执行,指具体运作,实施计划中的内容;

C(check)检查,检查计划实际执行的效果,比较和目标的差距;

A(action)调整或处理,包括两个内容:成功的经验加以肯定,并予以标准化或制定作业指导书,便于以后工作时遵循;对于没有解决的问题,查明原因,其解决的方法也就成为一个新的 PDCA 循环。如此周而复始,不断推进工作的进展和工作水平提升。

PDCA 循环理论可应用于多个领域和活动中,它是一个可对管理过程和工作质量进行有效控制的工具。每一项活动都需要经过固定的四个阶段。这四个阶段就是计划、执行计划、检查计划执行情况、对计划进行调整并不断改善。PDCA 可通过在项目中的实施并熟练运用而不断提高工作效率,促使管理向一个良性循环的方向发展,能不断地提高工作效率。因此,它被人们持续的、正式或非正式的、有意识或下意识的应用于每项工作或每件事。

4.4.2　PDCA 循环的应用

PDCA 循环应用了科学的统计观念和处理方法。作为推动工作、发现问题和解决问题的有效工具。典型的模式被称为"四个阶段"和"八个步骤"。

（1）计划阶段（plan）

①分析现状，发现问题；

②分析产生问题的各种原因或影响因素；

③找出主要原因或主要因素；

④设定目标，制定对策。

制定一项好的计划，需要将方案步骤具体化，逐一制定对策，明确回答方案中的"5W1H"。即：Why，为什么制定这个措施？ What，达到什么目标？ Where，在何处执行？ Who，由谁来负责？ When，什么时间完成？ How，如何执行？

（2）执行阶段（do）

按计划的要求去做，并保存每步实施的记录（照片、日志、纪要、表格、数据等形式）。

（3）检查阶段（check）

把执行结果与计划目标进行对比，确认是否按计划实施以及是否达到预定目标值。

（4）调整、总结阶段（action）

①标准化。把成功的经验总结出来，把工作水平拓展到其他方面，并进行标准化工作。

②把没有解决或新出现的问题转入下一个 PDCA 循环中去解决。

PDCA 是对持续改进、螺旋式上升的一种科学的总结，将"四个阶段"和"八个步骤"融合在一起，如图 4-8 所示。

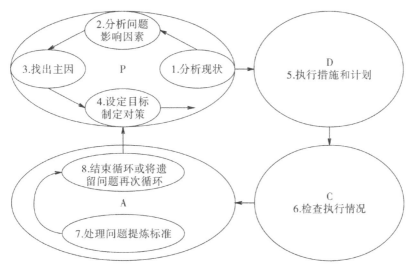

图 4-8　PDCA 循环示意图

PDCA 循环常被运用在施工质量控制之中,核心是 A 阶段。从制定目标、执行方案、发现问题、解决问题,到制定新目标。当一个循环结束后,只有对已经解决的问题进行归纳总结,吸取经验教训才能使质量控制产生效果,使得质量持续改进。只要有未解决的问题,就需要对问题进行处理,便进入下一轮循环,直至实现施工质量目标。在具体操作中,运用 PDCA 循环控制施工质量的过程如图 4-9 表示。

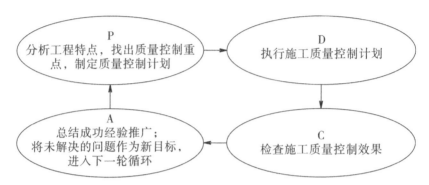

图 4-9　PDCA 循环在施工质量控制中的应用示意图

4.5　ABC 分类法

4.5.1　ABC 分类法概述

ABC 分类法(activity based classification)是由意大利经济学家维尔弗雷多·帕累托首创的,又称帕累托分析法、主次因分析法、排列图法等,是储存管理中常用的分析方法,也是经济工作中一种基本工作和认识方法。

ABC 分类法的应用,在储存管理中比较容易地取得了压缩总库存、解放占压资金、合理化库存结构和节约管理力量四项成效。

1879 年,帕累托在研究个人收入的分布状态时,发现美国 80% 的人只掌握了全国 20% 的财产,而另外 20% 的人却掌握了 80% 的财产。他将这一关系用图表示出来,这就是著名的帕累托图,如图 4-10 所示。该分析方法的核心思想是在决定一个事物的众多因素中分清主次,识别出少数的但对事物起决定作用的关键因素和种类繁多的但对事物影响极小的次要因素。后来,帕累托法被不断应用于管理的各个方面。1951 年,管理学家戴克(H. F. Dickie)将其应用于库存管理,命名为 ABC 法。1951—1956 年,约瑟夫·朱兰将 ABC 法引入质量管理,用于质量问题的分析,被称为排列图。1963 年,彼得·德鲁克(P. F. Drucker)将这一方法推广到全部社会现象,使 ABC 法成为企业提高效益的普遍应用的管理方法。

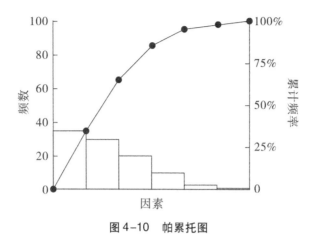

图 4-10　帕累托图

ABC 分类法是运用数理统计的方法对种类繁多的各种事物属性或所占权重进行统计、排列和分类,划分为 A、B、C 三部分,分别给予重点、一般和次要管理。例如在库存管理中,ABC 分类就是将库存物资按品种和占用资金的多少分为重要的 A 类、一般重要的 B 类和不重要的 C 类分别进行管理和控制。具体分类方法:A 物资品种少,但占用资金多;B 类物资品种比 A 类多一些,占用的资金比 A 类少一点;C 类物资品种多,但占用资金少。

4.5.2　ABC 分类法的应用

ABC 分类法的应用一般包括收集数据、处理数据、编制 ABC 分析表、根据 ABC 分析表确定分类、绘制 ABC 分析图五步。下面以一个案例进行说明。

【案例】在一次矿山生态修复项目施工质量检验时,抽查出挡土墙不合格点数共计 200 个,如表 4-1 所示:

表 4-1　挡土墙不合格点统计表

序号	检查项目	不合格点数	序号	检查项目	不合格点数
1	砂浆饱满度	10	5	断面尺寸	90
2	轴线位置	2	6	长度	1
3	顶面标高	4	7	坡度	3
4	底面标高	20	8	表面平整度	70

按照数量从多到少进行排序,并计算累计频数和累计频率,编制 ABC 分析表,如表 4-2 所示:

表 4-2　整理后的挡土墙不合格点数据

序号	检查项目	不合格频数	累计频数	累计频率
1	断面尺寸	90	90	45%
2	表面平整度	70	160	80%
3	底面标高	20	180	90%
4	砂浆饱满度	10	190	95%
5	顶面标高	4	194	97%
6	坡度	3	197	99%
7	轴线位置	2	199	100%
8	长度	1	200	100%

根据表 4-2,将不合格累计频率介于 0~80% 的检查项目定为 A 类,80%~90% 的为 B 类,剩余 90%~100% 的定为 C 类,如表 4-3 所示:

表 4-3　挡土墙不合格检验项目分类表

分类	项目	频数	累计频数	累计频率
A 类	断面尺寸	90	90	45%
	表面平整度	70	160	80%
B 类	底面标高	20	180	90%
C 类	砂浆饱满度	10	190	95%
	顶面标高	4	194	97%
	坡度	3	197	99%
	轴线位置	2	199	100%
	长度	1	200	100%

使用 Excel 软件,以检验项目为横坐标,频数和累计频率为纵坐标,分别绘制柱状图和散点图,得到 ABC 分析图如图 4-11 所示。

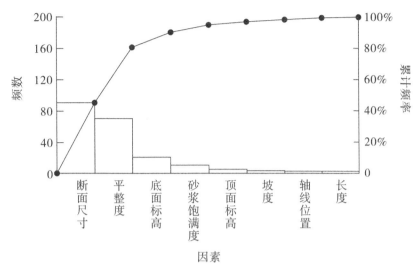

图 4-11　挡土墙检验不合格点 ABC 分析图

4.6　限额设计

4.6.1　限额设计概述

矿山生态修复项目限额设计是指按照矿产资源开采量计算的应提取基金总额控制"三合一"方案中的工程规划,按照方案动态估算总额控制设计,在保证达到生态修复效果的前提下,按限额进行设计,严格控制不合理变更,从而保证总投资额不被突破。

限额设计是一种比较有效的工程造价控制方法,也是设计阶段项目管理工作的重点。限额总值如何确定,以什么标准确定,限额设计如何展开,是限额设计中的重要问题。因缺乏确定限额的能力,使得准确合理地限定总值成为一个难点。一般应从项目全生命周期视角确定设计限额。

4.6.2　限额设计的应用

4.6.2.1　全生命周期视角下限额设计的实施前提

为了合理设定限额总值,要以如下两方面的控制为前提。

（1）加强"三合一"方案编制及设计人员的工程造价控制意愿

方案编制和设计人员有责任从工期要求、生态修复效果等方面来考虑和判断估算和预算是否已经超出投资限额。项目投资限额超出的,应该尽早通知矿山企业,否则到设计完成时再进行工程费用控制的难度就将增大。另外,矿山企业或委托的项目管理人员也需要加强对投资限额的跟踪和控制。

（2）加强"三合一"方案编制及设计人员的经济意识

在方案编制和设计阶段,矿山企业需要在项目全生命周期目标的基础上提出限额目标,并强化项目人员的经济意识。具体来说,设计的规模、标准都与项目费用密切相关。规模、标准越高,设计越完美,项目的总投资也就会越高,因此,关键在于加强人员的经济意识。

综合以上两点,在方案编制阶段,需要编制基于全生命周期的项目投资估算（动态估算）;在项目的设计阶段加强对限额设计工作的实施。

4.6.2.2　全生命周期视角下限额设计的实施步骤

（1）确定基于全生命周期的设计阶段投资限额

确定项目设计阶段的限额总值,是通过限额设计来控制项目工程造价的重要依据和前提。限额设计目标是在"三合一"方案编制时确定的。因为矿山地质环境治理恢复工程的估算与矿山开采情况挂钩,所以方案编制阶段需分别编制矿山地质环境治理恢复工程估算和土地复垦工程估算,两项汇总即为方案估算总额,如图 4-12 所示。

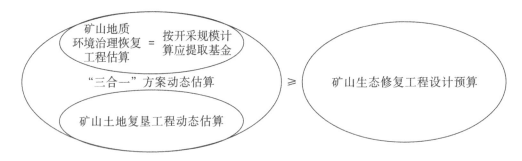

图 4-12　矿山生态修复工程限额设计示意图

首先,矿山企业和方案编制单位根据开采矿种、开采方式等查询对应的矿山地质环境治理恢复基金提取标准,在结合开采规模计算方案服务年限内应提取的基金总额。以此作为矿山地质环境治理恢复工程估算限额。

其次,调查矿山往期或周边类似项目的土地复垦工程决算单价作为基础参考值,再考虑类似工程结算时点到方案编制时的材料、人工等成本的价格上涨等因素,综合确定土地复垦工程静态估算限额。

再次,在静态估算限额的基础上,考虑方案服务年限内的价格上涨因素,确定土地复垦工程动态估算限额。

最后,将两项工程的限额合计即为矿山生态修复方案动态估算限额。

方案编制单位在动态估算限额条件下规划矿山生态修复工程。经评审通过的方案动态估算就是项目生命周期成本的估算,也是项目设计限额。

方案估算应做到如下要求:

①估算必须实事求是地反映工程内容,并且保证投资估算的准确度。

由于工程条件不同,投资估算的准确度可能波动较大,方案编制人员应结合工程特点,对规划的工程措施从技术和经济两方面科学论证,合理考虑影响项目投资的动态因素,切实编好投资估算,并认真审查。

②投资估算应体现对项目全生命周期成本(LCC)的考虑。

在确定矿山生态修复方案时就应当从项目全生命周期造价管理的角度出发,充分论证,选取最优工程措施,使投资估算能够体现项目的长期经济性。

基于 LCC 的限额设计是在确定限额总值之前充分考虑项目全生命周期成本,进行全生命周期造价分析,不仅要考虑施工费用,还要考虑管护等费用。除了这些资金成本外,在进行全生命周期成本估算框定限额时还应考虑环境成本和社会成本。对资金成本和可量化的环境成本进行计算。对不可量化的社会成本进行定性分析。

(2)用全生命周期造价分析(LCCA)分配设计限额

在设计阶段,对方案估算限额进行分解,限定各单项工程的估算额度。然后,优化工程措施,按优化后的各单项工程估算作为限额进行设计。针对造价较大的部分进行多方案比选,从多个备选方案中选择一个合理的方案。

对限额总值的分配可以按照以下几个步骤进行,如图 4-13 所示。

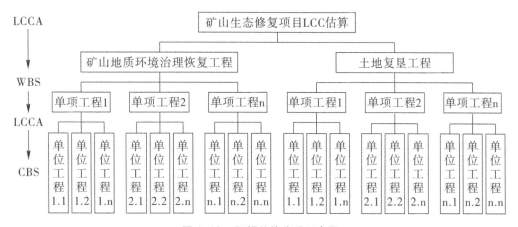

图 4-13　限额总值分配示意图

（1）对矿山生态修复项目进行工作结构分解（WBS）

首先，根据资金类型分解为矿山地质环境治理恢复工程和土地复垦工程（将土地复垦保证金合并到矿山地质环境治理恢复基金统一管理的省份可以省略此步骤）。然后，再划分各单项工程。根据 LCC 投资估算，通过 LCCA 估算各单项工程的工程量和造价，确定单项工程限额。

（2）对各单项工程进行分解，分解为各单位工程

通过生命周期成本分解结构（cost breakdown structure，简称 CBS）进行成本分解，估算各单位工程的工程量和造价，确定单位工程限额。

（3）提取类似工程项目

对类似项目进行 LCCA，参考类似工程的 CBS，对项目的限额分配提供参考。

4.6.2.3　用价值工程优化设计限额

设计限额分配不能仅仅机械地参考以往类似工程的技术经济资料，简单地将估算总额切割分配到各单位工程或分部工程中来确定。而应该在对项目的估算限额进行初步分配后，通过价值工程原理，对设计限额分配进行优化。重点关注项目限额分配中功能与成本的匹配。一般按照项目各组成部分的功能系数来确定其功能目标成本的比例，再结合考虑类似工程的经验数据进行调整。这样有助于限额设计总值分配中功能与成本的有机统一，体现出限额设计的主动性。

通过价值工程的功能分析，对项目各组成部分的功能加以量化，确定出其功能评价系数，以此作为设计限额分配时参考的技术参数，最终求出分配到各单位工程的设计限额值。这样做的目的是使分配到各组成部分的成本比例与其功能的重要程度比例相接近。以使项目各组成部分投资比例分配合理。由于直接按功能评价系数确定的成本比例是建立在 LCC 基础上的，既包含施工费又包含管护费，所以还不能直接按功能目标成本比例来分配设计限额。这样就需要分析类似工程的经验数据，将功能目标成本中的管护成本扣除，最后得到项目各组成部分占总造价的比例，设计限额总值就按照该比例进行分配。

具体的步骤是先求出项目各组成部分的功能评价值，进而求出功能评价系数，以及项目各组成部分的功能目标成本比例。该成本比例是工程施工费和管护费占整个项目 LCC 的比重。得到的是项目各组成部分的造价占项目总造价（限额设计总值）的比例，只有得到了这个比值，才能将限额总值按比例分配到各组成部分。具体实施过程如图 4-14 所示。

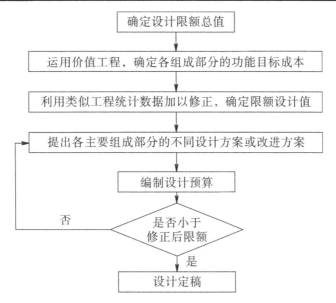

图 4-14　用价值工程优化限额分配流程图

4.7　挣值管理

4.7.1　挣值管理概述

　　质量、进度、费用是施工阶段项目管理的三个主要目标,如果对这三个目标分别管理,忽视三者间的紧密联系,将带来很多问题。例如:项目进度因资金不到位而拖延,迟延支付后发现工程的质量存在重大缺陷;当成本结算发现严重超支时,已经无法挽回损失;完成投资额的多少并不能代表工程进展的快慢,也不能代表工程质量的好坏等。因此,进行质量、进度、投资的联合监控是相对客观和科学的项目管理方法。

　　实施工程进度和费用的联合控制,要求在工程施工中及时获得费用数据,利用计算机技术把网络进度计划和工程费用有机地结合起来,对一个项目绘制出计划资金流曲线和实际资金流曲线,以此来监测工程进度和费用。在此基础上,及时对已经完成的工程进行质量验收,在支付资金之前把好质量关,严格按照累积的已完成工程进行支付,这样就能较好地实现质量、进度、投资的联合控制。这是贯穿工程项目全生命周期的整体管理方法。从项目管理科学化的角度来讲,挣值法的引入是大势所趋。

　　与单一工程目标控制相比,挣值法是一项较先进的项目管理技术,最初是美国国防部于 1967 年首次确立的。目前,国际上先进的工程公司已普遍采用挣值法进行项目的综合分析控制。将挣值法应用于矿山生态修复项目的案例却极为罕见。

4.7.2　挣值管理的应用

挣值(earned value,简称 EV)是一个表示已完成工作量的计划价值大小的变量,又叫已完工作量的预算费用(budgeted cost for work performed, 简称 BCWP)。

挣值法的第一个特征是用货币量代替工程量来测算工程的进度。另一个特征是用三个基本值来表示项目的实施状态。挣值分析法的评价过程分为五个步骤。

4.7.2.1　确定挣值法的三个基本参数

挣值法的基本参数有三项,分别是已完工作预算费用、计划工作预算费用和已完工作实际费用。

(1)已完工作预算费用

已完工作预算费用(budgeted cost for work performed,简称 BCWP)是指在某一时间已经完成的工作,以批准认可的预算为标准所需要的资金总额。由于业主单位正是根据这个值向施工单位支付相应费用的,也就是承包人获得(挣得)的金额,故称挣值或赢得值。这里的已完工作必须经过验收。挣值反映的是满足质量标准的工程实际进度,真正实现了投资额到工程成果的转化。

已完工作预算费用(BCWP)= 已完成工作量×预算单价

(2)计划工作预算费用

计划工作预算费用(budgeted cost for work scheduled,简称 BCWS)是指根据进度计划,在某一时刻应当完成的工作,以预算为标准所需要的资金总额。BCWS 对衡量工程进度和工程费用是同一尺度。一般来说,除非合同有变更,BCWS 在工程实施过程中应保持不变。如果批准的变更影响了工作的进度和预算单价,相应的 BCWS 应随之变化。

计划工作预算费用(BCWP)= 计划工作量×预算单价

(3)已完工作实际费用

已完工作实际费用(actual cost for work performed,简称 ACWP)是指到某一时刻为止,已完成的工作所实际花费的总金额,是实际费用,而不是实际工作量。ACWP 是随项目推进而不断增加的。

已完工作实际费用(ACWP)= 已完成工作量×实际单价

4.7.2.2　计算偏差指标

在三个基本参数的基础上,可以确定挣值法的四个评价指标,它们都是时间的函数。

(1)费用偏差(cost variance,简称 CV)

$$CV = BCWP - ACWP$$

当 CV<0 时,表示费用超支;当 CV>0 时,表示费用节约;当 CV = 0 时,表示实际费用与计划费用一致。

（2）进度偏差（schedule variance,简称 SV）

$$SV = BCWP-BCWS$$

当 SV<0 时,表示进度延误;当 SV>0 时,表示进度提前;当 SV = 0 时,表示实际进度与计划进度一致。

（3）费用绩效指数（cost performance index,简称 CPI ）

$$CPI = \frac{BCWP}{ACWP}$$

当 CPI<1 时,表示超支,即实际费用高于预算费用;当 CPI>1 时,表示节约,即实际费用低于预算费用;当 CPI = 1 时,表示实际费用等于预算费用。

（4）进度绩效指数（schedule performance index,简称 SPI）

$$SPI = \frac{BCWP}{BCWS}$$

当 SPI<1 时,表示进度延误,即实际进度比计划进度慢;当 SPI>1 时,表示进度提前,即实际进度比计划进度快;当 SPI = 1 时,表示实际进度与计划进度一致。

费用（进度）偏差反映的是绝对偏差,结果很直观,有助于费用管理人员了解项目费用出现偏差的绝对数额,并依此采取措施,制定或调整费用支出计划和资金筹措计划。但是,绝对偏差有其不容忽视的局限性。如同样是 10 万元的费用偏差,对于总费用 100 万元的项目和 1 亿元的项目而言,其严重性显然是不同的。因此,费用（进度）偏差仅适合于对同一项目作偏差分析。费用（进度）绩效指数反映的是相对偏差,它不受项目规模的限制,也不受项目实施时间的限制,因而在同一项目和不同项目比较中均可采用。

4.7.2.3　预测指标

根据挣值法的基本参数可以预测项目完成费用和剩余工作成本。

（1）项目完工估算（estimate at completion,简称 EAC）

指在检查时刻估计的工作全部完成时的项目总费用。基于对目前工作状态是否可以延续的判断,采用不同方法对项目完成费用进行估算:

①目前工作状态可以延续　如果判断目前的工作状态可以延续到完工,也就是认为目前的已完工作实际费用（ACWP）与已完工作计划费用（BCWP）的比值可以保持到完成剩余全部计划工作,则:

$$EAC = ACWP+(BCWST-BCWP)\times\frac{ACWP}{BCWP}$$

$$= BCWST\times\frac{ACWP}{BCWP} = \frac{BCWST}{CPI}$$

式中,BCWST 为项目总预算。

②剩余工作按原计划进行　如果判断目前状态不能延续到未来,剩余工作还按原计划执行,则:

$$EAC = ACWP+BCWS$$
$$= ACWP+(BCWST-BCWP)$$

③重新计划剩余工作　如果判断目前状态不能延续到未来,剩余工作也不会按计划执行,应对剩余工作重新进行预算(C_i)则:

$$EAC = ACWP+C_i$$

(2)剩余工作成本或竣工尚需成本估算(estimate to completion,简称 ETC)

指项目从现在到完工还需要的成本估算,根据以上 EAC 的预测,则:

$$ETC = EAC-ACWP$$

4.7.2.4　绘制挣值法评价曲线

绘制挣值法分析评价曲线图,分析项目的进度与费用控制情况,判断实际与计划的偏差,如图 4-15 所示。

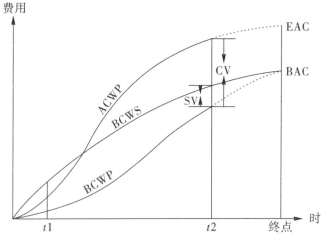

图 4-15　挣值法评价曲线

4.7.2.5　分析与建议

在实际工程中,最理想的状态是 ACWP、BCWS 和 BCWP 三条曲线靠得很近、平稳上升,表示项目按既定计划推进。如果三条曲线离散度不断增加,则说明项目推进不理想,需要采取应对措施。各种情况的曲线表现形式、原因及采用的措施如表 4-4 所示:

表 4-4　挣值法参数分析与相应措施一览表

序号	图形	三参数关系	分析	措施
1	ACWP、BCWS、BCWP	ACWP>BCWS>BCWP SV<0,CV<0	效率低 进度较慢 投入延后	用效率高的人员换下效率低的人员
2	BCWP、BCWS、ACWP	BCWP>BCWS>ACWP SV>0,CV>0	效率高 进度较快 投入超前	若偏差不大,维持现状
3	BCWP、ACWP、BCWS	BCWP >ACWP>BCWS SV>0,CV>0	效率较高 进度快 投入超前	抽出部分人员,放慢进度
4	ACWP、BCWP、BCWS	ACWP>BCWP>BCWS SV>0,CV<0	效率较低 进度较快 投入超前	抽出部分人员,增加少量骨干
5	BCWS、ACWP、BCWP	BCWS>ACWP>BCWP SV<0,CV<0	效率较低 进度慢 投入延后	增加高效人员
6	BCWS、BCWP、ACWP	BCWS>BCWP> ACWP SV<0,CV<0	效率较高 进度较慢 投入延后	迅速增加人员投入

4.8 因素分析图法

4.8.1 因果分析图法概述

因果分析图法也称为质量特性要因分析法,其基本原理是对每一个质量特性或问题,采用鱼刺图(又称因果分析图、因果图、石川图、树枝图、特征要素图),逐层深入排查可能原因,然后确定其中最主要的原因,进行有的放矢的处置和管理。

4.8.2 因果分析图法的应用

4.8.2.1 绘制因果分析图

图4-16表示植树工程成活率不合格的原因分析。首先,把植树工程的生产要素,即人、机械、材料、施工方法和施工环境作为第一层面的因素进行分析。然后,对第一层面的各个因素,再进行第二层面的可能原因进行深入分析。以此类推,直至把所有可能的原因,分层次地一一罗列出来。

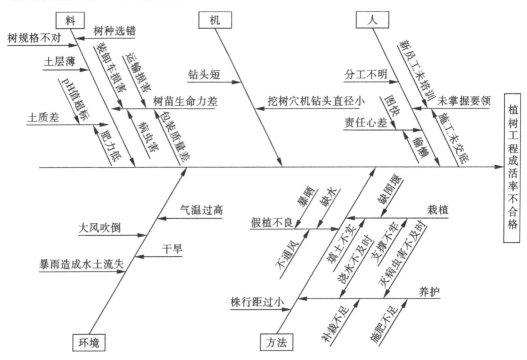

图4-16 植树工程成活率不合格因果分析图

4.8.2.2　因果分析注意事项

进行因果分析需要注意如下事项：

（1）一个质量特性或一个质量问题使用一张图分析；

（2）通常采用 QC 小组活动的方式进行，集思广益，共同分析；

（3）必要时可以邀请小组以外的有关人员参与，广泛听取意见；

（4）分析时要充分发表意见，层层深入，列出所有可能的原因；

（5）在充分分析的基础上，由各参与人员采用投票或其他方式，从中选择 1～5 项多数人达成共识的最主要原因。

第 5 章

全过程工程咨询的可行性

矿山生态修复项目全过程工程咨询,狭义的是指咨询人接受委托人的委托,综合运用多学科知识、工程实践经验、现代科学和管理方法,采用多种服务方式组合,为委托人提供矿山生态修复项目整体解决方案的综合性智力服务活动。主要咨询服务内容包括矿产资源开采与生态修复方案编制,矿山生态修复项目勘查设计、施工管理或工程监理、工程评估等。广义的,咨询人依法为委托人提供两项或两项以上技术服务的均称为全过程工程咨询。具体项目的全过程工程咨询服务内容以合同约定为准。

针对全过程工程咨询能否应用于矿山生态修复项目,怎样开展矿山生态修复项目全过程工程咨询,河南省地质局生态环境地质服务中心(原河南省地矿局第二地质环境调查院)于2021—2022年做了题为"全过程工程咨询模式在矿山生态修复项目中的应用研究"的科技创新项目。项目成果验收时,经科技查新,此课题是国内首次提出。因此,矿山生态修复项目全过程工程咨询是个新课题。在此,主要从合法性、技术可行性、优越性及社会接受程度调研四个方面论证矿山生态修复项目全过程工程咨询的可行性。

5.1 合法性

矿山生态修复项目的咨询服务主要内容包括"三合一"方案编制、勘查设计、施工管理、监理和工程评估。矿山企业将这些工作的两项或两项以上委托给一个单位承担的则称为全过程工程咨询。

如果法律法规不禁止同一个单位承担两项或两项以上矿山生态修复项目咨询服务工作,则表明全过程工程咨询应用于矿山生态修复项目就是合法的。

法律法规对从业单位的规定一般包括两个方面:其一,资质规定;其二,同一项目参建单位的岗位互斥性。

5.1.1　关于工程咨询单位的资质规定

（1）"三合一"方案编制

与方案编制相关的法律法规主要包括：《土地复垦条例》（国务院令第 592 号）、《矿山地质环境保护规定》（国土资源部令第 44 号）、《土地复垦条例实施办法》（国土资源部令第 56 号）、《国土资源部办公厅关于做好矿山地质环境保护与土地复垦方案编报有关工作的通知》（国土资规〔2016〕21 号）、《河南省自然资源厅关于开展矿产资源开采与生态修复方案编制评审有关工作的通知》（豫自然资发〔2020〕61 号）等。

国土资规〔2016〕21 号规定：采矿权申请人在申请办理采矿许可证前，应当自行编制或委托有关机构编制矿山地质环境保护与土地复垦方案。豫自然资发〔2020〕61 号规定：矿山企业委托编制单位编制方案的，在方案附件中应包含矿山企业委托书。除此之外，其他的法律法规只规定了矿山企业应当编制方案，而对编制单位没有任何要求。

依据以上规定，矿山企业自行编制矿山生态修复方案或委托其他单位编制均是合法的，对编制单位的资质没有要求。

（2）勘查、设计、施工管理、监理、评估

《河南省矿山地质环境治理恢复基金管理办法》（豫财环资〔2020〕80 号）第十五条规定：《方案》中包括地质灾害防治内容的，工程勘查、设计、施工、监理、评估等第三方需具备地质灾害防治相关资质。

《地质灾害防治单位资质管理办法》（自然资源部令第 8 号）规定：地质灾害防治单位资质分为评估和治理工程勘查设计资质、施工资质、监理资质三个类别，甲级、乙级两个等级；项目规模分为一级、二级两个级别。其中，甲级资质单位可以承揽相应一级、二级地质灾害危险性评估项目及地质灾害治理工程项目，乙级资质单位仅可以承揽相应二级地质灾害危险性评估项目及地质灾害治理工程项目。

综合以上两点可得出如下结论：

第一，法律法规对方案编制单位无资质要求；

第二，不包含地质灾害的矿山生态修复项目，对从业单位无资质要求；

第三，包含地质灾害的矿山生态修复工程，从业单位应具备相应类别和等级的地质灾害防治资质。

5.1.2　岗位相斥性规定

自然资源部令第 8 号规定：同一地质灾害治理工程的监理单位与施工单位不得具有隶属关系或者其他利害关系。工程实践中，监理单位与被监理的施工单位不应存在利害关系。监理和施工属于岗位互斥关系。因此,同一个单位不得同时承担监理及与施工相关的咨询服务(本书称为施工管理)。除此之外,矿山生态修复项目的咨询服务不存在岗位互斥关系。

5.1.3 合法性结论

综上所述,工程实践中做好以下两点,矿山生态修复项目全过程工程咨询就是合法的:

(1)同一项目的咨询服务范围不同时包含施工管理和监理;

(2)包括地质灾害的工程,咨询单位应同时具备相应的地质灾害防治资质。

5.2 技术可行性

5.2.1 建设工程全过程工程咨询的示范作用

如上文1.2.3.3所述,我国最早是在建设工程领域引入了工程咨询,自20世纪80年代至今,我国工程咨询行业主要经历了萌芽、培育、鼓励发展全过程工程咨询三个阶段。自2022年8月1日起施行的《建设项目全过程工程咨询标准》(T/CECS 1030—2022)标志着全过程工程咨询在我国建设项目中已取得一定经验,且有必要在全行业进行推广。建设项目全过程工程咨询将逐渐走向成熟。

建设工程在全过程工程咨询领域起到了先行先试的示范作用,也是用实践证明了全过程工程咨询的技术可行性。相对于建设工程,矿山生态修复项目规模更小、参建单位更少、合同关系更简单,全过程工程咨询操作起来更加可行。

5.2.2 工程咨询单位的技术保障

矿山生态修复项目采用全过程工程咨询模式并不是创造一项新技术,而是基于现有技术的一种管理模式和理念的创新。除2020年12月出现的工程评估和本书提出的施工管理服务外,方案编制、勘查设计和工程监理均是多年来成熟的技术。

矿山生态修复项目的主要从业者为地勘单位。这些单位具备较强的专业技术能力,从业人员相对稳定,有利于持续积累工作经验和提高技术水平。为工程咨询服务的实施提供了技术保障。只要理念及时更新,地勘单位将是矿山生态修复项目全过程工程咨询的主力军。

5.3　优越性

5.3.1　项目价值升值

项目管理的最终目的是提升项目价值,这既是全过程工程咨询的出发点,也是落脚点。前文第 3 章所述的理论基础和第 4 章所述的方法论,已表明矿山生态修复项目采用全过程工程咨询模式与传统的分阶段技术服务相比更具优越性。例如,在全过程工程咨询模式下,咨询单位全程参与项目的估算、预算和决算,为项目全生命周期造价管理(LCC)和限额设计提供了先决条件,有利于降低项目总投资。全程参与方案编制、设计和施工管理,相当于施工人员提前介入项目,为项目开展可施工性分析、优化设计、缩短设计变更周期打开了方便之门,有利于保障技术成果及实体工程的质量。

综上所述,与分阶段技术服务相比,全过程工程咨询既有利于确保技术成果及实体工程的质量,又有利于降低项目总投资。按照公式“价值 $= \dfrac{功能}{费用}$”可知,采用全过程工程咨询模式可实现矿山生态修复项目的价值增值。

5.3.2　提高利益相关者的利益诉求满足度

让项目利益相关者均感知到自己是项目价值升值的受益者、自身利益诉求得到较大程度满足,是提升矿山生态修复项目全过程工程咨询的接受度、得到切实有效推行的重要前提。

如前文表 3-1 所示,矿山生态修复项目的利益相关者有矿山企业、方案编制单位、勘查设计单位、工程监理单位、工程评估单位、施工单位、供货商、政府主管部门等。在论证全过程工程咨询的优越性时,不涉及施工单位和供货商,并将方案编制单位、勘查设计单位、工程监理单位、工程评估单位等并称为工程咨询单位,将政府自然资源主管部门和生态环境主管部门并称为项目监管单位。按照米切尔提出的评分法界定利益相关者类型,如表 5-1 所示:

表 5-1 矿山生态修复项目利益相关者类型表

单位	合法性	权力性	紧急性	利益相关者类型
矿山企业	√	√	√	确定型
工程咨询单位	√	√	√	确定型
项目监管单位	√	√	×	预期型

矿山企业和工程咨询单位在矿山生态修复项目中同时具备合法性、权力性和紧急性,为确定型利益相关者;项目监管单位同时具备合法性和权力性,为预期型利益相关者。下面依次论述在全过程工程咨询模式下,三个利益相关者的利益诉求满足程度。

5.3.2.1 矿山企业的利益诉求满足度

作为出资人,矿山企业在矿山生态修复项目中的主要利益诉求是降低项目成本。在方案估算确定的情况下,项目实际支出成本越少,二者的差额越大,则矿山企业的利益诉求满足度越高。在全过程工程咨询模式下,降低项目实际支出主要体现在以下三个方面。

(1)降低交易成本

前文 3.4.2.1 识别了矿山生态修复项目的交易成本,其中由矿山企业承担的主要包括:不同工程阶段衔接合作的协调成本,采购过程中发生的信息费用、缔约费用、审核费用以及可能产生的时间延误或质量不合格等产生的费用,搜寻技术服务和施工单位以及解决纠纷所引起的费用,避免承包方的毁约、欺骗等风险,实施第三方监督产生的费用等。

全过程工程咨询模式下,技术服务单位由多家减少为一家,因此矿山企业用于搜寻供应商的时间成本、考察差旅费和招标成本,招待、合同谈判、签约、审核等成本均得到大幅度降低。另外,每次缔约均有履约能力、毁约、欺骗等风险,技术服务单位数量的减少相当于风险点数量得到了控制。进而矿山企业用于防控风险的成本也得到相应降低。

(2)降低生产成本和风险

在生产阶段,矿山企业需要委派专人与工程咨询单位对接,以提供项目基础信息、交流项目意图等。在全过程工程咨询模式下,技术服务人员相对固定,减少了矿山企业的人力和招待成本。还降低了咨询服务人员对项目意图的理解风险和双方的磨合风险。

【案例】灵宝金源矿业股份有限公司金源二矿全过程工程咨询

灵宝金源矿业股份有限公司金源二矿矿区面积约 100 km^2,有二十余个生产系统。在不考虑工作精度的情况下,仅把矿区踏勘一遍至少需要一周时间。多年来,矿山企业把方案编制、分期设计、施工管理、工程评估验收委托给一家全过程工程咨询单位。长期以来,咨询单位对矿山情况越来越熟悉,需要矿山企业配合的工作逐渐减少,大大节省了矿山企业在生产环节的时间和费用支出。

（3）规模效应

矿山企业和工程咨询单位签署全过程工程咨询合同,将多个阶段的咨询服务一次性委托,相对于分阶段委托,扩大了咨询服务的规模。规模效应势必带来成本的降低,对于矿山企业来说,就是降低了咨询服务费支出。尤其是将矿山地质环境保护工程和土地复垦工程的咨询服务一起发包的全过程工程咨询项目,规模效应尤为明显。

【案例】灵宝马家岔金矿矿山地质环境保护与土地复垦工程

在“二合一”方案合编之前,三门峡召威黄金有限公司分别组织编制了马家岔金矿的矿山地质环境保护与治理恢复方案和土地复垦方案。在工程后续阶段,将两项工程的勘查设计、工程评估等技术服务作为全过程工程咨询委托给一家咨询公司。

设计预算中的工程其他费用均按照土地整理定额的取费标准进行预算,两项工程合计41.6万元。工程其他费用实际支出31.5万元,节约预算10.1万元,节约比例24.3%。工程其他费用决算如表5-2和表5-3所示。

表5-2　矿山地质环境保护工程其他费用决算表

序号	费用名称	预算金额（元）	决算金额（元）	备注
1	前期费用	198 497.36	180 000.00	
1.1	项目可行性研究费	50 000.00	120 000.00	编制《矿山地质环境保护与治理恢复方案》
1.2	勘测费	8 497.36	0.00	包含于全过程工程咨询中
1.3	设计与预算编制费	140 000.00	60 000.00	
1.4	项目招标代理费	0.00	0.00	未发生
2	工程监理费	120 000.00	60 000.00	包含于全过程工程咨询中
3	竣工验收费	17 561.20	15 000.00	
3.1	工程复核费	3 965.43	0.00	
3.2	项目工程验收费	7 930.87	10 000.00	专家费、会务费、差旅费等
3.3	项目决算编制与审计费	5 664.90	5 000.00	包含于全过程工程咨询中
4	业主管理费	0.00	0.00	
	合计	336 058.56	255 000.00	节省 75 393.66

表5-3 土地复垦工程其他费用决算表

序号	费用名称	预算金额（元）	决算金额（元）	备注
1	前期费用	69 295.37	60 000.00	
1.1	土地清查费	2 323.84	0.00	
1.2	项目可行性研究费	60 000.00	60 000.00	编制《土地复垦方案》费用
1.3	勘测费	6 971.53	0.00	包含于全过程工程咨询中，在矿山环境保护工程中决算
1.4	设计与预算编制费	0.00	0.00	
1.5	项目招标代理费	0.00	0.00	
2	工程监理费	0.00	0.00	
3	竣工验收费	16 034.52	0.00	两项工程同时验收，在矿山环境保护工程中决算
3.1	工程复核费	3 253.38	0.00	
3.2	项目工程验收费	6 506.76	0.00	
3.3	项目决算编制与审计费	3 253.38	0.00	
3.4	整理后土地重估、登记和评价费	3 021.00	0.00	
3.5	标识设定费	511.25	0.00	
4	拆迁补偿费	0.00	0.00	
5	业主管理费	0.00	0.00	
	合计	85 329.89	60 000.00	节省 25 329.89

分析表5-2和表5-3可知，因将两项工程合并、并采用全过程工程咨询模式，项目的勘测费、设计与预算编制费、工程监理费、竣工验收费、项目决算编制与审计费均有所节约。

5.3.2.2 工程咨询单位的利益诉求满足度

工程咨询单位的主要利益诉求是追求更多的利润和更高的利润率。如上文所述的规模效应，相对于分阶段技术服务，在全过程工程咨询模式下矿山企业支付的技术服务费有所降低。相当于技术服务的合同总额降低了,貌似对于工程咨询单位不利。其实不然,一方面,在传统的分阶段技术服务模式下,矿山企业把各阶段技术服务分别委托给多家单位,同一家单位能否获得更多合同是不确定的;另一方面,合同额不等同于利润。因此,在合同总额降低的情况下,通过节省成本,以获得更高的利润和利润率,方可满足工程咨询单位对利益的诉求,主要体现在以下三个方面。

(1)稳定的项目来源和降低交易成本

工程咨询单位与矿山企业签署包括多个工程阶段的全过程工程咨询合同,与矿山企业建立起稳定的客户关系。节省了搜寻项目信息、投标、合同洽商等成本。另外,通过长期服务,对矿山企业的经营状况了解比较深入,降低了咨询费的结算风险。

(2)降低生产成本

方案编制、勘查设计、施工管理、工程评估均需要通过矿山企业对接人员对工程场地等概况进行了解,在全过程工程咨询模式下,咨询人员无需反复调研这些基础信息,节省了人力、时间和差旅成本。由于咨询服务的连续性,降低了领会项目意图和沟通磨合风险。

(3)规模效应受益

全过程工程咨询合同额与单一阶段技术服务合同额相比要大得多。对于工程咨询单位来说,扩大了咨询项目规模。一般来说,项目规模越大边际成本越低,利润额和利润率越高。

5.3.2.3　项目监管单位的利益诉求满足度

政府自然资源主管、生态环境主管等项目监管部门在矿山生态修复项目中的诉求主要有两个:其一,项目按照计划保质保量地完成,减轻监管压力、提升岗位绩效考核成绩;其二,提高与矿山企业及技术服务单位的沟通效率,减少项目对政府办公资源的占用。

上文已经比较全面地论述了全过程工程咨询通过全生命周期造价管理、可施工性分析等在保障项目质量方面的优越性,不再赘述。在全过程工程咨询模式下,与其对接工作的技术服务单位和技术人员相对减少,有利于降低交流成本。由于全过程工程咨询单位是矿山企业优选出来的,咨询服务质量和工程进度往往会大幅度提升,有利于项目监管单位提升岗位绩效考核成绩。

5.4　社会接受程度

2021年9月,为了解社会对矿山生态修复项目全过程工程咨询的预期反馈,围绕项目相关单位对全过程工程咨询的知晓率和了解程度、对全过程工程咨询的接受度及看法、对全过程工程咨询的价格优惠预期等三个方面开展了市场调研。

调研对象为河南省内的矿山企业、技术服务单位及自然资源主管部门等,共32个单位。调查区域分布至郑州、洛阳、安阳、三门峡等技术服务单位聚集地及主要矿山分布区。经调研,得出如下结论和建议:

(1)全过程工程咨询的知晓率较高

受建设项目全过程工程咨询的影响,矿山生态修复项目相关单位对全过程工程咨询的知晓率较高。调查发现,有90.63%的被访者听说过全过程工程咨询,40.6%的单位采用过全过程工程咨询模式。

八成以上的被访者表示,在"三合一"方案编制、勘查设计、施工管理方面需要咨询单位介入。因为矿山生态修复项目竣工后,矿山企业必须委托第三方对工程进行评估,所以工程评估无需参与需求调研。

(2)全过程工程咨询的了解程度

37.51%的被访者表示对全过程工程咨询模式相关动态比较了解或非常了解,大部分矿山生态修复相关单位对全过程工程咨询持观望态度。

(3)对全过程工程咨询的认知态度

矿山生态修复相关单位高度认可全过程工程咨询节约项目资金、提高技术服务质量和矿山生态修复效果、节约项目时间、弥补矿山企业工程管理经验不足带来的决策风险等优势特点;但同时也基本认同全过程工程咨询目前还处于试行阶段,人员素质培养、行业收费标准不完备,在中国目前还缺乏土壤,短时间内很难发展起来。

(4)全过程工程咨询模式的接受度

矿山生态修复相关单位对"方案编制+勘查设计""勘查设计+监理(或工程评估)""方案编制+勘查设计+监理(或工程评估)""方案编制+勘查设计+施工管理+评估"等全过程工程咨询模式的接受度普遍较高,占被访者的九成以上。

(5)全过程工程咨询模式的价格优惠预期

针对全过程工程咨询模式在分别委托各阶段技术服务的费用总和基础上优惠多少是适宜的这一问题,被访者的选择比较分散,较多被访者(53.13%)认为价格优惠5%~10%是适宜的。

(6)被访者对全过程工程咨询模式发展的意见建议

被访者对矿山生态修复项目全过程工程咨询的意见和建议主要集中在政策滞后和加强技术服务两个方面。

5.5　可行性结论

　　综上所述,在矿山生态修复项目中开展全过程工程咨询符合现有法律的规定,技术上可行,与传统的技术服务方式相比,在降低项目成本、防控风险、实现项目价值增值、提高利益相关者的利益诉求满足度等方面更具优越性,市场接受程度高,总体可行。

第 6 章

全过程工程咨询的方式和模式

如前文所述,矿山生态修复项目全过程工程咨询具有很强的优越性和生命力。怎么具体操作呢? 本章将从咨询方式、模式及合同结构角度回答这一问题。

6.1 矿山生态修复项目的咨询方式

在矿山生态修复项目的各工程阶段中,除工程监理和工程评估需要独立的第三方完成外,"三合一"方案编制、勘查设计等技术工作,相关法律并未规定矿山企业必须委托技术服务单位完成。也就是说,这些技术工作矿山企业可以自行完成,可以委托技术服务单位完成,也可以在技术服务单位的协助下完成。

基于如上分析,矿山生态修复项目的工程咨询可以采用两种咨询方式,分别是咨询单位独立完成技术工作(standalone fashion,简称 SF)和咨询单位协助矿山企业完成技术工作(assist fashion,简称 AF)。二者的主要区别如下:

(1)技术工作的主体不同

SF 方式下,咨询单位是技术工作的主体。AF 方式下,矿山企业是技术工作的主体,需要投入足够的技术力量,咨询单位仅仅做技术指导,担任顾问的角色。

(2)提交成果的署名单位不同

SF 方式下,以咨询单位的名义提交技术成果。AF 方式下,以矿山企业的名义提交技术成果。

(3)咨询单位取费不同

AF 方式下,咨询单位参与技术工作的深度及投入的技术力量相对较少,取费较少。

6.2 各咨询方式的适用范围

按照《河南省矿山地质环境治理恢复基金管理办法》(豫财环资〔2020〕80 号)规定、

评估单位应为独立的第三方,监理亦是如此,因此,工程监理和工程评估仅可采用 SF 方式向矿山企业提供技术服务。

施工管理是指在矿山企业组织施工的项目中提供技术服务,不承担具体施工任务,理应采用 AF 方式。

方案编制和勘查设计既可以采用 SF 方式也可采用 AF 方式。如果矿山企业具有一定的技术能力,但又不能独立完成方案编制和勘查设计工作的,可采用 AF 模式,由咨询单位作为矿山企业技术力量的补充,共同完成技术工作。矿山企业还可以节省部分咨询服务成本。如果矿山企业不具备相应的技术力量,则应采用 AF 方式将技术工作发包给咨询单位独立完成,以确保技术成果的完成质量和效率。

各项咨询服务适用的咨询方式如表6-1所示。

表6-1　各工程阶段适用的咨询方式

序号	工程阶段	咨询方式	备注
1	方案编制	SF/AF	由矿山企业的技术力量和工作习惯确定
2	勘查设计	SF/AF	
3	施工管理	AF	
4	工程监理	SF	
5	工程评估	SF	

6.3　全过程工程咨询模式

按照矿山企业委托咨询单位的工程阶段划分为 2 个两阶段、2 个三阶段、1 个四阶段,共 5 个咨询模式。

6.3.1　"方案编制+勘查设计"两阶段咨询模式

"方案编制+勘查设计"两阶段咨询模式是指矿山企业将"三合一"方案编制、项目勘查设计打包委托给同一咨询单位完成。

由于勘查设计是在方案的基础上进行的,所使用的基础资料、工程措施基本一致,两个工程阶段合并具有先天优势,可节省生产和沟通成本。

6.3.2 "勘查设计+工程评估"两阶段咨询模式

"勘查设计+工程评估"两阶段咨询模式是指矿山企业将矿山生态修复项目勘查设计和工程评估打包委托给同一咨询单位完成。

勘查设计是评估的重要依据。其中,工程质量评价要以设计的技术要求为基础、基金使用情况评估需要引用设计预算,加之勘查设计和工程评估时间跨度不长,因此,将这两个工程阶段合并具有明显的工程连续性优势,可大大提高评估工作效率。

6.3.3 "方案编制+勘查设计+工程评估"三阶段咨询模式

"方案编制+勘查设计+工程评估"三阶段咨询模式是指矿山企业将"三合一"方案编制、项目勘查设计和工程评估打包委托给同一咨询单位完成。

方案是对矿山生态修复工程的规划和估算,勘查设计是在方案的基础上做的施工图设计和预算,工程评估是依据设计和规范对工程质量进行评价、对工程量进行认定和对基金使用情况的评估。无论从技术角度还是造价角度都是由粗到细、由抽象到具体的过程,是一个完整的技术服务流程。由一个咨询单位提供技术服务,可在工程基础信息、工程措施、造价管理等方面保持连续性,大大提高工作效率。

6.3.4 "方案编制+勘查设计+施工管理+工程评估"四阶段咨询模式

"方案编制+勘查设计+施工管理+工程评估"四阶段咨询模式是指矿山企业将"三合一"方案编制、项目勘查设计、施工管理和工程评估打包委托给同一咨询单位完成。

施工阶段的咨询服务是指协助矿山企业按照方案或设计进行施工管理,做好质量、进度、费用控制,安全、信息(包括工程资料编制)、合同等方面的管理工作。咨询单位并不参与具体工程施工,具体咨询服务内容可由矿山企业和工程咨询单位在合同中约定。工程咨询单位的主要作用是弥补矿山企业在施工管理过程中的技术短板。

由于方案编制和勘查设计单位对工程规划和设计理念的理解更全面且更有高度,以咨询单位的身份参与施工过程管理更有利于确保工程实施效果。另外,由于咨询单位参与了施工过程管理,对工程量、隐蔽工程等全面掌握,进行工程评估也将更加全面。因此,此种模式对工程的规范、高效管理最有利,与矿山生态修复项目全过程工程咨询的狭义概念最契合。

6.3.5 "方案编制+勘查设计+监理(评估)"三阶段咨询模式

依据现行政策,矿山生态修复工程不属于强制监理的范围,但必须进行工程后评估。也就是说,矿山生态修复项目的施工过程可以实施监理也可以不实施监理。

如矿山企业在施工阶段聘请监理,则监理单位可同时担任独立第三方的角色对工程进行评估。由于监理单位在项目管理方面的专业性较强,一般无需再聘请施工管理单位。该情况下,"方案编制+勘查设计+监理(评估)"三阶段咨询模式应运而生。此模式与"方案编制+勘查设计+工程评估"模式相比,工程质量更有保证、评估工作更扎实,与"方案编制+勘查设计+施工管理+工程评估"模式相比,矿山企业更节省咨询服务费用。

6.4 各咨询模式的适用范围

全过程工程咨询模式由不同工程阶段的咨询工作组合而成,各阶段貌似独立,其实是存在逻辑关系的有机结合。具体采用哪个咨询模式,主要取决于矿山企业和咨询单位的意愿及合同洽商时所处的工程阶段,具体由双方商议而定,一般可按照如下原则进行选择。

6.4.1 包含方案编制的工程咨询模式

以上5个模式中4个包括"三合一"方案编制。这类全过程工程咨询服务周期较长,一般为5年左右,如采用固定总价合同,合同双方承担的价格风险较大。因此,此类咨询模式一般适用于风险喜好型的单位,而且咨询单位的人事关系较稳定。如咨询单位负责方案编制的工程师不能投入后期的咨询服务,则影响全过程工程咨询优越性的发挥。

6.4.2 包含施工管理的工程咨询模式

以上5个模式中1个包括施工管理,主要适用于矿山企业自行组织施工但又缺少施工管理人员的项目,需要咨询单位协助其完成施工组织、工程目标控制、工程资料编制等方面的工作。

6.4.3 包含监理的工程咨询模式

以上5个模式中1个包括工程监理。实施施工过程监理对工程管理的规范程度具有积极作用,此模式适用于矿山企业对工程管理的规范程度要求高或项目内部协调难度大的中大型项目,或者隐蔽工程多,后期评估难度大、成本高的项目。

6.5 矿山生态修复项目合同

在未采用全过程工程咨询的矿山生态修复项目中,主要包括方案编制合同、勘查设计合同、工程监理合同、工程评估合同、施工承包合同、材料设备采购合同等。全过程工程咨询的出现将打破原有的合同结构。下面将在分析合同当事人及对合同分类的基础上,从全过程工程咨询合同及全过程工程咨询条件下的项目合同结构两个角度进行讲述。

6.5.1 矿山生态修复项目的合同当事人

矿山生态修复项目合同当事人主要包括矿山企业、施工单位、设备供应单位、材料供应单位、"三合一"方案编制单位、勘查设计单位、工程监理单位、工程评估单位及全过程工程咨询单位等。其中,矿山企业是出资人,是矿山生态修复项目的业主单位。全过程工程咨询单位可以看作"三合一"方案编制单位、勘查设计单位、工程监理单位、工程评估单位等全部或部分技术服务单位的组合体。

6.5.2 矿山生态修复项目的合同分类

根据合同标的和合同当事人的关系,矿山生态修复项目的合同可以分为施工合同、采购合同、技术服务合同及委托合同四类。其中,施工合同包括施工总承包合同、分包合同等为完成施工任务而订立的合同,其标的为实体工程;采购合同主要包括设备采购合同及材料采购合同,其标的为货物;技术服务合同包括"三合一"方案编制合同、勘查设计合同,其标的为技术成果;委托合同包括招标代理合同、工程监理合同和工程评估合同,其标的为服务。

合同当事人双方清楚认识合同类型对履行合同、规避违约责任十分重要,特别是委托合同。

6.5.3 全过程工程咨询合同

全过程工程咨询合同由全过程工程咨询模式决定,包括咨询总包合同和"1+N"咨询合同两大类。

6.5.3.1 咨询总包合同

矿山企业将全部技术服务委托给一家单位的为咨询总包合同。具体适用于"方案编制+勘查设计+工程评估""方案编制+勘查设计+施工管理+评估""方案编制+勘查设计+监理(评估)"三种咨询模式。

这种合同模式下,合同关系相对简单,矿山企业的合同管理工作量相对较小,咨询单位服务的连续性最好。

根据技术实力,咨询单位可以独立完成全部咨询工作,也可以经矿山企业同意将其中部分技术服务分包给其他咨询单位。总包咨询单位就分包部分与分包咨询单位向矿山企业承担连带责任。

6.5.3.2 "1+N"咨询合同

矿山企业仅将部分工程阶段的咨询服务委托给一家咨询单位(即"1+N"中的"1"),另外的技术服务委托给其他一家或几家单位(即"1+N"中的"N")。这种合同适用于"方案编制+勘查设计"及"勘查设计+工程评估"两种咨询模式。根据"1"和"N"的不同可演变出多种合同结构。例如:"1"为"方案编制+勘查设计","N"可以为施工管理、工程评估或监理;"1"为"勘查设计+工程评估","N"可以为方案编制或施工管理等。

此种合同模式下,合同关系相对复杂,矿山企业需充当咨询单位和其他技术服务单位(即"1"和"N")的协调者。工作效率不如咨询总包合同高。

6.5.3.3 全过程工程咨询合同示范文本

在借鉴《房屋建筑和市政基础设施全过程工程咨询服务合同示范文本》的基础上,根据矿山生态修复项目全过程工程咨询的概念及特点,起草了《矿山生态修复项目全过程工程咨询服务合同示范文本》,详见附件。

该示范文本,由合同协议书、通用合同条款和专用合同条款三部分组成。其中,合同协议书集中约定了合同当事人基本的合同权利、义务;通用合同条款是根据《中华人民共和国民法典》等相关法律,就矿山生态修复项目全过程工程咨询服务的实施及相关事项,对合同当事人的权利义务做出的原则性规定;专用合同条款是合同当事人根据不同矿山生态修复项目的特点及具体情况,通过谈判、协商对相应通用合同条款的原则性约定进行细化、完善、补充、修改或另行约定的条款。

在《矿山生态修复项目全过程工程咨询服务合同示范文本》中,可以在合同协议书中勾选咨询服务内容,在专用合同条款中勾选服务方式。该示范文本兼容了上述全部咨询方式和全过程咨询服务模式。

6.5.4 矿山生态修复项目的合同结构

6.5.4.1 传统合同结构

在没有采用全过程工程咨询的矿山生态修复项目中,按照发包给施工单位施工和矿山企业组织施工两种情况,合同结构分别如图6-1和图6-2所示。

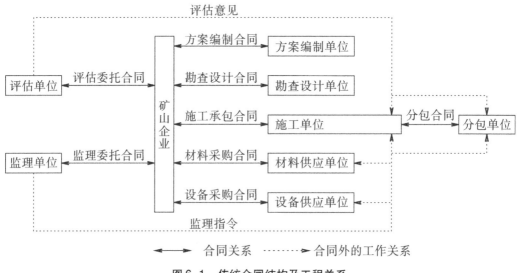

图6-1 传统合同结构及工程关系

在图6-1所示的合同结构中,监理单位受矿山企业委托对施工单位和分包单位进行监理,并对项目使用的材料和设备质量进行监督。评估单位除向矿山企业反馈评估意见外,还应将工程需要整改的要求反馈给施工单位和相关的分包单位。

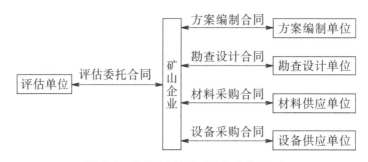

图6-2 传统合同结构(矿山企业施工)

如图6-2所示的合同结构,矿山企业组织施工,没有了传统意义上的施工单位,更无需聘请监理单位监理自己。与图6-1相比,合同结构简单了许多。

6.5.4.2 "方案编制+勘查设计"两阶段咨询模式下的项目合同

在采用"方案编制+勘查设计"两阶段咨询模式时,按照发包给施工单位施工和矿山企业组织施工两种情况,合同结构分别如图6-3和图6-4所示。

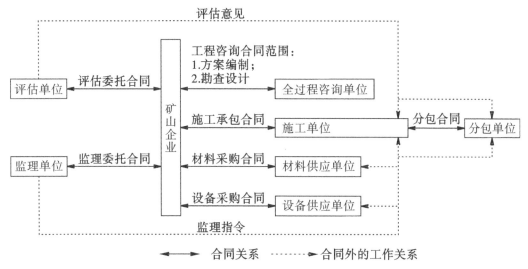

图6-3 "方案编制+勘查设计"两阶段咨询模式合同结构

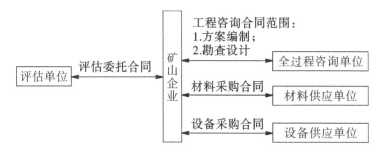

图6-4 "方案编制+勘查设计"两阶段咨询模式合同结构(矿山企业施工)

6.5.4.3 "勘查设计+工程评估"两阶段咨询模式下的项目合同

在采用"勘查设计+工程评估"两阶段咨询模式时,按照发包给施工单位施工和矿山企业组织施工两种情况,合同结构分别如图6-5和图6-6所示。

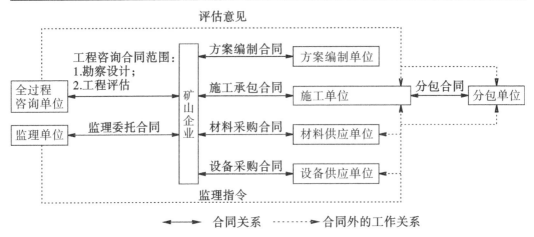

图6-5 "勘查设计+工程评估"两阶段咨询模式合同结构

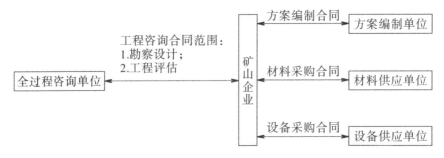

图6-6 "勘查设计+工程评估"两阶段咨询模式合同结构(矿山企业施工)

6.5.4.4 "方案编制+勘查设计+工程评估"三阶段咨询模式下的项目合同

在采用"方案编制+勘查设计+工程评估"三阶段咨询模式时,按照发包给施工单位施工和矿山企业组织施工两种情况,合同结构分别如图6-7和图6-8所示。

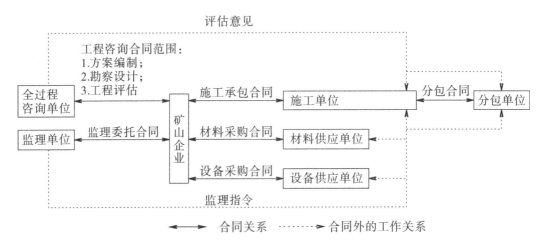

图6-7 "方案编制+勘查设计+工程评估"三阶段咨询模式合同结构

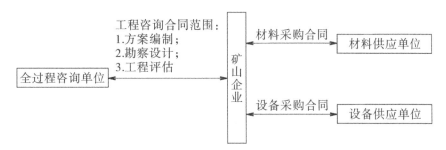

图6-8　"方案编制+勘查设计+工程评估"三阶段咨询模式合同结构(矿山企业施工)

6.5.4.5 "方案编制+勘查设计+施工管理+工程评估"四阶段咨询模式下的项目合同

如前文所述,"方案编制+勘查设计+施工管理+工程评估"四阶段咨询模式时仅适用于矿山企业组织施工的项目,此时的项目合同结构如图6-9所示。

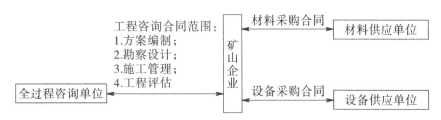

图6-9　"方案编制+勘查设计+施工管理+工程评估"四阶段咨询模式合同结构

6.5.4.6 "方案编制+勘查设计+监理(评估)"三阶段咨询模式下的项目合同

"方案编制+勘查设计+监理(评估)"三阶段咨询模式仅适用于矿山企业将施工任务发包的项目,此时的项目合同结构如图6-10所示。

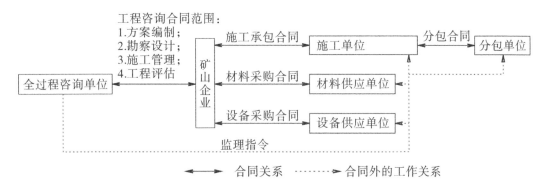

图6-10　"方案编制+勘查设计+监理(评估)"三阶段咨询模式合同结构

　　因篇幅所限,以上合同结构尚未考虑咨询总包合同下的分包合同。如在项目实践中,全过程工程咨询单位将咨询工作分包的,合同结构中将增加咨询总包单位与咨询分包单位之间的合同关系。

第7章

发包阶段咨询服务

国务院 2016 年 6 月印发的《关于取消一批职业资格许可和认定事项的决定》(国发〔2016〕35 号)取消了招标师职业资格认定。2021 年 4 月 1 日,中华人民共和国国家发展和改革委员会令第 42 号,发布了《关于废止部分规章和行政规范性文件的决定》,正式废止了《中央投资项目招标代理资格管理办法》。这标志着中央投资项目招标代理资格的彻底取消,也标志着招标代理资质已被全部取消。自此开始,从事招标代理服务的人员和单位均没有了"门槛"。如具备相应的技术能力,一般工程咨询单位均可以开展招标代理服务,或协助招标人开展自行招标工作。因为大部分矿山生态修复项目工程咨询单位不具备招标代理的相应能力,所以在上述全过程工程咨询模式中未包含招标代理服务。如矿山企业有意愿将招标代理服务作为全过程工程咨询的一项工作委托给工程咨询单位,可在双方签订的合同中约定。

本章节将根据矿山生态修复项目的特点,简要讲述项目发包流程、发包方式、组织形式、中标原则等相关内容。矿山企业自行组织或受托工程咨询单位招标采购的均可参考执行。

7.1 发包流程

项目发包是一个完整的签约流程,是民法典第三编《合同》的调整范围,主要包括发包准备、要约邀请、要约、承诺四个阶段,如图 7-1 所示。

采用招标、询价、竞争性谈判、竞争性磋商、单一来源采购等法定方式发包的,其要约邀请、要约和承诺均有法定的明确流程,读者可查阅《中华人民共和国招标投标法》和《中华人民共和国政府采购法》,不再赘述。

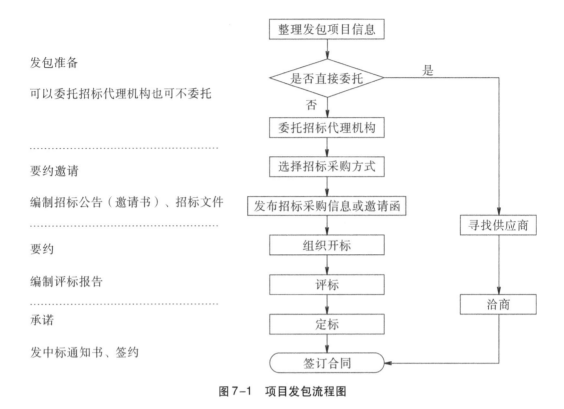

图7-1　项目发包流程图

7.2　适用法律

　　除民法典第三编《合同》外,采用招标采购方式发包的项目主要适用《中华人民共和国招标投标法》(以下简称"招投标法")和《中华人民共和国政府采购法》(以下简称"政府采购法"),以及与其配套的实施条例、部门规章和地方性法规等。在开展招标采购活动时应明确适用的法律体系。

　　招投标法第二条规定:"在中华人民共和国境内进行招标投标活动,适用本法。"政府采购法第二条规定:"在中华人民共和国境内进行的政府采购适用本法。本法所称政府采购,是指各级国家机关、事业单位和团体组织,使用财政性资金采购依法制定的集中采购目录以内的或者采购限额标准以上的货物、工程和服务的行为。"《中华人民共和国政府采购法实施条例》第七条规定:"政府采购工程以及与工程建设有关的货物、服务,采用招标方式采购的,适用《中华人民共和国招标投标法》及其实施条例;采用其他方式采购的,适用政府采购法及本条例。"综合这三条规定可得出结论:

（1）凡是采用招标方式发包的项目均适用招投标法。

（2）政府集中采购目录以内的或使用财政资金达到一定标准的项目，适用政府采购法。

（3）政府采购工程或与之相关的货物和服务，采用招标方式的，适用招投标法。不能同时满足"工程"和"招标方式"两个条件的适用于政府采购法。

本书所说矿山生态修复项目一般使用矿山地质环境治理恢复基金，基金归矿山企业所有，除个别情况外，其招投标活动适用于招投标法。

7.3　发包方式

项目的发包一般采用招标（公开招标和邀请招标）、采购（竞争性谈判、单一来源采购、询价、竞争性磋商）和直接委托三种方式。其中，招标活动适用于招标投标法或（和）政府采购法；竞争性谈判、单一来源采购、询价、竞争性磋商适用于政府采购法。

7.3.1　确定发包方式的一般原则

项目的具体发包方式由资金来源、投资额、项目类型及招标人的意愿等因素确定，可按照图 7-2 所示的流程确定。

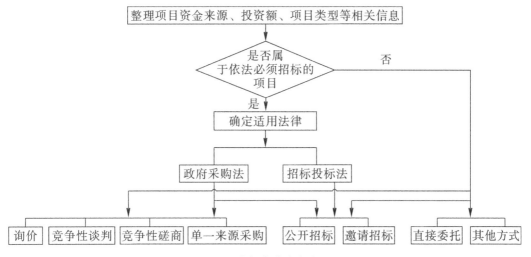

图 7-2　发包方式确定流程图

首先,根据项目信息判断是否属于依法必须招标的项目。如果属于依法必须招标的项目,再判断项目适用的法律。适用于招投标法的,则根据招投标法的规定选择公开招标或邀请招标。适用于政府采购法的,则根据规定选择公开招标、邀请招标、询价、竞争性谈判、竞争性磋商或单一来源采购等采购方式。如果不属于依法必须招标的项目,招标人可直接委托,可以采用以上任何一种发包方式,也可以根据招标人自身特点制定执行其他发包方式。值得注意的是,对于那些不属于依法必须招标的项目,一旦在招标文件中载明招标活动执行的法律,则其活动即受到所声明法律的调整。

7.3.2　依法必须招标的项目

招投标法第三条规定了必须招标的项目,在此基础上,《必须招标的工程项目规定》(中华人民共和国国家发展和改革委员会令第 16 号)做了具体规定,详细如下:

(1)全部或者部分使用国有资金投资或者国家融资的项目包括:使用预算资金 200 万元人民币以上,并且该资金占投资额 10% 以上的项目;使用国有企业事业单位资金,并且该资金占控股或者主导地位的项目。

(2)使用国际组织或者外国政府贷款、援助资金的项目包括:使用世界银行、亚洲开发银行等国际组织贷款、援助资金的项目;使用外国政府及其机构贷款、援助资金的项目。

(3)不属于以上两种情形的大型基础设施、公用事业等关系社会公共利益、公众安全的项目,必须招标的具体范围由国务院发展改革部门会同国务院有关部门按照确有必要、严格限定的原则制订,报国务院批准。

(4)以上三种情形内的项目,其勘察、设计、施工、监理以及与工程建设有关的重要设备、材料等的采购达到下列标准之一的,必须招标:

①施工单项合同估算价在 400 万元人民币以上;

②重要设备、材料等货物的采购,单项合同估算价在 200 万元人民币以上;

③勘察、设计、监理等服务的采购,单项合同估算价在 100 万元人民币以上。

④同一项目中可以合并进行的勘察、设计、施工、监理以及与工程建设有关的重要设备、材料等的采购,合同估算价合计达到前款规定标准的,必须招标。

法律主要从资金来源、投资规模和项目性质三个角度规定了必须招标的项目。对于矿山生态修复项目,国有矿山尤其要注意,达到相应投资规模的项目应采用招标方式发包。除此之外,绝大部分矿山生态修复项目一般不属于依法必须招标的范围,矿山企业可灵活采用发包方式。

7.3.3 招标的适用范围

招标包括公开招标和邀请招标两种。前者是指招标人以招标公告的方式邀请不特定的法人或者其他组织投标;后者是指招标人以投标邀请书的方式邀请特定的法人或者其他组织投标。依法必须招标的项目一般应采用公开招标,招投标法规定了一种,政府采购法规定了两种,共三种情形可采用邀请招标,如下所示:

(1)招投标法第十一条规定:国务院发展计划部门确定的国家重点项目和省、自治区、直辖市人民政府确定的地方重点项目不适宜公开招标的,经国务院发展计划部门或者省、自治区、直辖市人民政府批准,可以进行邀请招标。

(2)政府采购法第二十九条规定:符合下列情形之一的货物或者服务,可以采用邀请招标方式采购:

①具有特殊性,只能从有限范围的供应商处采购的;

②采用公开招标方式的费用占政府采购项目总价值的比例过大的。

工程实践中,如果不属于依法必须招标的项目,则不受以上规定限制,招标人即可采用公开招标也可以采用邀请招标。

7.3.4 其他采购方式的适用范围

除公开招标和邀请招标外,政府采购法还规定了竞争性谈判、单一来源采购、询价、竞争性磋商等采购方式,其适用范围如下:

(1)政府采购法规定,符合下列情形之一的货物或者服务,可采用竞争性谈判方式采购:

①招标后没有供应商投标或者没有合格标的或者重新招标未能成立的;

②技术复杂或者性质特殊,不能确定详细规格或者具体要求的;

③采用招标所需时间不能满足用户紧急需要的;

④不能事先计算出价格总额的。

(2)政府采购法规定,符合下列情形之一的货物或者服务,可采用单一来源方式采购:

①只能从唯一供应商处采购的;

②发生了不可预见的紧急情况不能从其他供应商处采购的;

③必须保证原有采购项目一致性或者服务配套的要求,需要继续从原供应商处添购,且添购资金总额不超过原合同采购金额百分之十的。

(3)政府采购法规定,采购的货物规格、标准统一、现货货源充足且价格变化幅度小的政府采购项目,可以采用询价方式采购。

(4)《政府采购竞争性磋商采购方式管理暂行办法》(财库〔2014〕214号)规定,符合

下列情形的项目,可以采用竞争性磋商方式开展采购:

①政府购买服务项目;

②技术复杂或者性质特殊,不能确定详细规格或者具体要求的;

③因艺术品采购、专利、专有技术或者服务的时间、数量事先不能确定等原因不能事先计算出价格总额的;

④市场竞争不充分的科研项目,以及需要扶持的科技成果转化项目;

⑤按照招标投标法及其实施条例必须进行招标的工程建设项目以外的工程建设项目。

7.4　招标采购的组织形式

招标采购有招标人自行组织和委托代理机构组织两种形式。招投标法第十二条规定:"招标人具有编制招标文件和组织评标能力的,可以自行办理招标事宜。任何单位和个人不得强制其委托招标代理机构办理招标事宜。依法必须进行招标的项目,招标人自行办理招标事宜的,应当向有关行政监督部门备案。"政府采购法第十八条规定:"采购人采购纳入集中采购目录的政府采购项目,必须委托集中采购机构代理采购;采购未纳入集中采购目录的政府采购项目,可以自行采购,也可以委托集中采购机构在委托的范围内代理采购。"

就目前来看,矿山生态修复项目的方案编制、勘查设计、施工、监理、评估等一般未纳入政府集中采购目录。因此,国有矿山的大中型项目施工可考虑委托招标代理机构组织招标,小型项目及技术服务等标的较小的可由矿山企业自行组织招标。矿山企业能力不足的可由技术咨询单位协助办理招标事宜。

7.5　中标人评选标准

如上文所述,大部分矿山生态修复项目不属于依法必须招标的范围,矿山企业怎么发包项目呢?本书认为应重点从评选标准入手,将潜在供应商与评选标准对比,选出物美价廉的中标人。

首先,应对供应商的资格条件进行限定。包含地质灾害的矿山生态修复项目,供应商应具备相应类别和等级的地质灾害防治资质。然后,在充分考虑方案编制、勘查设计、施工、监理、评估等工作特点的基础上,从类似业绩、投入技术力量、工作方案、工期和报价等方面综合评比,择优确定中标单位。

7.5.1　"三合一"方案编制单位评选标准

"三合一"方案是矿山生态修复项目的纲领性文件,是矿山生态修复项目的起点和最重要的工作之一,决定着项目的整体效果,是优化和控制工程质量及项目总投资的最关键、最有利的阶段。虽然方案编制费占项目总投资的比例不大,但对项目具有全局性、长效性和创新性的影响力。因此,矿山生态修复方案编制服务的招标采购不宜将报价作为唯一衡量因素,可从以下几点考察供应商的优劣:

(1)供应商及拟投入项目负责人的类似业绩数量及质量。

(2)对储量报告,往期矿产资源开发利用、矿山地质环境治理恢复、土地复垦等相关方案的掌握程度及系统地协调矿山开采与生态保护修复关系的能力。

(3)对人与自然和谐共生、绿水青山就是金山银山、山水林田湖草沙是一个生命共同体等习近平生态文明思想的掌握和运用水平。

(4)对矿山生态修复新技术、新方法的探索和应用水平。

(5)对矿山生态修复项目估算的控制水平。

(6)报价和工期等。

如有可能,优选竞争性磋商的形式组织发包工作,通过面对面交流考察供应商的综合实力。

7.5.2　勘查设计单位评选标准

勘查设计阶段的主要工作是在勘查矿山生态环境问题的基础上,对矿山生态修复方案规划的工程进行优化和细化,并编制工程预算。虽然勘查设计费占项目总投资比例不大,但决定着生态修复形式和工程效果,对施工费控制起着决定性作用,对供应商的技术要求较高,往往只有数量有限的高水平单位。勘查设计从前期准备到后续服务时间跨度长,成果的内容和质量具有较大的不确定性。设计成果的优劣往往需要经过较长的时间才能验证,不易在短期内准确地量化和评判。同"三合一"方案编制一样,勘查设计不宜将报价作为唯一衡量因素,可从以下几点进行综合考察:

(1)供应商及拟投入项目负责人的类似业绩数量及质量。

(2)对矿产资源开采与矿山生态修复方案的理解程度。

(3)踏勘现场的深度及对项目周边环境的掌握程度,包括自然环境、地质环境、施工条件、施工水平、材料供应情况等。

(4)对矿山生态修复新技术、新方法的应用水平。

(5)所设计工程的可行性和性价比。

（6）设计交底、设计变更、竣工验收等设计成果交付后的服务意愿和能力。

（7）报价和工期。

（8）付款条件等。

在同等条件下，如能留一部分设计费在工程竣工后支付，则表明勘查设计单位对设计成果和后续服务的信心，应优先考虑作为中标候选人。

与"三合一"方案类似，优选竞争性磋商的形式组织发包，通过面对面交流考察供应商的综合实力。

7.5.3 施工单位评选标准

工程施工是形成工程主体和支出最大的阶段。除个别工程外，大部分矿山生态修复项目的施工工艺一般比较简单，对施工单位的技术水平要求不高。因此，在没有特殊施工工艺要求的前提下应将供应商的报价作为最重要的中标条件。

可采用公开招标的方式吸引大量投标人参与价格竞争。对于挡土墙、排水渠、覆土、种树等竣工后容易计量的工程，可以参考竞争性谈判的方式，让投标人就工程单价进行充分竞争。

7.5.4 材料供货商评选标准

矿山生态修复工程主要用到树苗、耕植土、水泥等常规材料，在质量满足工程需求的前提下应以价格作为主要评选因素。

考虑到运费的情况下，项目周边合适的供应商数量往往较少且互相认识，难以形成面对面价格竞争。矿山企业可采用分别洽商的方式，选择报价最低的供货商。

7.5.5 工程监理单位评选标准

监理受托对施工过程的质量、工期、费用进行控制，对合同、信息进行管理，对项目各参与方的关系进行协调，并承担法定的安全责任。监理费占项目总投资的比例也较低，但监理对工程能否按照设计施工，能否达到预期的生态修复效果，能否准确结算等起着重要的监督管理作用。因此，不能以价格作为唯一评选依据。

各行业的监理工作流程差别不是很大，矿山生态修复项目监理工作的复杂程度相对于建设工程要低一些。工程实践中，矿山企业可参考国家发布的《标准监理招标文件》中的评标办法综合评估供应商的实力，择优选用。一般可考虑如下评选因素：

（1）监理单位的信誉。

（2）监理单位的类似业绩数量和完成质量。

（3）拟派总监理工程师和主要监理人员的资历和业绩。

（4）质量、工期、费用控制及合同、信息管理的方法和措施。

（5）对工程特点的分析深度及对项目管理的合理化建议。

（6）报价和增值服务等。

7.5.6　工程评估单位的评选标准

工程评估的主要工作是在工程野外竣工后对工程质量进行评价、对工程量进行认定并对基金使用情况进行评估。虽然评估费占项目总投资的比例较小，但评估起着对项目盖棺定论的作用，不能以价格作为唯一评选因素。一般可考虑如下条件进行评选：

（1）评估单位的信誉。

（2）项目所在地自然资源主管部门对其认可程度。

（3）类似业绩，特别是在项目所在地类似项目的数量和完成情况。

（4）评估指标的客观性及评估方法的可操作性。

（5）评估周期。

（6）报价和增值服务，例如组织竣工验收等。

矿山企业可在咨询自然源管理部门意见后，通过洽商直接委托。

7.5.7　全过程工程咨询单位的评选标准

矿山生态修复项目全过程工程咨询是一个新生事物，案例较少，高水平的咨询单位不多，但极具生命力，是提升矿山生态修复项目价值的重要措施，也是矿山生态修复项目技术服务的发展方向。参照市场调研结论，全过程工程咨询费一般比各工程阶段技术服务费总和少10%左右，在项目总投资中占有一定比例。即便如此，由于咨询服务贯穿项目全过程，可大大减轻矿山企业项目管理的工作强度，在很大程度上节约项目成本，所以不能把报价作为唯一评选标准，应对咨询单位的技术、管理、协调等综合实力进行综合考虑。矿山企业在选择全过程工程咨询单位时首先应明确全过程工程咨询包含的工程阶段，然后有针对性地将所含工程阶段需要的技术能力作为主要评选标准（如上文所述）。除此之外，还应考虑全过程工程咨询单位所需要的特殊能力和综合实力，例如：

（1）类似项目全过程工程咨询案例及完成效果。

（2）项目负责人的资历、学识、专业能力、领导力等。

（3）项目所在地自然资源主管部门及已完成项目相关单位对评估单位及项目负责人的评价。

（4）拟投入团队的技术力量和专业搭配情况。

（5）对项目的认识深度。

（6）全过程工程咨询工作方案的针对性、全面性、可操作性等。

（7）实现项目价值提升的预期。

（8）需要矿山企业配合的工作等。

第 8 章

施工管理服务

由于不含地质灾害的矿山生态修复项目对从业单位没有资质要求,所以矿山企业组织此类工程施工政策上也是可行的。目前,矿山企业自行组织矿山生态修复项目施工是普遍现象,加之大部分矿山企业拥有施工机械和施工人员,相对于发包给其他施工单位,矿山企业在工程质量和施工成本控制方面具有先天优势。但是,矿山企业自行组织施工也有明显的不足,主要体现在对设计文件的理解、工程目标控制、工程信息管理、施工组织设计、竣工报告编制等方面。这就需要咨询单位介入提供施工管理服务,补充矿山企业的短板,共同完成工程施工任务。本章将重点介绍咨询单位在施工管理服务阶段需要掌握的工作技能,施工单位也可参考借鉴。

8.1 施工管理的目的

施工是项目全过程中的一个重要阶段,经此阶段工程由图纸变成实物,也是花费资金最大的阶段。施工管理的好坏,决定着矿山生态修复效果和工程的最终造价。从咨询单位角度来说,施工管理服务是全过程工程咨询的一项重要工作;从矿山企业角度来说,施工管理是项目全过程管理的一个组成部分。矿山生态修复项目施工管理的主要任务是为工程施工和运行增值,如图 8-1 所示。

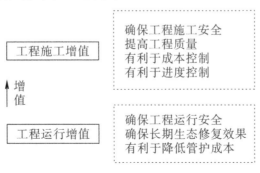

图 8-1 施工管理的增值

工程实践中,人们往往重视通过管理为施工增值,对工程运行增值的认识不足。如在边坡生态修复项目中,不修建排水系统、只覆土种草,成本低、工期短,但经雨水冲刷土层流失,生态修复效果难以保证,工程维护成本高,如照片 8-1 所示。

照片 8-1 未修筑排水系统的边坡生态修复工程案例

8.2 施工管理的目标和任务

8.2.1 施工管理目标

施工管理的目标包括投资目标、进度目标和质量目标。一般情况下,业主单位和施工单位的施工管理目标有所不同。但对于矿山企业自行组织施工的矿山生态修复项目,矿山企业既是业主单位又是施工单位。鉴于此种特殊情况,施工管理的各项目标如下:

(1)投资目标

施工阶段的投标目标即施工成本目标,一般应为不超过施工费预算或矿山企业批准的施工费金额。在制定施工费控制目标时还应考虑不能因施工费造成项目总投资超过设计预算或"三合一"方案的工程估算。

(2)进度目标

进度目标一般应为"三合一"方案规划的工程节点日期,特殊情况可以是项目监管部门要求的竣工日期。

（3）质量目标

质量目标包括工程施工质量、工程使用的材料和设备的质量、项目运行期的环境质量等。例如，设备运行的噪声、杨絮、柳絮等对环境的影响。质量目标包括满足"三合一"方案、设计、相应的技术标准，以及满足项目监管部门的质量要求等。

项目的投资、进度和质量三者是对立统一关系，在具体项目中需要找到某一平衡点作为施工管理的总目标。在"节约优先、保护优先、自然恢复为主"方针的指引下，矿山生态修复项目一般以最少投资满足生态修复最低要求（包括进度要求和质量要求）为理想的施工管理目标。

8.2.2　施工管理的任务

在矿山企业组织施工的矿山生态修复项目中，施工管理的主要任务包括：安全管理、投资控制、工期控制、质量控制、合同管理、信息管理、组织和协调。由于没有施工承包合同，此处的合同管理主要涉及设备、材料采购合同和劳务合同等。

8.3　施工管理服务的定位及主要任务

矿山生态修复项目施工管理的内涵可以理解如下：自项目开工至竣工，运用系统的理论和方法，通过项目策划和项目控制，对矿山生态修复项目施工阶段进行计划、组织、指挥、协调和控制以使项目的投资目标、进度目标和质量目标得以实现。

施工管理服务作为全过程工程咨询的一项技术工作，出发点是补充矿山企业在项目管理方面的短板。咨询单位不是代替矿山企业直接管理项目，而是发挥自身的管理经验和技术优势，作为矿山企业的助手或参谋协助其管理项目，使项目目标得以实现。一般适用于没有实施监理的矿山生态修复项目。

本阶段，咨询单位主要做的工作是矿山企业不擅长或不愿意做的工作，一般包括：施工组织设计、施工过程资料、竣工报告、竣工图等技术成果的编绘，以及工程目标控制等技术工作。咨询单位具体承担的工作应在与矿山企业充分沟通的基础在合同中约定。

8.4　施工组织设计

施工组织设计是以施工项目为对象编制的，用于指导工程施工的技术、经济和管理的综合文件。施工组织设计是对施工活动实行科学管理的重要手段,它具有战略部署和战术安排的双重作用。它体现了工程计划和设计的要求,提供了各阶段的施工准备工作内容,协调施工过程中各施工队伍、各施工工种、各项资源之间的相互关系。通过施工组织设计,可以根据具体工程的特定条件,拟订施工方案、确定施工顺序、施工方法、技术组织措施,可以保证拟建工程按照预定的工期完成,可以在开工前了解到所需资源的数量及其使用的先后顺序,可以合理安排施工现场布置。因此,施工组织设计应从施工全局出发,充分反映客观实际,统筹安排施工活动有关的各个方面,合理地布置施工现场,确保安全文明施工。

在矿山企业自行组织施工的情况下,矿山企业既是出资人又是施工单位。作为协助矿山企业完成施工管理的咨询单位,在编制施工组织设计时应掌握这一特殊性,精度应达到可实施的标准。

8.4.1 施工组织设计的基本内容

施工组织设计应包括编制依据、工程概况、施工部署及施工方案、施工进度计划与资源配备计划、工程保障措施、施工现场平面布置等基本内容。

(1)工程概况

主要包括如下内容:

①项目的性质、位置、工程特点、工程量、工期、工程管理目标。

②项目所在地地形、地质、水文和气象条件。

③施工环境及施工条件等。

(2)施工部署及施工方案

包括项目组织机构、职责分工,结合人力、材料、机械设备、资金、施工方法等条件,全面部署施工任务,合理安排施工顺序,确定主要工程的施工方案。

对备选施工方案进行定性、定量分析,通过技术经济评价,选择最佳方案。

(3)施工进度计划及资源配备计划

①施工进度计划反映最佳施工方案在时间上的安排,采用计划的形式,使工期、成本、资源等方面,通过计算和调整达到优化配置,符合项目目标的要求。

②使工序有序地进行,使工期、成本、资源等通过优化调整达到既定目标,在此基础上编制相应的人力和时间安排计划、资源配置计划和施工准备计划。

③施工进度计划可以根据工程规模、项目管理人员习惯等选用计划表、横道图、网络图等表现形式。

④施工的一般程序、施工方法、技术要求和质量控制等。

（4）工程保障措施

根据项目特点采用技术、组织、经济、合同等措施确保工程质量、工期、费用、安全、环保等目标的实现。

（5）施工现场平面布置

施工平面图是施工方案及施工进度计划在空间上的全面安排。矿山生态修复项目所处自然环境一般较脆弱，要把投入的各种资源、生产和生活活动场地及各种临时工程设施合理地布置，使整个现场在确保安全的前提下能有组织地进行文明施工。

8.4.2　编制施工组织设计的基本原则

咨询单位应在深入研究设计文件及与矿山企业充分沟通的情况下编制矿山生态修复项目的施工组织设计。施工组织设计应符合项目有关法律法规及现行技术标准，应满足质量、工期、费用、安全等工程目标要求，确保针对性和可操作性。除此之外，还应坚持如下编制原则：

（1）坚持质量第一，确保安全施工，贯彻执行大气污染防治等各项环保要求。

（2）保证重点，合理安排施工顺序。

拟建项目的轻重缓急应根据发挥生态修复效果的需要及政府要求等因素进行排列，复杂的项目可采用 ABC 分类法，把人、财、物优先投入到急需的工程上。同时照顾一般工程，使重点和一般工程很好地组合起来，在工期目标内完成全部施工任务。

【案例】三门峡锦江矿业有限公司铝矿矿山生态修复项目位于黄河中游南岸，为在指定期限内完成治理任务，矿山企业委托技术服务单位承担项目的勘查设计、施工管理和监理等多项工程咨询任务。咨询单位于 2016 年 9 月 28 日进场，提出了首先保证 10 月 10 日全治理区复绿，消除卫星遥感再次拍摄的风险，然后再进行其他工程施工的方案。在目标工期确定的情况下，咨询单位运用项目所在地的气候条件，调整了撒播草籽和修建排水渠等工程的施工顺序，让工程提前发挥了生态修复效益。采用的施工顺序：10 月 5 日前完成坡面覆土，10 月 5 至 6 日撒播冬小麦和油菜籽（10 月 7 日降雨，3～5 天种子发芽），10 月 30 日前完成排水渠施工，11 月 20 日前完成侧柏种植。在矿山企业和咨询单位的共同努力下，项目的阶段目标顺利实现，并于 2016 年 12 月一次性通过验收。

（3）做好整体施工部署和分部施工方案，组织流水作业，充分利用空间缩短工期。

采用流水方法组织施工，可以保证施工连续、均衡、有节奏地进行，合理使用人、财、物，多快好省地完成施工任务。

（4）充分利用机械设备，扩大机械施工范围，提高机械化程度，减轻劳动强度，提高劳动生产效率。

【案例】通化市二道江区矿山地质环境治理示范工程中，有一项捡石头工作，施工人员通过试验,把一台挖土豆机成功地改装成了捡石头机。用这台改装的机器捡石头,大大提高了工作效率、降低了成本,如照片 8-2 所示。

人工捡石头

机械捡石头

照片 8-2　捡石头工作中机械与人工对比实景

类似的还有使用挖树穴机代替人工等,如照片 8-3 所示。

照片 8-3　挖树穴机械

（5）合理安排施工季节。在气候适宜时施工植树种草工程。受洪水泥石流威胁的工程尽量避开雨季施工。

（6）科学配置资源，合理紧凑地安排施工现场平面布局，尽量压缩施工用地，不因施工造成新的生态环境破坏。

【案例】某矿山生态修复项目位于山谷之中，一些施工机械和施工材料无序地停放在低洼处。2013 年 7 月 9 日凌晨，项目所在地突降大雨形成洪灾，造成多台施工机械和车辆损毁，大量建筑材料被洪水卷走。照片 8-4 中就是陷入洪流中的施工机械。

照片 8-4　陷入洪流中的施工机械

（7）因地制宜,就地取材,厉行节约,降低成本。

（8）设计、施工、科研相结合,积极采用新技术、新工艺、新材料、新设备,努力提高施工效率和生态修复效果。

【案例】焦桐高速巩义市北山口镇白窑至老井沟段两侧废弃矿山地质环境治理项目设计排水渠结构为浆砌石,施工过程中经设计变更,优化为混凝土结构。这样就可以采用水渠成型机(或称为渠道衬砌机或沟槽滑模机)进行现浇,不仅提高了施工效率、降低了用工成本,工程质量更有保证。提升了项目价值。水渠成型机施工现场如照片8-5所示。

照片8-5　水渠成型机施工现场

（9）与绿色矿山建设相结合,统筹全局,边开采边治理,分期分批组织施工,尽快发挥生态修复效益。

（10）与质量、环境和职业健康安全三个管理体系有效结合。

（11）根据工程动态情况及时调整和优化施工组织设计。

8.4.3　施工组织设计的编制依据

施工组织设计的编制依据主要包括：

（1）与工程有关的法律、法规和文件。

（2）现行有关标准、定额、工程造价信息。

（3）项目监管部门的要求。

（4）工程设计文件、矿山生态修复方案。

（5）矿山企业将工程施工发包的,还应依据工程施工合同和招标投标文件。

（6）工程施工范围内的现场条件、工程地质及水文地质、气象等自然条件。

（7）与工程有关的资源供应情况。

（8）施工能力、机具设备状况、技术水平等。

8.4.4 施工组织设计的编制程序

施工组织设计原则上由施工项目负责人组织编制，咨询单位仅作为服务方参与。为做好此项咨询服务，咨询单位需要事先做好调查和沟通工作，绝不可脱离实际闭门造车，可按照如下程序进行：

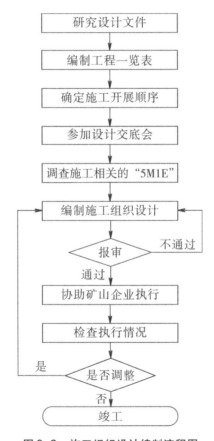

图 8-2 施工组织设计编制流程图

8.4.4.1 研究设计文件

设计文件描绘的是工程要达到的最终结果，施工组织设计是实现这种结果的方法。因此，设计文件是编制施工组织设计最重要的依据。咨询单位在承接施工管理任务后，

应首先从矿山企业获取设计文件,并认真研究,重点掌握如下信息:

(1)工程的位置,所处社会、气候、地质、交通条件等工程概况。

(2)主要施工工程量。

(3)各项工程之间的逻辑关系。搞清楚哪些工程可以独立施工,哪些工程必须在其他工程完成后才具备施工条件。

(4)各项工程的技术指标。

(5)记录设计中的错误及不明确、不理解的问题,留到设计交底时提出。

8.4.4.2 编制工程一览表

根据设计文件编制工程一览表,其目的是明确施工任务,可参考分部分项工程划分表或按照表8-1的示例编制。

表8-1 工程一览表示例

序号	工程位置	面积/hm²	预算/万元	工程量			
				拆除/m²	场地平整/m²	...	植树/株
1							
2							
...							

根据工程一览表确定施工方法,选择施工机械,划分施工任务,并为人力、材料、设备、资金等资源投入计划提供依据。

8.4.4.3 参加设计交底

为了使参与工程的各方了解工程设计的主导思想,采用的规范,对主要材料和设备的要求,所采用的新技术、新工艺、新材料、新设备的要求,施工中应特别注意的事项,掌握工程关键部位的技术要求,保证工程质量等,设计单位应在施工前进行设计交底。在设计交底的同时,项目各参建方对图纸进行会审,提出自己的疑问。设计交底与图纸会审是保证工程质量的前提,也是保证工程顺利施工的重要环节,各有关单位应当充分重视。设计交底会可按照如下要点召开:

(1)时间和参会人员

设计交底会应在施工前各参建单位到位后召开,具体时间可由矿山企业决定,并提前一定时间发出通知。设计交底会由矿山企业组织,设计、监理(如果有)、施工单位(如果有)参加,矿山企业委托有施工管理等咨询单位的,咨询单位应参会。

（2）会议组织

由于会前各参建单位之间可能不认识，所以设计交底会由矿山企业组织召开，有监理单位的一般由总监理工程师主持。监理机构、施工单位（可能是矿山企业）、分包单位、施工管理单位等分别编写会审记录，由监理机构汇总并整理会议纪要，总监理工程师对会议纪要签认，其他单位进行会签。没有监理单位的项目，由矿山企业项目负责人执行上述总监理工程师的工作，下同。

（3）会议程序

首先，由设计单位介绍设计意图、技术要求、施工注意事项等。

然后，各有关单位对设计中存在的问题进行提问，设计单位进行答疑。不能现场解答的，设计单位可以会后以书面形式解答。

最后，各单位针对问题进行研究与协调，制定解决方案，形成会审纪要。

（4）设计交底与会审的重点

①设计文件是否经过专家评审。未经评审和矿山企业认可的设计文件不得用于工程。

②设计书、图纸、预算是否齐全。

③需要附的计算书是否齐全。例如，挡土墙的稳定性验算，排水渠的流量验算等。

【案例】某矿山生态修复项目设计有排水渠，平面图范围未包含到分水岭位置，则无法验算排水渠截面是否满足排洪要求。

④各工程的技术要求是否详尽。设计书、图纸关于同一技术要求的描述是否一致，是否存在错误。

【案例】某矿山生态修复项目的勘查和设计由同一单位完成，其中一项工程为抗滑桩。会审时发现，滑坡勘查孔孔深小于设计的抗滑桩桩长。这就说明抗滑桩是在缺少地质资料的情况下设计的，是明显错误。

⑤设计书、图纸、预算书关于同一工程量的描述是否一致，工程量是否存在错误。

【案例1】某矿山生态修复项目预算的废弃竖井回填工程量为 20 cm^3。经会审发现，工程量的单位写错了。

【案例2】某项目在山坡上设计了铺设石板路。施工单位按照设计的间距把预算数量的石板铺完后，发现道路距离设计的终点还有 20 多米的距离。后经审查发现设计仅仅计算了道路两端的水平投影距离，没考虑两点间的高差。

【案例3】某项目设计的树间距为 1 m，预算的树苗数量为治理区域的面积除以1。这是没有考虑治理区周边第一排树的占地面积与区域内部是有区别的，治理区周长越长预算量与实际需要的树苗数量差别越大。

⑥是否具备可施工性和必要性。施工安全和环保有没有保障。

【案例1】某矿山生态修复项目在坡脚设计了浆砌毛石排水渠，排水渠壁厚 12 cm；坡顶种植侧柏,树高 10 m。施工时发现因设计的厚度太薄,浆砌毛石无法施工,后变更为砌砖。并将树苗调整为有利于成活的规格。

【案例2】工程实践中经常遇到设计覆土压实度为95%乃至98%,而《城市道路工程施工与质量验收规范》(CJJ1—2008)规定城市主干路的土方路基压实度才要求达到95%以上,作为耕作用的土层要求这么高的压实度明显不必要,且是错误的。

⑦是否满足现行规范要求和生态修复理念,尤其要杜绝过度治理和外来物种侵袭。目前,与矿山生态修复相关的规范体系尚不完备,但生态修复理念更新较快。特别是开始施工与设计完成时间间隔较长的项目,会审时一定要复核设计执行的生态修复理念是否违背最新规定。

(5)会议纪要整理及实施

监理机构应将施工图会审记录整理汇总并负责整理会议纪要。经总监理工程师签认及与会各方签字同意后,该纪要即被视为设计文件的组成部分,施工过程中应严格执行。

与会各方对会议纪要有不同意见,通过协商仍不能取得统一的,应报请矿山企业决定。如有必要可咨询设计评审专家的意见。

会议上决定必须进行设计修改的,由设计单位按设计变更程序提出修改设计,一般性问题经总监理工程师和矿山企业审定后交施工单位执行;重大问题应邀请专家组进行评审。

8.4.4.4 5M1E 调查

影响工程质量、工期、投资等目标完成效果的因素众多,这些影响因素可归纳为5M1E,即:人(men)、机械(machine)、材料(material)、方法(method)、测量(measurement)和环境(environment)。作为提供施工管理服务的咨询单位,应调查清楚矿山企业能够投入项目的人员和机械,项目主要材料和施工方法,项目验收标准及所处环境。

(1)人

投入项目的人力资源包括项目管理和施工操作人员两类。

①项目管理人员 施工管理服务单位可以向矿山企业了解组织管理人员的数量、能力、特长、不足及相互配合程度等信息。据此设计项目组织机构,人数不足的可由施工管理服务单位补充。矿山生态修复项目组织机构一般应设置:项目经理、项目技术负责人、安全员、质量员、施工员、测量员、资料员、实验员等岗位。中小型项目,在不违反工作原则的前提下,某些岗位可由同一人兼任。项目组织机构可参考10.2.2组建。

②施工人员 施工管理服务单位应掌握拟投入的施工人员的工种、数量、技术水平、熟练程度、安全质量意识、年龄及健康状况等。并据此采取适当的质量控制和安全管理方法,编排工期计划等。

（2）机械

主要掌握拟投入的施工机械类型、数量、性能、生产效率,对配合人员的要求等情况。

（3）材料

通过设计文件掌握工程所需主要材料、构配件的类型、数量、规格等,调查特殊材料供应情况,并规划在施工场地的临时存放和抽检方案。例如,苗圃距离施工场地的距离,当天完不成移栽的树苗怎么处置等。

（4）方法

施工方法对工程质量、工期等影响较大。比如挖树穴,一般有人工、小型挖掘机和专用地钻挖坑机（挖树穴机）等,质量保证率和施工效率差别很大,直接影响工程质量控制要点和工期规划。施工管理单位应充分与施工人员进行沟通,一方面了解施工人员计划采用的施工方法,另一方面可以将更有效的施工方法教授给施工人员,进而提升施工质量和效率。

（5）测量

此处所称测量主要是指工程施工质量验收方法和标准,即判定工程质量合格与否的尺度。大部分工程质量验收规范是推荐性标准,一般应根据设计或工程类型选择合适的验收标准。矿山生态修复项目常用的验收规范有《土地整治工程质量检验与评定规程》（TD/T 1041）和《矿山地质环境恢复治理工程施工质量验收规范》（DB41/T 1836）。前者为土地管理行业标准,后者为河南省地方标准。工程包含地质灾害的,有些工程会参考建设工程进行设计,可根据不同的工程措施选择验收规范。例如:《建筑边坡工程施工质量验收标准》（GB/T 51351）、《水利水电建设工程验收规程》（SL 223）等。这些验收规范规定的验收程序大体与《建筑工程施工质量验收统一标准》（GB 50300）保持一致,不同之处是适用范围和合格标准,应根据工程特点慎重选择。

（6）环境

与施工相关的环境主要包括自然环境和社会经济环境两大方面。

①自然环境　与工程施工相关的自然环境主要包括地形地貌、地质条件、气象等。很多矿山生态修复项目位于山区,自然环境复杂,对生物、地质灾害治理等工程影响较大,在选择土源,安排施工季节和顺序时应充分考虑项目所在地自然环境。

②社会经济环境　与工程施工相关的社会经济环境主要包括施工人员、设备、材料的供应情况,通往施工场地的运输条件,供水、供电条件,有可能影响施工的外界因素和有可能受施工影响的对象情况等。

8.4.4.5　施工组织设计的审核

咨询单位编制的施工组织设计首先应经过单位内部审核,然后报送给矿山企业审

核,设置监理的矿山生态修复项目还应报送监理机构审核。除审核施工组织设计是否符合基本编制原则外,还应重点审核如下内容:

(1)施工进度、施工方案及工程质量保证措施应切实可行。

(2)资金、劳动力、材料、设备等资源供应计划应满足工程施工需要。

(3)安全技术措施应符合安全生产相关法律、法规规定。

(4)施工总平面布置应科学合理。

8.4.5　施工组织设计的动态管理

施工管理应遵循4.4所述的PDCA循环的基本原理。施工组织设计就是其中的P(plan)。工程开工前应进行施工组织设计逐级交底,确保每一位施工人员明确自身在项目中的职责,并掌握相应工作方法。项目施工过程中,应对施工组织设计的执行情况进行检查、分析并适时调整。

项目施工过程中,发生以下情况时,施工组织设计应及时进行修改或补充,并经重新审批后实施:

(1)工程设计有重大变更

当工程变更导致原来的施工方法、工期目标、费用控制目标等不再适用时,需要对施工组织设计进行修改。

(2)有关法律和技术标准实施、修订和废止

当有关法律和技术标准开始实施或发生变动,并涉及工程的实施、检查或验收时,施工组织设计需要进行修改或补充。确保工程按照最新的法律和技术标准竣工验收。

(3)主要施工方法有重大调整

由于主、客观条件的变化,施工方法有重大变更,原来的施工组织设计已不能正确地指导施工,需要对施工组织设计进行修改或补充。

(4)主要施工资源配置有重大调整

当施工资源的配置有重大变更,并且影响到施工方法的实施或对施工进度、质量、安全、环境、费用等造成潜在的重大影响时,需对施工组织设计进行修改或补充。

(5)施工环境有重大改变

当施工环境发生重大改变,如施工延期造成季节性施工方法变化,发生地质灾害、施工场地变化造成现场布置和施工方式改变等,致使原来的施工组织设计已不能正确地指导施工的,需对施工组织设计进行修改或补充。

8.5　施工成本管理

施工成本管理就是要在保证工期和质量满足要求的情况下,采取组织措施、经济措施、技术措施、合同措施等,把成本控制在计划范围内,并进一步寻求最大程度的成本节约。施工成本管理是整个项目成本管理的重要组成部分。

8.5.1　施工成本管理措施

8.5.1.1　施工成本管理的基础工作

施工成本管理的基础工作是多方面的,建立成本管理责任体系是其中最根本最重要的基础工作。成本管理体系包括成本管理的一系列组织制度、工作程序、业务标准和责任制度等。除此之外,应从以下各方面为施工成本管理创造良好的基础条件。

(1)统一组织内部工程成本计划的内容和格式。其内容应能反映施工成本的划分、各成本项目的编码及名称、计量单位、单位工程量计划成本及合计金额等。这些成本计划的内容和格式应由各个企业按照自己的管理习惯和需要进行设计。

(2)建立企业内部施工定额并保持其适应性、有效性和相对的先进性,为施工成本计划的编制提供支持。

(3)建立生产资料市场价格信息的搜集网络,做好市场行情预测,保证采购价格信息的及时性和准确性。同时,建立分包商、供应商名录,发展稳定、良好的供方关系,为编制施工成本计划与采购工作提供支持。

(4)建立已完项目的成本资料、报告报表等的归集、整理、保管和使用管理制度。

(5)科学设计施工成本核算账册体系、业务台账、成本报告报表,为施工成本管理的业务操作提供统一的范式。

8.5.1.2　施工成本管理的措施

为了取得施工成本管理的理想成效,应当从多方面采取措施实施管理,通常可以将这些措施归纳为组织措施、技术措施、经济措施、合同措施。

(1)组织措施

组织措施是从施工成本管理的组织方面采取的措施。施工成本控制是全员的活动,如实行项目经理责任制,落实施工成本管理的组织机构和人员,明确各级施工成本管理人员的任务和职能分工、权力和责任。施工成本管理不仅是专业成本管理人员的工作,也是各级项目管理人员都应负的责任。

组织措施的另一方面是编制施工成本控制工作计划、确定合理详细的工作流程。要做好施工采购计划,通过生产要素的优化配置、合理使用、动态管理,有效控制实际成本;加强施工定额管理和施工任务单管理,控制活劳动和物化劳动的消耗;加强施工调度,避免因施工计划不周和盲目调度造成窝工损失、机械利用率降低、物料积压等现象。成本控制工作只有建立在科学管理的基础之上,具备合理的管理体制,完善的规章制度,稳定的作业秩序,完整准确的信息传递,才能取得成效。组织措施是其他各类措施的前提和保障,而且一般不需要增加额外的费用,运用得当可以取得良好的效果。

(2)技术措施

施工过程中降低成本的技术措施包括:进行技术经济分析,确定最佳的施工方案;结合施工方法,进行材料使用的比选,在满足功能要求的前提下,通过代用、改变用法等降低材料消耗的费;确定最合适的施工机械、设备使用方案;结合项目的施工组织设计及自然地理条件,降低材料的库存成本和运输成本;应用先进的施工技术,运用新材料,使用先进的机械设备等。在实践中,也要避免仅从技术角度选定方案而忽视对其经济效果的分析论证。

技术措施不仅对解决施工成本管理过程中的技术问题是不可缺少的,而且对纠正施工成本管理目标偏差也有相当重要的作用。因此,运用技术纠偏措施的关键,一是要能提出多个不同的技术方案;二是要对不同的技术方案进行技术经济分析比较,以选择最佳方案。

(3)经济措施

经济措施是最易为人们所接受和采用的措施。管理人员应编制资金使用计划,确定、分解施工成本管理目标。对施工成本管理目标进行风险分析,并制定防范性对策。对各种支出,应认真做好资金的使用计划,并在施工中严格控制各项开支。及时准确地记录、收集、整理、核算实际支出的费用。对各种变更,及时做好增减账,及时结算工程款。通过偏差分析和未完工工程预测,可发现一些潜在的可能引起未完工工程施工成本增加的问题,对这些问题应以主动控制为出发点,及时采取预防措施。

(4)合同措施

采用合同措施控制施工成本,应贯穿整个合同周期,包括从合同谈判开始到合同终结的全过程。对于分包项目,首先是选用合适的合同结构,对各种合同结构模式进行分析、比较,在合同谈判时,要争取选用适合于工程规模、性质和特点的合同结构模式。其次,在合同的条款中应仔细考虑一切影响成本和效益的因素,特别是潜在的风险因素。通过对引起成本变动的风险因素的识别和分析,采取必要的风险对策,如通过合理的方式,增加承担风险的个体数量,降低损失发生的比例,并最终将这些策略体现在合同的具体条款中。在合同执行期间既要密切注视对方合同执行的情况,也要密切关注自己履行合同的情况,以防违约。

8.5.2　施工成本的管理范围

矿山生态修复项目预算采用土地开发整理项目预算定额标准,结合《河南省矿山地质环境治理恢复基金管理办法》(豫财环资〔2020〕80 号)规定的矿山地质环境治理恢复基金的支付范围,其费用构成如图 8-3 所示:

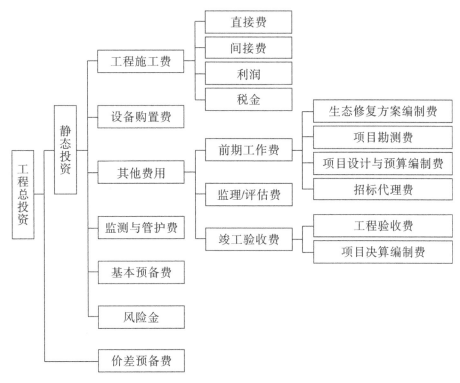

图 8-3　矿山生态修复项目费用构成

本书所说的矿山生态修复项目施工成本管理范围包括图 8-3 中的工程施工费、设备购置费、检测与管护费。这三项费用均是用于实体工程的施工,具体费用科目如图 8-4 所示。

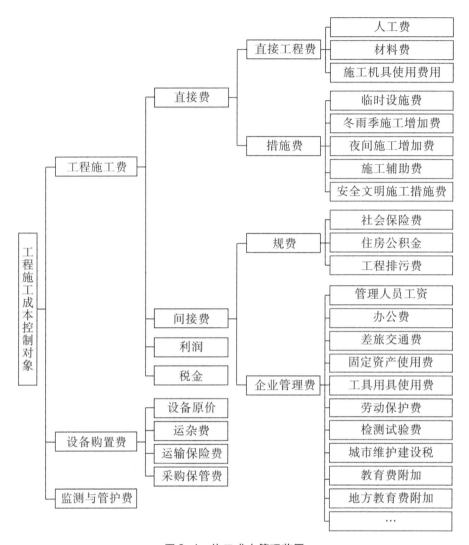

图 8-4　施工成本管理范围

8.5.3　施工成本管理的任务

施工成本管理的主要任务和环节包括施工成本预测、编制施工预算、编制施工成本计划、施工成本控制、施工成本核算、施工成本分析、施工成本考核等,如图 8-5 所示:

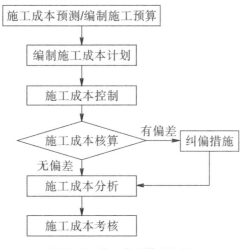

图 8-5　施工成本管理流程

8.5.4　施工成本预测和施工预算

8.5.4.1　施工成本预测的作用

施工成本预测是在工程施工前对成本进行的估算,它是根据成本信息和施工项目的具体情况,运用一定的专门方法,对未来的成本水平及其发展趋势做出科学的估计。通过成本预测,可以在满足要求的前提下,选择成本低、效益好的最佳成本方案,并能够在施工项目成本形成过程中,针对薄弱环节,加强成本控制,克服盲目性,提高预见性。因此,施工成本预测是施工成本决策与计划的依据。施工成本预测,通常是对施工项目计划工期内影响其成本变化的各个因素进行分析,比照近期已完工或即将完工的施工项目的单位成本,预测这些因素对工程成本的影响程度,预测出工程的单位成本或总成本。

矿山企业自行组织施工的矿山生态修复项目无需投标,而且是履行矿山地质环境保护和土地复垦法定义务必须要做的项目,不存在项目决策环节。因此,可以将施工预算作为施工成本预测值,即施工成本控制目标值。

8.5.4.2　施工预算的作用与含义

施工预算是编制实施性成本计划的主要依据,是施工单位为了加强企业内部的经济核算,在施工图预算的控制下,依据企业内部的施工定额,以单位工程为对象,根据施工图纸、施工定额、施工组织设计编制的单位工程(或分部分项工程)施工所需的人工、材料和施工机械台班用量的技术经济文件。它是施工企业的内部文件,同时也是施工企业进行劳动调配,物资技术供应,控制成本开支,进行成本分析和班组经济核算的依据。施工预算不仅规定了单位工程(或分部分项工程)所需人工、材料和施工机械台班用量,还规定了工种的类型,工程材料的规格、品种,所需各种机械的规格,以便有计划、有步骤地合理组织施工,从而达到节约人力、物力和财力的目的。

(1)施工预算与设计预算的区别

施工预算与矿山生态修复项目的设计预算和"三合一"方案的估算不是一个概念。以设计预算为例,二者的区别如下:

①编制依据不同　施工预算的编制以施工企业的内部施工定额为主要依据,反映的是施工企业的成本水平;设计预算的编制以预算定额为主要依据,反映的是行业平均价格水平。一般情况下,企业的施工定额比预算定额划分得更详细、更具体,并对其中所包括的内容,如质量要求、施工方法以及所需劳动工日、材料品种、规格型号等均有较详细的规定或要求。对于矿山企业来说,一般没有针对矿山生态修复项目的施工定额,工程实践中可根据往期的类似项目,以工程类型为单位总结出施工成本单价,作为编制施工预算的依据。

②适用的范围不同　施工预算是施工企业内部管理用的一种文件,与发包人无直接关系;而施工设计预算既适用于发包人,又适用于承包人。

③发挥的作用不同　施工预算是施工承包人组织生产、编制施工计划、准备现场材料、签发任务书、考核工效、进行经济核算的依据,也是承包人改善经营管理、降低生产成本和推行内部经营承包责任制的重要手段;而设计预算则是业主单位筹集资金、投资管理及施工单位投标报价的主要依据。

(2)施工预算与设计预算的对比分析方法

在编制实施性成本计划时要进行施工预算和设计预算的对比分析,通过对比,分析节约和超支的原因,以便提出解决问题的措施,防止工程超支,为降低工程成本提供依据。施工预算与设计预算对比的方法有实物对比法和金额对比法。

①实物对比法　将施工预算和设计预算计算出的人工、材料消耗量,分别填入"两算"对比表进行对比分析,算出节约或超支的数量及百分比,并分析其原因。

②金额对比法　将施工预算和设计预算计算出的人工费、材料费、机具费分别填入"两算"对比表进行对比分析,算出节约或超支的金额及百分比,并分析其原因。

(3)施工预算与设计预算的对比内容

根据矿山生态修复项目的特点,施工预算与设计预算对比的内容如下:

①人工量及人工费的对比分析　工程实践中发现,施工预算的人工费比设计预算一般要高,主要原因是定额造成的。以《河南省土地开发整理项目预算定额标准》(豫财综〔2014〕80号)为例,甲类工单价为56.38元、乙类工为43.25元。在该标准开始实施八年后的今天,实际人工价格已超过定额两倍。二者的人工量也会有所差别,主要原因是场

内材料的距离、零星用工量等差别。

②材料消耗量及材料费的对比分析　施工预算的材料损耗率一般都低于预算定额，同时，编制施工预算时还要考虑扣除技术措施的材料节约量。所以，施工预算的材料消耗量及材料费一般低于设计预算。由于两个预算的价格水平不一致，可能会出现施工预算的材料费大于设计预算的情况。如果出现反常情况，则应进行分析研究，找出原因，制定相应的措施。

③施工机具费的对比分析　施工预算机具费指施工作业所发生的施工机械、仪器仪表使用费或其租赁费。而设计预算的施工机具是预算定额综合确定的，与实际情况可能不一致。矿山企业若使用自有设备进行施工，一般会节省部分费用。

8.5.4.3　施工预算的内容

施工预算的内容是以单位工程为对象，进行人工、材料、机械台班数量及其费用汇总计算。它由编制说明和预算表格两部分组成。

（1）编制说明

施工预算的编制说明应简明扼要地叙述以下几个方面的内容：

①工程概况；

②编制的依据，如采用的定额和价格信息、设计、施工组织设计等；

③对设计的审查意见及编制中的处理方法；

④编制施工预算的范围；

⑤在编制时所考虑的新技术、新材料、新工艺、冬雨期施工措施、安全措施等；

⑥工程中还存在和需要进一步解决的问题。

（2）预算表格部分

①工程量计算汇总表　工程量计算汇总表是按照实际施工水平做出的重要基础数据。为了便于分期材料供应，可将工程量按工程治理分区汇总，然后进行单位工程汇总。

②施工预算工料分析表　施工预算工料分析表要按照工程量计算汇总表划分，做出各工程治理区的工料分析结果，为分期、分批施工计划提供方便条件。

③人工汇总表　人工汇总表是将工料分析表中的人工按工程治理分区汇总的表格，是编制劳动力计划、合理调配劳动力的依据。

④材料消耗量汇总表　将工料分析表中不同品种、规格的材料按工程治理分区进行汇总。材料消耗量汇总表是编制材料供应计划的依据。

⑤机械台班使用量汇总表　将工料分析表中各种施工机具及消耗台班数量按工程治理分区进行汇总。

⑥施工预算表　将人工、材料、机械台班消耗数量分别与项目所在地的工资标准、材料价格、机械台班单价相乘汇总，得出施工预算总价。

⑦施工预算与设计预算的对比表　该表是对同一工程内容的施工预算与设计预算的对比分析。将计算出的人工、材料、机械台班消耗数量,以及人工费、材料费、机械费等与设计预算进行对比,找出节约或超支的原因,作为开工之前的预测分析依据。

8.5.4.4　施工预算编制要求、依据和方法

(1)施工预算编制要求

①编制深度的要求　施工预算的精度要能满足材料采购和领取的要求,以便加强管理、实行施工组经济核算。施工预算要能反映出经济效果,以便为经济活动分析提供可靠的依据。

②施工预算编制要紧密结合现场实际　施工预算应按照施工范围、现场实际情况及采取的施工技术措施,结合自身管理水平进行编制。

(2)施工预算编制依据

施工预算编制依据主要包括:设计及设计预算,施工组织设计,相关技术标准,企业的施工定额(如果有),材料、人工、机械台班的实际单价,工程现场实际测量资料等。

(3)施工预算编制方法与流程

①熟悉设计文件、施工组织设计及现场资料;

②熟悉施工定额及有关文件规定;

③列出工程项目,计算工程量;

④计算人工、材料、机具使用费,并进行工料分析;

⑤单位工程人工、材料、机具使用费及人工、材料、机械台班消耗量汇总;

⑥进行施工预算与设计预算的对比分析;

⑦编写编制说明并装订成册。

8.5.5　施工成本计划

施工成本计划是以货币形式编制施工项目在计划期内的生产费用、成本水平、成本降低率以及为降低成本所采取的主要措施和规划的书面方案。它是建立施工项目成本管理责任制、开展成本控制和核算的基础,此外,它还是项目降低成本的指导文件,是设立阶段性目标成本的依据。

8.5.5.1　施工计划的类型

施工成本计划是一个不断深化的动态过程,在不同阶段其深度和作用有所不同,形成竞争性成本计划、指导性成本计划和实施性成本计划三类。其中,竞争性成本计划是施工项目投标及签订合同阶段的估算成本计划;指导性成本计划是选派项目经理阶段的

预算成本计划,是项目经理的责任成本目标;实施性成本计划是项目施工准备阶段的施工预算成本计划,它是以项目实施方案为依据,以落实项目经理责任目标为出发点编制的。

以上三类成本计划相互衔接、不断深化,构成了整个工程项目施工成本的计划过程。竞争性成本计划带有成本战略的性质,是施工项目投标阶段商务标书的基础,而有竞争力的商务标书又是以其先进合理的技术标书为支撑的。因此,它奠定了施工成本的基本框架和水平。指导性成本计划和实施性成本计划,都是战略性成本计划的进一步开展和深化,是对战略性成本计划的战术安排。对于矿山企业组织实施的矿山生态修复工程,不存在竞标,一般只编制实施性施工成本计划即可,本书仅针对此类成本计划进行讲述。

8.5.5.2　施工成本计划编制原则

为了编制出能够发挥积极作用的施工成本计划,编制工作应遵循以下原则:

(1)从实际情况出发

编制成本计划必须从企业的实际情况出发,充分挖掘企业内部潜力,使降低成本指标既积极可靠,又切实可行。项目管理部门降低成本的潜力在于正确选择施工方案,合理组织施工;提高劳动生产率;改善材料供应;降低材料消耗;提高机械利用率;节约施工管理费用等。但必须避免为降低成本而偷工减料、忽视质量,不顾机械的维护修理而过度、不合理使用机械,片面增加劳动强度、加班加点,忽视安全工作等情况出现。

(2)与其他计划相结合

施工成本计划必须与施工项目的其他计划,如施工进度计划、财务计划、材料供应及消耗计划等密切结合,保持平衡。一方面,成本计划要根据施工项目的生产、技术组织措施、劳动工资、材料供应和消耗等计划来编制;另一方面,其他各项计划指标又影响着成本计划,所以其他各项计划在编制时应考虑降低成本的要求,与成本计划密切配合,而不能单纯考虑单一计划本身的要求。

(3)采用先进技术经济标准

施工成本计划必须以先进的技术经济标准为依据,并结合工程的具体特点,采取切实可行的技术组织措施作保证。只有这样,才能编制出既有科学依据,又切实可行的成本计划,从而发挥施工成本计划的积极作用。

(4)统一领导、分级管理

编制成本计划时应采用统一领导、分级管理的原则,同时应树立全员进行施工成本控制的理念。在项目经理的领导下,发动全体职工共同进行,总结降低成本的经验,找出降低成本的正确途径,使成本计划的制定与执行更符合项目的实际情况。

(5)适度弹性

施工成本计划应留有一定的余地,保持计划的弹性。在计划期内,项目经理部的内部或外部环境都有可能发生变化,尤其是材料供应、市场价格等具有一定的不确定性,给拟定计划的执行带来困难。因此,在编制计划时应充分考虑到这些情况,使计划具有一定的适应环境变化的能力。

8.5.5.3 施工成本计划的编制要求、依据和内容

成本计划的编制是施工成本预控的重要手段,因此,应在工程开工前编制完成,以便将计划成本目标分解落实,为各项成本的执行提供明确的目标、控制手段和管理措施。由于不同的实施方案将导致人、料、机费和企业管理费的差异,故成本计划应在项目实施方案确定和不断优化的前提下进行编制。其编制要求,依据及主要内容如下。

(1)施工成本计划的编制要求

施工成本计划应满足如下要求:①工程质量和计划工期要求;②企业对项目成本管理目标的要求;③以经济合理的项目实施方案为基础;④有关定额及市场价格的要求;⑤吸取类似项目的经验教训。

(2)施工成本计划的编制依据

编制施工成本计划,需要广泛收集相关资料并进行整理,以作为施工成本计划编制的依据。在此基础上,根据设计文件、施工组织设计、施工预算等,按照施工项目应投入的生产要素,结合各种因素变化的预测和拟采取的各种措施,估算施工项目生产费用支出的总水平,进而提出施工项目的成本计划控制指标,确定目标总成本。目标总成本确定后,应将总目标分解落实到各级部门,以便有效地进行控制。最后,通过综合平衡,编制完成施工成本计划。

矿山生态修复项目施工成本计划的编制依据包括:①设计文件和“三合一”方案;②施工预算;③施工组织设计;④人工、材料、机械台班的市场价格;⑤企业内部有关财务成本核算制度和财务历史资料;⑥拟采取的降低施工成本的措施;⑦其他相关资料。

(3)施工成本计划的内容

施工成本计划包括如下四项主要内容:

①编制说明。对工程的范围,主要设计内容,施工成本目标,编制施工成本计划的指导思想和依据等进行具体说明。

②施工成本计划的指标。施工成本计划的指标应经过科学的分析预测确定,可以采用对比、因素分析等方法。成本计划一般有数量指标、质量指标和效益指标三个。其中,成本计划数量指标可采用总成本指标(按子项汇总),单位工程计划成本指标(按分部工程汇总),生产要素计划成本指标(按人工、材料、机具等主要生产要素划分)等;成本计划质量指标可以采用设计预算成本计划降低率(设计预算总成本计划降低额÷设计预算总成本)、责任目标成本计划降低率(责任目标总成本计划降低额÷责任目标总成本)等;成本计划的效益指标可采用设计预算成本计划降低额(设计预算总成本−计划总成本)、责

任目标成本计划降低额(责任目标总成本-计划总成本)等。

③按工程量清单(或工程量表)列出的单位工程计划成本汇总表。

④根据项目的造价分析,分别对人工费、材料费、机具费和企业管理费进行汇总,形成单位工程成本计划表。

8.5.5.4 施工成本计划的编制方法

施工成本计划可以按施工成本组成、项目组成和施工进度编制,方法分别如下。

(1)按施工成本组成编制施工成本计划的方法

如图 8-4 所示,矿山生态修复项目的施工费控制范围包括工程施工费、设备购置费、监测与管护费。从工程实施的角度,工程监测与管护、工程措施项目,也是一种施工工作。另外,利润、税金及间接费中的规费不具备成本控制的必要性。因此,在编制施工成本计划时,矿山生态修复项目施工成本可划分为人工费、材料费、施工机具使用费、设备采购费、企业管理费五项,如图 8-6 所示。在此基础上,编制按施工成本组成分解的施工成本计划。

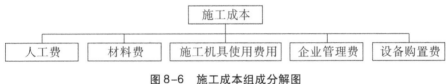

图 8-6 施工成本组成分解图

因此,为方便起见,按施工成本组成编制施工成本计划时,可将监测与管护工程作为一项单位工程或分部工程与一般施工统一考虑。

(2)按施工项目组成编制施工成本计划的方法

大中型工程项目通常是由若干单位工程组成的,而每个单位工程又是由若干个分部分项工程所构成。因此,首先要把项目总施工成本分解到单位工程中,再进一步分解到分部工程和分项工程中,如图 8-7 所示。

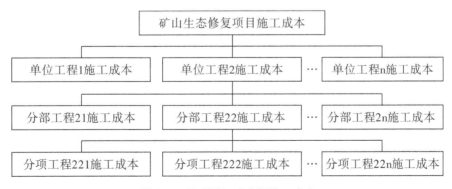

图 8-7 按项目组成分解施工成本

在完成施工项目成本目标分解之后,分配成本、编制分项工程的成本支出计划,从而形成详细的成本计划表,如表8-2所示。

表8-2 分项工程成本计划表

分项工程	工程内容	计量单位	工程数量	计划成本	本分项总计
...					
...					

(3)按施工进度编制施工成本计划的方法

按施工进度编制施工成本计划,通常可在控制项目进度的网络图的基础上,进一步扩充得到。即在建立网络图时,一方面确定完成各项工作所需花费的时间,另一方面确定完成这一工作合适的施工成本支出计划。在实践中,将工程项目分解为既能方便地表示时间,又能方便地表示施工成本支出计划是不容易的。通常,如果项目分解程度对时间控制合适的话,则对施工成本支出计划可能分解过细,以至于不可能对每项工作确定其施工成本支出计划;反之亦然。因此,在编制网络计划时,应在充分考虑进度控制对项目划分要求的同时,还要考虑确定施工成本支出计划对项目划分的要求,做到二者兼顾。

通过对施工成本目标按时间进行分解,在网络计划基础上,可获得项目进度计划的横道图。并在此基础上编制成本计划。其表示方式有两种:一种是成本计划直方图,如图8-8所示;另一种是用"时间-成本"累积曲线(S形曲线),如图8-9所示。

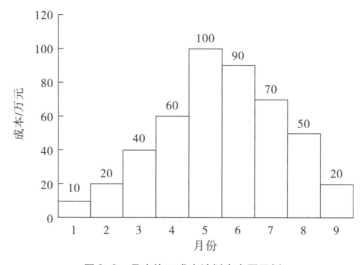

图8-8 月度施工成本计划直方图示例

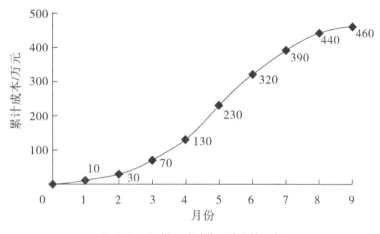

图 8-9　"时间-成本"累计曲线示例

施工成本计划直方图和"时间-成本"累积曲线的绘制步骤如下：

①确定工程项目进度计划,编制进度计划的横道图;

②根据每单位时间内完成的实物工程量或投入的人力、物力和财力,计算单位时间(月或旬)的成本,填入表 8-3 所示的数据表格(用 Excel 制表)的第二行。然后,将第一月的成本作为第一月的累计成本,第二月的成本与一月的累计成本相加作为第二月的累计成本,以此类推计算各月的累计成本填入表 8-3 所示表格的第三行。

表 8-3　单位时间内施工成本统计表示例

时间	月份								
	1	2	3	4	5	6	7	8	9
成本/万元	10	20	40	60	100	90	70	50	20
累计成本/万元	10	30	70	130	230	320	390	440	460

③在 Excel 中以表 8-3 第一行作为横坐标,分别以第二行为纵坐标数据源绘制柱状图,以第三行作为纵坐标数据源绘制折线图,即得到施工成本计划直方图和"时间-成本"累计曲线。

以上三种编制施工成本计划的方式并不是相互独立的。在工程实践中,往往是将这几种方式结合起来使用,从而可以取得扬长避短的效果。

8.5.6　施工成本控制

施工成本控制是在项目成本的形成过程中,对生产所消耗的人力资源、物资资源和费用开支进行指导、监督、检查和调整,及时纠正将要发生和已经发生的偏差,把各项生产费用,控制在计划成本的范围之内,以保证成本目标的实现。

矿山生态修复项目施工成本控制应贯穿于施工准备直至项目竣工验收或监测与管护期结束,它是投资管理的重要环节。施工成本控制可分为事先控制、事中控制(过程控制)和事后控制。在施工过程中,需按动态控制原理对实际施工成本的发生过程进行有效控制。

8.5.6.1 施工成本控制的依据

施工成本控制的依据包括以下内容:

(1)工程施工合同

矿山企业将矿山生态修复项目施工发包的、施工单位进行施工成本控制的工程施工合同为依据,围绕降低工程成本这个目标,从预算收入和实际成本两方面,研究节约成本、增加收益的有效途径,以求获得最大的经济效益。对矿山企业组织施工的矿山生态修复项目,不存在工程施工合同,可以以项目任务书代替施工合同作为依据。

(2)施工成本计划

施工成本计划是根据施工项目的具体情况制定的施工成本控制方案,既包括预定的具体成本控制目标,又包括实现控制目标的措施和规划,是施工成本控制的指导文件。

(3)进度报告

进度报告提供了对应时间节点的工程实际完成量,工程施工成本实际支付情况等信息。施工成本控制工作正是通过实际情况与施工成本计划相比较,找出二者之间的差别,分析偏差产生的原因,从而采取措施改进以后的工作。此外,进度报告还有助于管理者及时发现工程实施中存在的隐患,并在可能造成重大损失之前采取有效措施,尽量避免损失。

(4)工程变更

在项目的实施过程中,由于各方面的原因,工程变更是很难避免的。工程变更一般包括设计变更、进度计划变更、施工条件变更、技术规范与标准变更、施工次序变更、工程量变更等。一旦出现变更,工程量、工期、成本都有可能发生变化,从而使得施工成本控制工作变得更加复杂和困难。因此,施工成本管理人员应当通过对变更要求中各类数据的计算、分析,及时掌握变更情况,包括已发生工程量、将要发生工程量、工期是否拖延、支付情况等重要信息。

除上述几种成本控制的主要依据以外,施工组织设计、分包合同等有关文件资料也是施工成本控制的依据。

8.5.6.2 施工成本控制的步骤

要做好施工成本的过程控制,必须制定规范化的过程控制程序。在成本的过程控制中,有两类控制程序,一是管理行为控制程序,二是指标控制程序。管理行为控制程序是对成本全过程控制的基础,指标控制程序则是成本过程控制的重点。两个程序既相对独立又相互联系,既相互补充又相互制约。

(1)管理行为控制程序

管理行为控制的目的是确保每个岗位人员在成本管理过程中的管理行为符合事先确定的程序和方法的要求。从这个意义上讲,首先要清楚企业建立的成本管理体系是否能对成本形成的过程进行有效的控制,其次要确定成本管理体系是否处在有效的运行状态。管理行为控制程序就是为规范项目施工成本的管理行为而制定的约束和激励机制,主要内容如下:

①建立项目施工成本管理体系的评审组织和评审程序　成本管理体系的建立不同于质量管理体系,质量管理体系反映的是企业的质量保证能力,由社会有关组织进行评审和认证;成本管理体系的建立是企业自身生存发展的需要,没有社会组织来评审和认证。因此,企业必须建立项目施工成本管理体系的评审组织和评审程序,定期进行评审和总结,持续改进。

②建立项目施工成本管理体系运行的评审组织和评审程序　项目施工成本管理体系的运行有一个逐步推行的渐进过程。一个企业的各分公司、项目经理部的运行质量往往是不平衡的。因此,必须建立专门的常设组织,依照程序定期地进行检查和评审。发现问题,总结经验,以保证成本管理体系的保持和持续改进。

③目标考核,定期检查　管理程序文件应明确每个岗位人员在成本管理中的职责,确定每个岗位人员的管理行为,如应提供的报表、提供的时间和原始数据的质量要求等。要把每个岗位人员是否按要求去履行职责作为一个目标来考核。为了方便检查,应将考核指标具体化,并设专人定期或不定期地检查。

应根据检查的内容编制相应的检查表,由项目经理或其委托人检查后填写检查表。检查表要由专人负责整理归档。

④制定对策,纠正偏差　对管理工作进行检查的目的是保证管理工作按预定的程序和标准进行,从而保证项目施工成本管理能够达到预期的目的。因此,对检查中发现的问题,要及时进行分析,然后根据不同的情况,及时采取对策。

(2)指标控制程序

能否达到预期的成本目标,是施工成本控制是否成功的关键。对各岗位人员的成本管理行为进行控制,就是为了保证成本目标的实现。施工成本指标控制程序如下:

①确定施工成本目标及月度成本目标　在工程开工之初,项目经理应确定项目的成本管理目标,并根据工程进度计划确定月度成本计划目标。

②收集成本数据,监测成本形成过程　过程控制的目的就在于不断纠正成本形成过程中的偏差,保证成本项目的发生是在预定范围之内。因此,在施工过程中要定期收集

反映施工成本支出情况的数据,并将实际发生情况与目标计划进行对比,从而保证有效控制成本的整个形成过程。

③分析偏差原因,制定对策 施工过程是一个复杂活动,成本的发生和形成是很难按预定的目标进行的,因此,需要对产生的偏差及时分析原因,分清是客观因素(如市场价格波动)还是人为因素(如管理行为失控),及时制定对策并予以纠正。

④用成本指标考核管理行为,用管理行为来保证成本指标 管理行为的控制程序和成本指标的控制程序是对项目施工成本进行过程控制的主要内容,这两个程序在实施过程中,是相互交叉、相互制约又相互联系的。只有把成本指标的控制程序和管理行为的控制程序相结合,才能保证成本管理工作有序、有效进行。施工成本指标控制流程如图8-10所示。

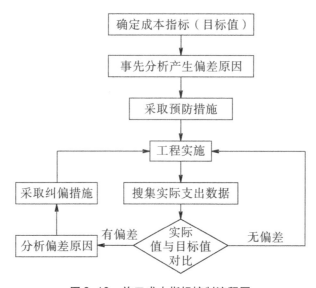

图8-10 施工成本指标控制流程图

8.5.6.3 施工成本过程控制的方法

施工阶段是项目成本发生的主要阶段,这个阶段的成本控制主要是通过确定成本目标并按计划成本组织施工,合理配置资源,对施工现场发生的各项成本费用进行有效控制,其具体的控制方法如下。

(1)人工费的控制方法

人工费的控制实行"量价分离"的方法,将作业用工及零星用工按定额工日的一定比例综合确定用工数量与单价,通过劳务合同进行控制。

加强劳动定额管理,提高劳动生产率,降低工程耗用人工工日,是控制人工费支出的主要手段。具体措施如下:制定先进合理的企业内部劳动定额,严格执行劳动定额,并将安全生产、文明施工及零星用工下达到作业队进行控制。全面推行全额计件的劳动管理办法和单项工程集体承包的经济管理办法,以不超出施工预算人工费指标为控制目标,实行工资包干制度。认真执行按劳分配的原则,使职工个人所得与劳动贡献相一致,充分调动广大职工的劳动积极性,以提高劳动效率。把工程的进度、安全、质量等指标与定额管理结合起来,提高劳动者的综合能力,实行奖励制度。

提高生产工人的技术水平和作业队的组织管理水平,根据施工进度、技术要求,合理搭配各工种工人的数量,减少和避免无效劳动。不断地改善劳动组织,创造良好的工作环境,改善工人的劳动条件,提高劳动效率。合理调节各工序人数安排情况,安排劳动力时,尽量做到技术工不做普通工的工作,高级工不做低级工的工作,避免技术上的浪费,既要加快工程进度,又要节约人工费用。

加强职工的技术培训和多种施工作业技能的培训,不断提高职工的业务技术水平和熟练操作程度,培养一专多能的技术工人,提高作业效率。提倡技术革新和推广新技术,提高劳动生产率。

实行弹性需求的劳务管理制度。对施工生产各环节上的业务骨干和基本的施工力量,要保持相对稳定。对短期需要的施工力量,要做好预测、计划管理,通过企业内部的劳务市场及外部协作队伍进行调剂。严格做到项目部的定员随工程进度要求及时进行调整,进行弹性管理。要打破行业、工种界限,提倡一专多能,提高劳动力的利用效率。

(2)材料、设备费的控制方法

材料费控制同样按照"量价分离"原则,控制材料用量和材料价格。

①材料用量的控制 在保证符合设计要求和质量标准的前提下,合理使用材料,通过定额控制、指标控制、计量控制、包干控制等手段有效控制物资材料的消耗,具体方法如下:

对于有消耗定额的材料,以消耗定额为依据,实行限额领料制度。限额领料应依据准确的工程量、消耗定额、施工组织设计和变更单等。可以采用按分项工程限额领料、按工程部位限额领料、按单位工程限额领料三种形式。

对于没有消耗定额的材料,则实行计划管理和按指标控制的办法。根据以往项目的实际耗用情况,结合具体施工项目的内容和要求,制定领用材料指标,以控制发料。超过指标的材料,必须经过一定的审批手续才可领用。

对部分小型及零星材料,根据工程量计算出所需材料量,将其折算成费用,由作业者包干使用。

另外,无论采用哪种方式控制领料,均需要准确做好材料物资的收发计量检查。

②材料、设备价格的控制 材料价格是由买价、运杂费、运输中的合理损耗等所组成。控制材料价格,主要是通过掌握市场信息,应用招标和询价等方式控制材料、设备的采购价格。

（3）施工机械使用费的控制

合理选择施工机械设备、合理使用施工机械设备对成本控制具有十分重要的意义。施工机械使用费主要由台班数量和台班单价两方面决定，因此，为有效控制施工机械使用费支出，应主要从这两个方面进行控制。

①台班数量　根据施工方案和现场实际情况，选择适合项目施工特点的施工机械，制定设备需求计划，合理安排施工生产，充分利用现有机械设备，加强内部调配，提高机械设备的利用率。保证施工机械设备的作业时间，安排好生产工序的衔接，尽量避免停工、窝工，尽量减少施工中所消耗的机械台班数量。核定设备台班定额产量，实行超产奖励办法，加快施工生产进度，提高机械设备单位时间的生产效率和利用率。加强设备租赁计划管理，减少不必要的设备闲置和浪费。

②台班单价　加强现场设备的维修、保养工作。降低大修、经常性修理等各项费用的开支，提高机械设备的完好率，最大限度地提高机械设备的利用率，避免因使用不当造成机械设备的停滞。加强机械操作人员的培训工作，不断提高操作技能，提高施工机械台班的生产效率。加强配件的管理，建立健全配件领发料制度，严格按油料消耗定额控制油料消耗。做到修理有记录，消耗有定额，统计有报表，损耗有分析。通过经常分析总结，提高修理质量，降低配件消耗，减少修理费用的支出。降低材料成本，做好施工机械配件和工程材料采购计划，降低材料成本。成立设备管理领导小组，负责设备调度、检查、维修、评估等事宜。对主要部件及其保养情况建立档案，分清责任，便于尽早发现问题，找到解决问题的办法。

（4）施工分包费用的控制

分包工程价格的高低，必然对施工项目成本产生一定的影响。因此，施工项目成本控制的重要工作之一是对分包价格的控制。项目部应在确定施工方案的初期就要确定需要分包的工程范围，决定分包范围的因素主要是施工项目的专业性和项目规模。对分包费用的控制，主要是要做好分包工程的询价、订立平等互利的分包合同、建立稳定的分包关系网络、加强施工验收和分包结算等工作。

8.5.6.4　偏差分析和纠偏措施

施工成本控制使用前文 4.8 的挣值（赢得值）法进行偏差分析和选择纠偏措施，相同的内容不再赘述。

8.5.7　施工成本分析

通过施工成本分析，可从账簿、报表反映的成本现象中看清成本的实质，从而增强项目成本的透明度和可控性，为加强成本控制、实现项目成本目标创造条件。

8.5.7.1　施工成本分析的依据

施工成本分析的主要依据是会计核算、业务核算和统计核算所提供的资料。

（1）会计核算

会计核算主要是价值核算。会计是对一定单位的经济业务进行计量、记录、分析和检查，做出预测，参与决策，实行监督，旨在实现最优经济效益的一种管理活动。它通过设置账户、复式记账、填制和审核凭证、登记账簿、成本计算、财产清查和编制会计报表等一系列有组织有系统的方法，来记录企业的一切生产经营活动。然后，据此提出一些用货币来反映的有关各种综合性经济指标的数据，如资产、负债、所有者权益、收入、费用和利润等。由于会计记录具有连续性、系统性、综合性等特点，所以它是施工成本分析的重要依据。

（2）业务核算

业务核算是各业务部门根据业务工作的需要建立的核算制度。它包括原始记录和计算登记表，如单位工程及分部分项工程进度登记，质量登记，工效、定额计算登记，物资消耗定额记录，测试记录等。业务核算的范围比会计、统计核算要广。会计和统计核算一般是对已经发生的经济活动进行核算，而业务核算不但可以核算已经完成的项目是否达到原定的目的、取得预期的效果，而且可以对尚未发生或正在发生的经济活动进行核算，以确定该项经济活动是否有经济效果，是否有执行的必要。它的特点是对个别的经济业务进行单项核算，例如各种技术措施、新工艺等项目。业务核算的目的，在于迅速取得资料，以便在经济活动中及时采取措施进行调整。

（3）统计核算

统计核算是利用会计核算资料和业务核算资料，把生产经营活动的数据，按统计方法加以系统整理，以发现其规律性。它的计量尺度比会计核算宽，可以用货币计算，也可以用实物或劳动量计量。它通过全面调查和抽样调查等特有的方法，不仅能提供绝对数指标，还能提供相对数和平均数指标，可以计算当前的实际水平，还可以确定变动速度以预测发展的趋势。

8.5.7.2　施工成本分析的方法

施工成本分析方法包括比较法、因素分析法、差额计算法、比率法等基本的分析方法，综合成本的分析方法，成本项目的分析方法和专项成本的分析方法等。工程实践中可根据不同的情况采取不同的分析方法。

（1）比较法

比较法又称"指标对比分析法"，是指对比技术经济指标，检查目标的完成情况，分析产生差异的原因，进而挖掘降低成本的方法。这种方法通俗易懂、简单易行、便于掌握，

因而得到了广泛的应用,但在应用时必须注意各技术经济指标的可比性。比较法的应用通常有如下形式:

①将实际指标与目标指标对比　通过对比检查目标完成情况,分析影响目标完成的积极因素和消极因素,以便及时采取措施,保证成本目标的实现。在进行实际指标与目标指标对比时,还应注意目标本身有无问题,如果目标本身出现问题,则应调整目标,重新评价实际工作。

②本期实际指标与上期实际指标对比　通过对比可以看出各项技术经济指标的变动情况,反映施工管理水平的提高程度。

③与本行业平均水平、先进水平对比　通过这种对比,可以反映本项目的技术和经济管理水平与行业的平均及先进水平的差距,进而采取措施提高本项目管理水平。

以上三种对比数据,可以以表格的形式进行反映。

(2)因素分析法

因素分析法又称连环置换法,可用来分析各种因素对成本的影响程度。在进行分析时,假定众多因素中的一个因素发生了变化,而其他因素不变,然后逐个替换,分别比较其计算结果,以确定各个因素的变化对成本的影响程度。因素分析法的计算步骤如下:

①确定分析对象,计算实际与目标数的差异;

②确定该指标是由哪些因素组成的,并按其相互关系进行排序(排序规则是:先实物量,后价值量;先绝对值,后相对值);

③以目标数为基础,将各因素的目标数相乘,作为分析替代的基数;

④将各个因素的实际数按照已确定的排列顺序进行替换计算,并将替换后的实际数保留下来;

⑤将每次替换计算所得的结果,与前一次的计算结果相比较,两者的差异即为该因素对成本的影响程度。

⑥各个因素的影响程度之和,应与分析对象的总差异相等。

(3)差额计算法

差额计算法是因素分析法的一种简化形式,它利用各个因素的目标值与实际值的差额来计算其对成本的影响程度。

(4)比率法

比率法是指用两个以上的指标的比例进行分析的方法。它的基本特点是:先把对比分析的数值变成相对数,再观察其相互之间的关系。常用的比率法有以下几种:

①相关比率法　由于项目经济活动的各个方面是相互联系、相互依存、相互影响的,因而可以将两个性质不同且相关的指标加以对比,求出比率,并以此来考察经营成果的好坏。

②构成比率法　又称比重分析法或结构对比分析法。通过构成比率,可以考察成本

总量的构成情况及各成本项目占总成本的比重,同时也可看出预算成本、实际成本和降低成本的比例关系,从而寻求降低成本的途径。

③动态比率法　动态比率法是将同类指标不同时期的数值进行对比,求出比率,以分析该项指标的发展方向和发展速度。动态比率的计算,通常采用基期指数和环比指数两种方法。

(4)综合成本的分析方法

综合成本是指涉及多种生产要素,并受多种因素影响的成本费用,如分部分项工程成本,月(季)度成本、年度成本等。由于这些成本都是随着项目施工的进展而逐步形成的,与生产经营有着密切的关系,故,做好上述成本的分析工作,无疑将促进项目的生产经营管理,提高项目的经济效益。

①分部分项工程成本分析　分部分项工程成本分析是施工项目成本分析的基础。分部分项工程成本分析的对象为已完成的分部分项工程,分析的方法是:进行预算成本、目标成本和实际成本的“三算”对比,分别计算实际偏差和目标偏差,分析偏差产生的原因,为今后的分部分项工程成本寻求节约途径。

施工项目包括很多分部分项工程,无法也没有必要对每一个分部分项工程都进行成本分析。仅对那些主要分部分项工程进行成本分析即可,而且要做到从开工到竣工进行系统的成本分析。通过主要分部分项工程成本的系统分析,可以基本上了解项目成本形成的全过程,为竣工成本分析和今后的项目成本管理提供参考资料。

②月(季)度成本分析　月(季)度成本分析是施工项目定期的、经常性的中间成本分析,对于施工项目来说具有特别重要的意义。通过月(季)度成本分析,可以及时发现问题,以便按照成本目标指定的方向进行监督和控制,保证项目成本目标的实现。

月(季)度成本分析的依据是当月(季)的成本报表。分析通常包括以下几个方面:通过实际成本与预算成本的对比,分析当月(季)的成本降低水平;通过累计实际成本与累计预算成本的对比,分析累计的成本降低水平,预测实现项目成本目标的前景;通过实际成本与目标成本的对比,分析目标成本的落实情况以及目标管理中的问题和不足,进而采取措施,加强成本管理,保证成本目标的实现;通过对各成本项目的成本分析,了解成本总量的构成比例和成本管理的薄弱环节;通过主要技术经济指标的实际与目标对比,分析产量、工期、质量、“三材”节约率、机械利用率等对成本的影响;通过对技术组织措施执行效果的分析,寻求更加有效的节约途径。

③年度成本分析　企业成本要求当年成本当年结算,不得将本年成本转入下一年度。而项目成本则以项目的寿命周期为结算期,要求从开工到竣工直至检测与管护期结束连续计算,最后结算出总成本。由于项目的施工周期一般较长,所以除进行月(季)度成本核算和分析外,还要进行年度成本的核算和分析。这不仅是企业汇编年度成本报表的需要,同时也是项目成本管理的需要。通过年度成本的综合分析,可以总结一年来成

本管理的成绩和不足,为今后的成本管理提供经验和教训,从而可对项目成本进行更有效的管理。

④竣工成本的综合分析　单位工程竣工成本分析应包括主要资源节超对比分析、主要技术节约措施及经济效果分析三个方面。

通过以上分析,可以全面了解单位工程的成本构成和降低成本的来源,对今后同类工程的成本管理提供参考。

(5)成本项目的分析方法

①人工费分析　劳务分包合同明确了承包范围、承包金额和双方的权利、义务。除了按合同规定支付劳务费以外,还可能发生一些其他人工费支出,主要有:因实物工程量增减而调整的人工费、计日工工资、对班组和个人进行奖励的费用。

项目管理层应根据上述人工费的增减,结合劳务分包合同的管理进行分析。

②主要材料费分析　材料费主要受价格和消耗数量的影响,可分别按下列公式计算:

因材料价格变动对材料费的影响=(计划单价-实际单价)×实际数量

因消耗数量变动对材料费的影响=(计划用量-实际用量)×实际价格

③机械使用费分析　在机械设备的租用过程中,存在两种情况:一是按产量进行承包,并按完成产量计算费用,如土方工程。此情况下,项目经理部只要按实际挖掘的土方工程量结算挖土费用,而不必考虑挖土机械的完好程度和利用程度。另一种是按使用时间(台班)计算机械费用的,如果机械完好率低或在使用中调度不当,必然会影响机械的利用率,从而延长使用时间,增加使用费,应给予一定的重视。

④管理费分析　现场管理费分析也应通过预算(或计划)数与实际数的比较进行,可采用对比表的形式呈现。

(6)专项成本分析方法

针对与成本有关的特定事项的分析,包括成本盈亏异常分析、工期成本分析、资金成本分析等内容。

①成本盈亏异常分析　施工项目出现成本盈亏异常情况,必须引起高度重视,必须彻底查明原因并及时纠正。

检查成本盈亏异常的原因,应从经济核算的"三同步"入手。因为项目经济核算的基本规律是:在完成多少产值、消耗多少资源、发生多少成本之间,有着必然的同步关系。如果违背这个规律,就会发生成本的盈亏异常。

"三同步"检查是提高项目经济核算水平的有效手段,不仅适用于成本盈亏异常的检查,也可用于月度成本的检查。"三同步"检查可以通过以下五个方面的对比分析来实现:

第一,产值与施工任务单的实际工程量和形象进度是否同步;

第二,资源消耗与施工任务单的实耗人工、限额领料单的实耗材料、当期施工机械是否同步;

第三,其他费用(如材料价和台班费等)的产值统计与实际支付是否同步;

第四,预算成本与产值统计是否同步;

第五,实际成本与资源消耗是否同步。

②工期成本分析　工期成本分析是计划工期成本与实际工期成本的比较分析。计划工期成本是指在计划工期内所耗用的计划成本;而实际成本是在实际工期中耗用的实际成本。

工期成本分析一般采用比较法,即将计划工期成本与实际工期成本进行比较,然后应用"因素分析法"分析各种因素的变动对工期成本差异的影响程度。

(7)资金成本分析

资金与成本的关系是指工程收入与成本支出的关系。根据工程成本核算的特点,工程收入与成本支出有很强的相关性。进行资金成本分析通常使用"成本支出率"指标,即成本支出占工程款收入的比例,计算公式如下:

$$成本支出率 = \frac{计算期实际成本支出}{计算期实际工程款收入} \times 100\%$$

通过对"成本支出率"的分析,可以看出资金收入中用于成本支出的比重,进而分析资金使用的合理性。

8.6　施工进度控制

施工进度控制是项目总进度控制的一个重要环节。除施工进度控制外,矿山生态修复项目进度控制还包括"三合一"方案编制进度控制、勘查设计进度控制、设备采购进度控制、工程评估验收进度控制等。

8.6.1　施工进度控制的目的

施工进度控制的目的是通过编制施工进度计划、采取过程控制措施等以实现工程的进度目标。施工进度控制也是采用 PDCA 循环的动态过程,如图 8-11 所示。施工进度控制,既要重视编制切实可行的进度计划,也不能忽视进度计划的必要调整。为了实现进度目标,进度控制也就是随着项目的进展,不断调整进度计划的过程。

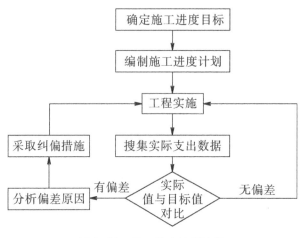

图 8-11　施工进度控制流程

如前文所述,工程的质量、成本和进度是辩证统一的关系,因此,施工进度控制不仅关系到施工进度目标能否实现,它还直接关系到工程的质量和成本。在工程实践中,必须树立和坚持一个最基本的工程管理原则,即在确保工程质量的前提下,控制工程的进度。

为了有效地控制施工进度,尽可能摆脱因进度压力而造成工程组织的被动,施工管理人员应掌握如下技能:

①施工进度目标的确定方法;

②分析影响进度目标实现的主要因素;

③正确处理工程进度和工程质量的关系;

④施工进度控制的基本理论、方法和措施等。

8.6.2　施工进度控制的任务

施工进度控制的任务是依据进度目标控制施工进度。对于发包施工的矿山生态修复项目,施工进度控制是施工方履行合同的义务。对于矿山企业组织施工的矿山生态修复项目,施工进度控制是完成企业下达给项目部的任务。

在进度计划编制方面,应视项目的特点和施工进度控制的需要,编制不同深度的控制性、指导性和实施性施工进度计划,以及不同计划周期(年度、季度、月度和旬)的施工计划等。

8.6.3 施工进度计划的编制方法

施工进度计划有横道图(甘特图)和网络计划两类表现方式。其中网络计划又包括双代号网络计划、双代号时标网络计划、单代号网络计划、单代号搭接网络计划四种。对于矿山生态修复项目,应用最广泛的是横道图。本书主要讲述横道图、双代号网络计划及双代号时标网络计划三种进度计划的编制方法。虽然工程实践中一般使用计算机辅助系统编制施工进度计划,但是编制人员必须以理论知识为基础,否则进度计划就失去了灵魂。

8.6.3.1 横道图进度计划的编制方法

横道图是一种最简单、运用最广泛的传统的进度计划方法,尽管有许多新的计划技术,横道图在工程中的应用仍非常普遍。

横道图的表头为工作及其简要说明,项目进展表示在时间表格上,如图 8-12 所示。按照所表示工作的详细程度,时间单位可以为小时、天、周、月等。这些时间单位经常用日历天表示,此时可表示工作时间也可以表示非工作时间。根据此横道图使用者的要求,工作可按照时间先后、责任、项目对象、同类资源等进行排序。

序号	工程名称	持续时间(天)	开始时间	完成时间	八月			九月			十月			十一月	
					1—10	11—20	21—31	1—10	11—20	21—30	1—10	11—20	21—31	1—10	11—20
1	废弃建筑物拆除	20	2022.08.01	2022.08.20											
2	场地平整	21	2022.08.21	2022.09.10											
3	覆土	20	2022.09.11	2022.09.30											
4	植树	31	2022.10.01	2022.10.31											
5	编制竣工报告及验收	15	2022.11.01	2022.11.15											

图 8-12 横道图示例

横道图也可将工作简要说明直接放在横道上。横道图还可将最重要的逻辑关系标注在内,但是其简洁性的优点将丧失。

横道图一般用于小型项目或大型项目的子项目上,或用于计算资源需求量和概要预示进度,也可用于表示其他计划技术的结果。

横道图计划表中的进度线(横道)与时间坐标相对应,这种表达方式较直观、易懂,适用于手工编制。但是,横道图进度计划法也存在一些问题,如:工序(工作)之间的逻辑不易表达清楚;没有通过严谨的进度计划时间参数计算,不能确定计划的关键工作、关键线路与时差;计划调整往往需要重新绘制横道图,工作量较大;难以适应大的进度计划系统等。

8.6.3.2　工程网络计划的分类

国际上,工程网络计划有许多名称,如 CPM、PERT、CPA、MPM 等。工程网络计划的类型有如下几种不同的划分方法:

(1)按工作持续时间的特点划分

工程网络计划按工作持续时间的特点划分为肯定型问题的网络计划、非肯定型问题的网络计划、随机网络计划等。

(2)按工作和事件在网络图中的表示方法划分

按工作和事件在网络图中的表示方法划分为以节点表示事件的事件网络计划、以箭线表示工作的双代号网络计划、以节点表示工作的单代号网络计划。

(3)按计划平面划分

工程网络计划按计划平面的个数划分为单平面网络计划和多平面网络计划(或称多阶网络计划,分级网络计划)。

美国较多使用双代号网络计划,欧洲各国则较多使用单代号搭接网络计划。

8.6.3.3　双代号网络计划

(1)双代号网络计划的概念

双代号网络图是以箭线及其两端节点的编号表示工作的网络图,如图8-13所示。

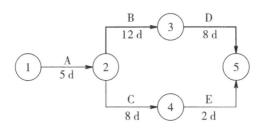

图8-13　双代号网络图示例

①箭线(工作)　工作是泛指一项需要消耗人力、物力和时间的具体活动过程,也称工序、活动、作业。双代号网络图中,每一条箭线表示一项工作。箭线的箭尾节点表示该工作的开始,箭线的箭头节点表示该工作的完成。工作名称可标注在箭线的上方,完成该项工作所需要的持续时间可标注在箭线的下方。由于一项工作需用一条箭线和其箭尾与箭头处两个圆圈中的号码来表示,故称为双代号网络计划。

在双代号网络图中,任意一条实箭线都要占用时间。在工程中,一条箭线表示项目中的一个施工过程,它可以是一道工序、一个分项工程、一个分部工程或一个单位工程,其粗细程度和工作范围的划分根据计划任务的需要确定。

在双代号网络图中,为了正确地表达图中工作之间的逻辑关系,需要使用虚箭线。

虚箭线是实际工作中并不存在的一项虚设工作,它们既不占用时间,也不消耗资源,一般起着工作之间的联系、区分和断路三个作用。联系作用是指应用虚箭线正确表达工作之间相互依存的关系;区分作用是指双代号网络图中每一项工作都必须用一条箭线和两个代号表示,若两项工作的代号相同时,应使用虚工作加以区分;断路作用是用虚箭线断掉多余联系,即在网络图中把无联系的工作连接上时,应加上虚工作将其断开。

在无时间坐标的网络图中,箭线的长度原则上可以任意画,其占用的时间以下方标注的时间参数为准。箭线可以为直线、折线或斜线,但其行进方向均应从左向右,即图中圆圈内的数字右侧比左侧大。在有时间坐标的网络图中,箭线的长度必须根据完成该工作所需持续时间的长短按比例绘制。

在双代号网络图中,通常将工作用"i-j 工作"表示。紧排在本工作之前的工作称为紧前工作。紧排在本工作之后的工作称为紧后工作。与之平行进行的工作称为平行工作。

②节点(又称结点、事件) 节点是网络图中箭线之间的连接点,它反映前后工作的交接点。网络图中有起点节点、终点节点和中间节点三个类型的节点。其中,起点节点是指网络图的第一个节点,它只有外向箭线(由节点向外指的箭线),一般表示一项任务或一个项目的开始;终点节点是指网络图的最后一个节点,它只有内向箭线(指向节点的箭线),一般表示一项任务或一个项目的完成;中间节点是指网络图中既有内向箭线,又有外向箭线的节点。

双代号网络图中,节点应用圆圈表示,并在圆圈内标注编号。一项工作应当只有唯一的一条箭线和相应的一对节点,且要求箭尾节点的编号小于其箭头节点的编号。网络图节点的编号顺序应从小到大,可不连续,但不能重复。

③线路 网络图中从起始节点开始,沿箭头方向顺序通过一系列箭线与节点,最后达到终点节点的通路称为线路。在一个网络图中可能有很多条线路,线路中各项工作持续时间之和就是该线路的长度,即线路所需要的时间。一般网络图有多条线路,可依次用该线路上的节点代号来记述,例如图 8-13 中的线路有两条:①-②-③-⑤和①-②-④-⑤。

在各条线路中,有一条或几条线路的总时间最长,称为关键线路,一般用双线或粗线标注。其他线路长度均小于关键线路,称为非关键线路。如图 8-13 中,线路①-②-③-⑤总时间为 25 天,线路①-②-④-⑤总时间为 15 天,前者为关键线路,用粗线标注,后者为非关键线路。

④逻辑关系 网络图中工作之间相互制约或相互依赖的关系称为逻辑关系,它包括工艺关系和组织关系,在网络中均应表现为工作之间的先后顺序。其中,工艺关系在生产性工作之间由工艺过程决定,在非生产性工作之间由工作程序决定;组织关系是指工作之间由于组织安排需要或资源(人力、材料、机械设备和资金等)调配需要而确定的先后顺序关系。

网络图必须正确地表达工艺流程和各项工作的先后顺序,以及它们之间相互依赖和相互制约的逻辑关系。因此,绘制网络图时必须遵循一定的基本规则和要求。

(2)双代号网络计划的绘图规则

①正确表达逻辑关系 双代号网络图中有十种常见的工作逻辑关系,其表示方法如表8-4所示。

表8-4 双代号网络图中工作逻辑关系表示方法一览表

序号	工作逻辑关系	表示方法
1	A 完成后进行 B	
2	A 完成后进行 B 和 C	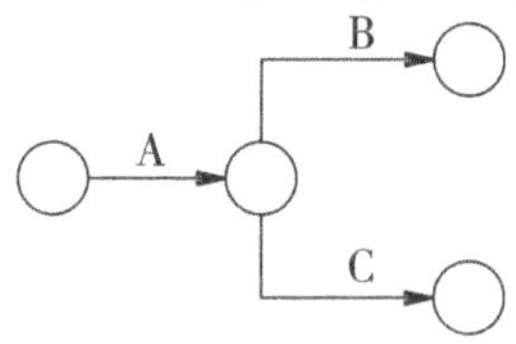
3	A 和 B 完成后进行 C	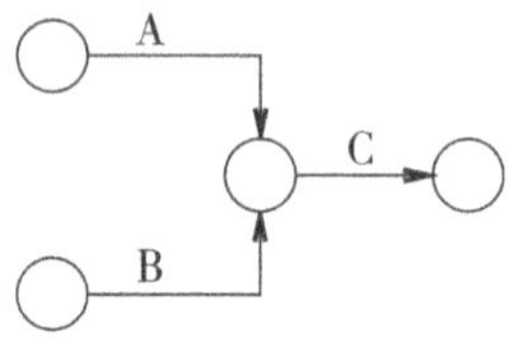
4	A 和 B 完成后进行 C 和 D	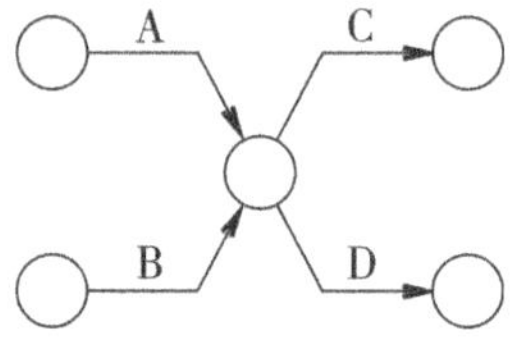
5	A 完成后进行 C A 和 B 完成后进行 D	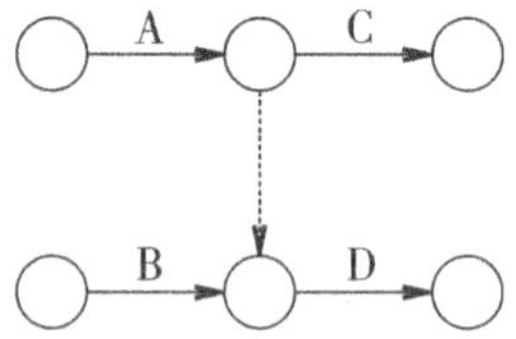
6	A、B 和 C 完成后进行 E A 和 B 完成后进行 D D 和 E 完成后进行 F	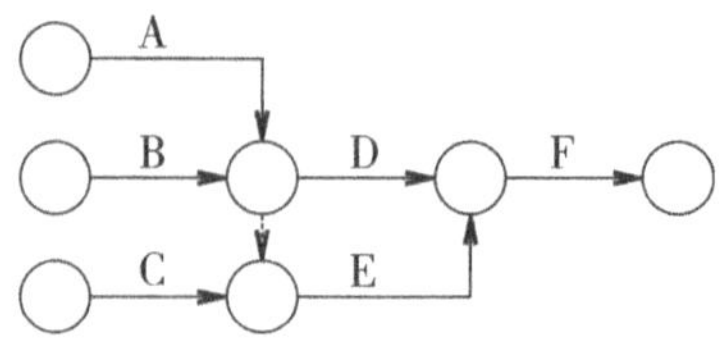
7	A 和 B 完成后进行 C B 和 D 完成后进行 E	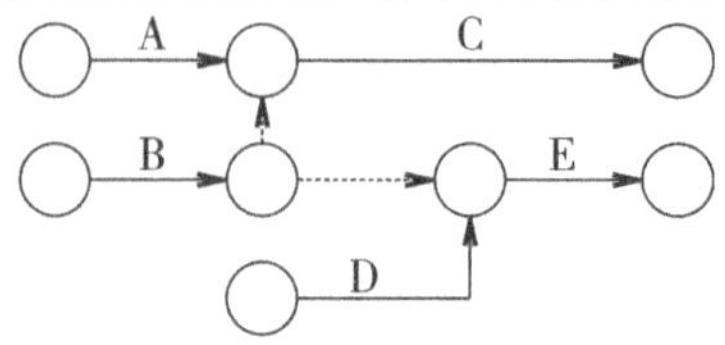

续表 8-4

序号	工作逻辑关系	表示方法
8	A、B 和 C 完成后进行 D B 和 C 完成后进行 E	
9	A 完成后进行 C B 完成后进行 E A 和 B 完成后进行 D	
10	A、B 两项工作分三个施工段进行流水施工,A1 完成后进行 A2 和 B1,A2 完成后进行 A3,A2 和 B1 完成后进行 B2,A3 和 B2 完成后进行 B3。	

②避免循环回路　双代号网络图中,不允许出现循环回路。所谓循环回路是指从网络图中的某一个节点出发,顺着箭线方向又回到了原来出发点的线路。

③正确使用箭头　双代号网络图中,在节点之间只能是单向箭线连接,不能出现带双向箭头或无箭头的连线。

④正确使用节点　双代号网络图中,箭线两端必须有节点,不能出现没有箭头节点或没有箭尾节点的箭线。

⑤正确使用母线　当双代号网络图的某些节点有多条外向箭线或多条内向箭线时,为使图形简洁,可使用母线法绘制,但应满足一项工作用一条箭线和相应的一对节点表示,如图 8-14 所示。

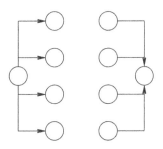

图 8-14　双代号网络图中母线的使用示例

⑥正确处理箭线交叉　双代号网络图中的箭线不宜交叉,当交叉不可避免时,可用过桥法或指向法。为使网络图简洁易懂,推荐使用过桥法,如图 8-15 所示。

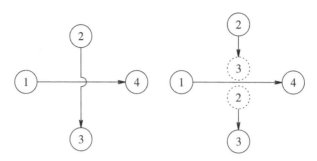

图8-15　双代号网络图中箭线交叉的处理示例

⑦起点和终点的唯一性　单一目标的双代号网络图中只应有一个起点节点和一个终点节点，而其他所有节点均应是中间节点。

⑧其他规则　双代号网络图应条理清楚，布局合理。例如，网络图中的工作箭线宜方向规整、统一使用直线、避免曲线；关键线路、关键工作尽可能安排在图面中心位置，其他工作分散在两边；避免倒回箭头等。

8.6.3.4　双代号时标网络计划

（1）双代号时标网络计划的概念

双代号时标网络计划是以时间坐标为尺度编制的双代号网络计划，如图8-16所示。时标网络计划中应以实箭线表示工作，以虚箭线表示虚工作，以波形线表示工作的自由时差。

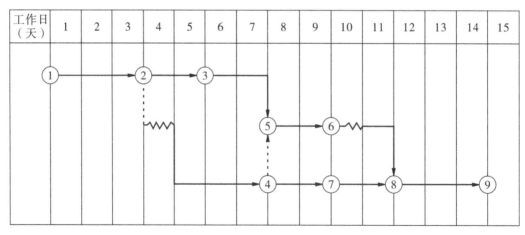

图8-16　双代号时标网络计划示例

（2）双代号时标网络计划的特点

双代号时标网络计划的主要特点如下：

①时标网络计划兼有网络计划与横道计划的优点，它能够清楚地表明计划的时间进

程,使用方便。

②时标网络计划能在图上直接显示出各项工作的开始与完成时间、工作的自由时差及关键线路。

③在时标网络计划中可以统计每一个单位时间对资源的需要量,以便进行资源优化和调整。

④由于箭线受到时间坐标的限制,在对网络计划调整时往往要重新绘图,工作量较大。但在使用计算机辅助系统绘制后,这一问题较容易解决。

(3)双代号时标网络计划的一般规定

①双代号时标网络计划必须以水平时间坐标为尺度表示工作时间。时标的时间单位应根据需要在编制网络计划之前确定,可为时、天、周、月或季。

②时标网络计划中所有符号在时间坐标上的水平投影位置,都必须与其时间参数相对应。节点中心必须对准相应的时标位置。

③时标网络计划中虚工作必须以垂直方向的虚箭线表示,有自由时差时加波形线表示。

(4)双代号时标网络计划的编制方法

时标网络计划宜按各个工作的最早开始时间编制。在编制时标网络计划之前,应先按已确定的时间单位绘制出时标计划表,作为底图。然后,按照如下两种方法绘制节点和箭线。

①间接法绘制　先绘制出时标网络计划,计算各工作的最早时间参数,再根据最早时间参数在时标计划表上确定节点位置,连线完成。某些工作箭线长度不足以到达该工作的完成节点时,用波形线补足。

②直接法绘制　根据网络计划中工作之间的逻辑关系及各工作的持续时间,直接在时标计划表上绘制。按如下四个步骤绘制:

第一,将起点节点定位在时标计划表的起始刻度线上。

第二,按工作持续时间在时标计划表上绘制起点节点的外向箭线。

第三,其他工作的开始节点必须在其所有紧前工作都绘出以后,定位在这些紧前工作最早完成时间最大值的时间刻度上。某些工作的箭线长度不足以到达该节点时,用波形线补足,箭头画在波形线与节点连接处。

第四,用上述方法从左至右依次确定其他节点位置,直至网络计划终点节点定位,完成绘图。

8.6.3.5　工程网络计划的有关时间参数

计算网络计划时间参数的目的在于确定网络计划的关键工作、关键线路和计算工期,为网络计划的优化、调整和执行提供依据。

（1）时间参数的概念及其符号

①工作持续时间（D_{i-j}） 工作持续时间是一项工作从开始到完成的时间。

②工期（T） 工期指完成任务所需要的时间，一般有计算工期、要求工期和计划工期三种。其中，计算工期是指根据网络计划时间参数计算出来的工期，用 T_c 表示；要求工期是指任务委托人所要求的工期，用 T_r 表示；计划工期是指根据要求工期和计算工期所确定的作为实施目标的工期，用 T_p 表示。当已规定了要求工期 T_r 时，按照 $T_p \leqslant T_r$ 的原则确定网络计划的计划工期；当未规定要求工期时，可按计算工期作为计划工期。

③最早开始时间（ES_{i-j}） 是指在各紧前工作全部完成后，工作 $i-j$ 有可能开始的最早时刻。

④最早完成时间（EF_{i-j}） 指在各紧前工作全部完成后，工作 $i-j$ 有可能完成的最早时刻。

⑤最迟开始时间（LS_{i-j}） 是指在不影响整个任务按期完成的前提下，工作 $i-j$ 必须开始的最迟时刻。

⑥最迟完成时间（LF_{i-j}） 是指在不影响整个任务按期完成的前提下，工作 $i-j$ 必须完成的最迟时刻。

⑦总时差（TF_{i-j}） 是指在不影响总工期的前提下，工作 $i-j$ 可以利用的机动时间。

⑧自由时差（FF_{i-j}） 是指在不影响其紧后工作最早开始的前提下，工作 $i-j$ 可以利用的机动时间。

（2）双代号网络计划时间参数计算及标注方法

时间参数有按工作计算和按节点计算两种方法。以工作计算法为例，在网络图上计算六个工作时间参数的具体计算步骤如下，并按照图 8-17 的示例标注在网络图的箭线之上。

图8-17 时间参数标注示例

①最早开始时间和最早完成时间的计算方法 工作最早时间参数受到紧前工作的约束，故其计算顺序应从起点节点开始，顺着箭线方向依次逐项计算。

以网络计划的起点节点为开始节点的工作最早开始时间为0。如网络计划起点节点的编号为1，计算公式：

$$ES_{i-j} = 0, (i = 1)$$

最早完成时间等于最早开始时间加上其持续时间，计算公式：

$$EF_{i-j} = ES_{i-j} + D_{i-j}$$

最早开始时间等于各紧前工作的最早完成时间 EF_{h-i} 的最大值，计算公式：

$$ES_{i-j} = \max \{EF_{h-i}\}$$

②确定计算工期 计算工期（T_c）等于以网络计划的终点为箭头节点的各个工作的

最早完成时间的最大值。当网络计划终点节点的编号为 n 时,计算工期:

$$T_c = \max \{ES_{i-n}\}$$

当项目无要求工期时,取计划工期等于计算工期,即 $T_p = T_c$。

③最迟开始时间和最迟完成时间的计算方法　工作最迟时间参数受到紧后工作的约束,其计算顺序应从终点节点起,逆着箭线方向依次逐项计算。

以网络计划的终点节点(终点节点编号为 n,及 $j=n$)为箭头节点的工作,其最迟完成时间等于计划工期,即

$$LF_{i-n} = T_p$$

最迟开始时间等于最迟完成时间减去其持续时间,计算公式:

$$LS_{i-j} = LF_{i-j} - D_{i-j}$$

最迟完成时间等于各紧后工作的最迟开始时间 LS_{j-k} 的最小值,计算公式:

$$LF_{i-j} = \min \{LS_{j-k}\}$$

④计算工作总时差　总时差等于其最迟开始时间减去最早开始时间,或最迟完成时间减去最早完成时间,计算公式:

$$TF_{i-j} = LS_{i-j} - ES_{i-j} \text{ 或 } TF_{i-j} = LF_{i-j} - EF_{i-j}$$

⑤计算工作自由时差　当工作 $i-j$ 有紧后工作 $j-k$ 时,其自由时差等于紧后工作的最早开始时间减去本工作的最早结束时间,计算公式:

$$FF_{i-j} = ES_{j-k} - EF_{i-j}$$

以网络计划的终点节点(终点节点编号为 n,即 $j=n$)为箭头节点的工作,其自由时差 FF_{i-n} 等于计划工期 T_p 减去本工作最早完成时间,计算公式:

$$FF_{i-n} = T_p - EF_{i-n}$$

8.6.3.6　关键工作、关键线路和时差的确定

(1)关键工作

关键工作指的是网络计划中总时差最小的工作。当计划工期等于计算工期时,总时差为零的工作就是关键工作。

当计算工期不能满足计划工期时,可设法通过压缩关键工作的持续时间,以满足计划工期要求。在选择缩短持续时间的关键工作时,宜考虑下述因素:①缩短持续时间而不影响质量和安全的工作;②有充足备用资源的工作;③缩短持续时间所需增加的费用相对较少的工作等。

(2)关键线路

在双代号网络计划中,关键线路是工作总持续时间最长的线路。该线路在网络图上应用粗线、双线或彩色线标注。

一个网络计划可能有一条或几条关键线路,在网络计划执行过程中,关键线路有可

能转移。

（3）时差

总时差指的是在不影响总工期的前提下，本工作可以利用的机动时间。

自由时差指的是在不影响其紧后工作最早开始时间的前提下，本工作可以利用的机动时间。

8.6.3.7 进度计划的检查和调整

在进度计划执行过程中，因各种因素影响，往往会造成实际进度与计划进度有偏差，如果偏差不能及时纠正，必将影响进度目标的实现。因此，在计划执行过程中采取相应措施来进行管理，对保证计划目标的顺利实现具有重要意义。进度计划管理主要包括检查实际进展情况、分析产生进度偏差的主要原因、确定相应的纠偏措施三项工作。

（1）进度计划的检查方法

①计划执行中的跟踪检查　在网络计划的执行过程中，必须建立相应的检查制度，定时定期地对计划的实际执行情况进行跟踪检查，收集反映实际进度的有关数据。

②收集数据的加工处理　对搜集的进度相关数据进行整理、统计和分析，形成与计划进度具有可比性的数据，以便在网络图上进行记录。根据记录的结果可以分析判断进度的实际状况，及时发现进度偏差，为网络图的调整提供依据。

③实际进度检查记录的方式　当采用时标网络计划时，可采用实际进度前锋线记录计划实际执行状况，进行实际进度与计划进度的比较。

实际进度前锋线是在原时标网络计划上，自上而下从计划检查时刻的时标点出发，用点画线依次将各项工作实际进度达到的前锋点连接而成的折线，如图8-18所示。通过实际进度前锋线与原进度计划中各工作箭线交点的位置可以判断实际进度与计划进度的偏差。

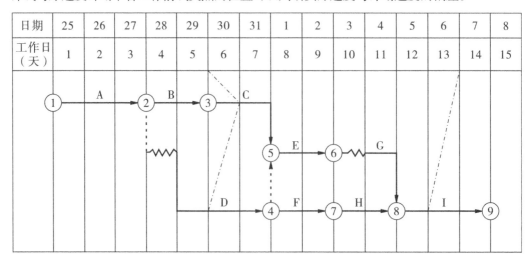

图8-18　双代号时标网络前锋线示例

图 8-18 中显示的是两条前锋线。其中,29 日末检查时,工作 C 进度提前 1 天,工作 D 进度正常;6 日末检查时,工作 I 进度滞后 1 天。

当采用无时标网络计划或横道图时,可在图上直接用文字、数字、适当符号或列表记录,进行实际进度与计划进度的比较。

（2）网络计划检查的主要内容

网络计划检查的主要内容包括:关键工作进度、非关键工作的进度及时差利用情况、实际进度对各项工作之间逻辑关系的影响、资源状况、成本状况、存在的其他问题等。

（3）对检查结果进行分析判断

通过对网络计划执行情况检查的结果进行分析判断,可为计划的调整提供依据。一般应进行如下分析判断:

①时标网络计划　宜利用绘制的实际进度前锋线,分析计划的执行情况及其发展趋势,对未来的进度作出预测、判断,找出偏离计划目标的原因及可供挖掘的潜力。

②无时标网络计划　宜采用列表形式对计划中未完成的工作进行分析判断,可参考表 8-5 的示例。

表 8-5　进度计划检查结果分析表示例

工作编号	工作名称	检查时还需工作天数	按计划最迟完成还需工作天数	总时差		自由时差		情况分析
				原有	还有	原有	还有	
1								
…								

（4）进度计划的调整

网络计划调整的内容主要包括:调整关键线路的长度、调整非关键工作时差、增减工作项目、调整逻辑关系、重新估计某些工作的持续时间、调整资源投入等。

①关键线路的调整方法　当关键线路的实际进度比计划进度拖后时,应在尚未完成的关键工作中,选择资源强度小或费用低的工作缩短其持续时间,并重新计算未完成部分的时间参数,将其作为一个新计划实施。

当关键线路的实际进度比计划进度提前时,若不拟提前工期,应选用资源占用量大或者直接费用高的后续关键工作,适当延长其持续时间,以降低其资源强度或费用;当确定要提前完成计划时,应将计划尚未完成的部分作为一个新计划,重新确定关键工作的持续时间,按新计划实施。

②非关键工作时差的调整方法　非关键工作时差的调整应在其时差的范围内进行,以便更充分地利用资源、降低成本或满足施工的需要。每一次调整后都必须重新计算时间参数,观察该调整对计划全局的影响。可采用的调整方法:将工作在其最早开始时间

与最迟完成时间范围内移动,延长工作的持续时间或缩短工作的持续时间等。

③增减工作项目的调整方法 增减工作项目时应符合以下三个原则:

第一,不打乱原网络计划总的逻辑关系,只对局部逻辑关系进行调整。

第二,在增减工作后应重新计算时间参数,分析对原网络计划的影响。

第三,当对工期有影响时,应采取调整措施,以保证计划工期不变。

④逻辑关系的调整方法 逻辑关系的调整只有当实际情况要求改变施工方法或组织方法时才可进行。调整时应避免影响原定计划工期和其他工作的顺利进行。

⑤工作持续时间的调整方法 当发现某些工作的原持续时间估计有误或实现条件不充分时,应重新估算其持续时间,并重新计算时间参数,尽量使原计划工期不受影响。

⑥投入资源的调整方法 当资源供应发生异常时,应采用资源优化方法对计划进行调整,或采取应急措施,使其对工期的影响最小。

网络计划的调整,可以定期进行,亦可根据计划检查的结果在必要时进行。

8.6.4 施工进度控制的措施

8.6.4.1 施工进度控制的组织措施

组织是目标能否实现的决定性因素,为实现项目的进度目标,应充分重视健全项目管理的组织体系。在项目组织结构中应有专门的工作部门和具有相应能力的专人负责进度控制工作。

进度控制的主要工作环节包括进度目标的分析和论证、编制进度计划、定期跟踪进度计划的执行情况、采取纠偏措施以及调整进度计划。这些工作任务和相应的管理职能应在项目管理组织设计的任务分工表和管理职能分工表中标示并落实。

8.6.4.2 施工进度控制的管理措施

施工进度控制的管理措施涉及管理思想、管理方法、承发包模式和风险管理等。在理顺组织的前提下,科学和严谨的管理显得十分重要。

(1)管理思想

矿山生态修复项目进度控制在管理理念方面存在的主要问题如下:

①进度控制工作不规范 目前,矿山生态修复项目进度控制的规范性不高,具体工作难以落实到文字上。

②缺乏进度计划系统的理念 "三合一"方案分近期和远期对矿山生态修复工程进行了规划,年度设计规划了阶段性进度计划,施工组织设计编制了施工进度计划。这些计划往往衔接不好,形不成系统。

③缺乏动态控制的理念 施工进度计划挂在墙上应付检查,施工过程中发生偏差而不采取措施是常态。

④缺乏进度计划多方案比较和优选的理念 施工进度计划是施工组织设计中的必备章节,编制人脱离工程实际、闭门造车的不少,造成施工进度计划缺乏针对性。合理的进度计划应体现资源的合理使用、工作面的合理安排,应有利于提高工程质量、文明施工和合理地缩短工期。

(2)管理方法

用工程网络计划的方法编制进度计划必须很严谨地分析和考虑工作之间的逻辑关系。通过工程网络的计算可发现关键工作和关键线路,也可知道非关键工作可使用的时差,有利于实现进度控制的科学化。

(3)承发包模式

承发包模式的选择直接关系到工程实施的组织和协调。为了实现进度目标,应选择合理的合同结构(常见的合同结构详见 6.5.4),以避免过多的合同交界面而影响工程的进展。工程物资的采购模式对进度也有直接的影响,对此应作比较分析。

(4)风险管理

为实现进度目标,不但应进行进度控制,还应注意分析影响工程进度的风险,并在分析的基础上采取风险管理措施,以减少进度失控的风险量。影响工程进度的常见风险有:组织风险、管理风险、合同风险、资源(人力、物力和财力)风险、技术风险等。

(5)运用信息技术

施工进度控制中使用计算机软件、互联网等信息技术,有利于提高进度信息处理的效率、提高进度信息的透明度、促进进度信息的交流和项目各参与方的协同工作。

8.6.4.3 项目进度控制的经济措施

施工进度控制的经济措施涉及资金需求计划、资金供应的条件和经济激励措施等。为确保进度目标的实现,应编制与进度计划相适应的资金、人力、材料设备等资源需求计划,以反映工程实施的各时段所需要的资源。通过资源需求的分析,可发现所编制的进度计划实现的可行性。若资源条件不具备,则应调整进度计划。

8.6.4.4 项目进度控制的技术措施

施工进度控制的技术措施涉及"三合一"方案和工程设计等。不同的生态修复理念、技术路线会对工程进度产生不同的影响。在"三合一"方案和设计编审时,应对设计技术与工程进度的关系作分析比较。在工程进度受阻时,应分析是否存在设计技术的影响因素,及变更的可能性。

施工方案对工程进度有直接的影响,在决策其选用时,不仅应分析技术的先进性和经济合理性,还应考虑其对进度的影响。在工程进度受阻时,应分析是否存在施工技术的影响因素,为实现进度目标有无改变施工技术、施工方法和施工机械的可能性。

8.7　工程施工质量控制

矿山生态修复工程质量控制是指为了实现工程质量满足规范标准、设计文件、"三合一"方案等要求,进而达到生态修复目的所采取的一系列措施、方法和手段。施工质量控制,有两个方面的含义:一是指项目施工单位的施工质量控制,即自控;二是指广义的施工阶段项目质量控制,即除了施工单位的施工质量控制外,还包括业主单位、设计单位、监理单位、评估单位以及政府项目监管部门,在施工阶段对项目施工质量所实施的监督管理和控制职能,即监控。

对于矿山企业自行组织施工的矿山生态修复项目,矿山企业是工程质量的自控主体。工程咨询单位作为矿山企业的助手或参谋,在工程质量控制中与矿山企业的目标保持一致,是自控主体的一部分,按照合同约定承担工程质量控制责任。

项目管理者应全面理解施工质量控制的内涵,掌握项目施工阶段质量的形成过程、控制的目标、依据与基本环节,以及施工质量计划的编制和施工生产要素、施工准备工作和施工作业过程的质量控制方法等。

8.7.1　工程质量形成过程

矿山生态修复工程施工是使工程设计或"三合一"方案规划意图得以实现,并形成工程实体的阶段,也是形成工程实体质量的系统过程。施工阶段质量控制是由投入资源和施工条件的质量控制、施工过程质量控制、工程质量检验三部分组成的系统控制过程。可以从工程实体质量形成的时间顺序和逻辑顺序两个角度认识这个系统过程。

8.7.1.1　工程实体质量形成的时间过程

(1)施工准备

施工准备是确保施工质量的先决条件,包括相应施工技术标准的准备,质量管理体系建立,施工组织设计,各类人员、机械设备、原材料的准备,设计技术交底等。

(2)施工过程

施工过程是指各生产要素的实际投入和作业技术活动的实施,包括作业技术交底、各道工序的形成,以及作业者对质量的自控和来自有关管理者的监控行为。

（3）竣工验收

竣工验收是对施工成果及各类工程资料质量的认可。

8.7.1.2 工程实体质量形成的逻辑关系

任何一个矿山生态修复工程都可划分为若干层次，从小到大依次为施工工序、检验批、分项工程、分部工程和单位工程。各层次之间具有一定的施工顺序和逻辑关系。显然，施工工序质量控制是最基本的质量控制，从小到大依次控制大一层次的质量。

8.7.2 工程质量控制系统

按工程实体形成的时间顺序和逻辑关系，工程质量控制系统如图 8-19 所示。

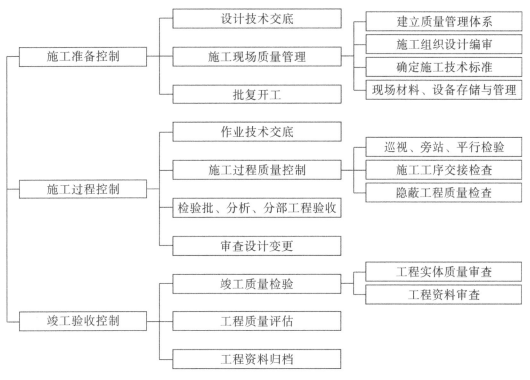

图 8-19 矿山生态修复工程质量控制系统

8.7.3 施工质量控制基本要求、依据和环节

8.7.3.1 施工质量控制基本要求

工程施工是实现项目设计意图形成工程实体的阶段，是最终形成项目质量和实现项

目使用价值的阶段。项目施工质量控制是整个工程项目质量控制的关键和重点。施工质量要达到的最基本要求是验收合格。

矿山生态修复工程施工质量验收合格应符合下列要求：

（1）符合《矿山地质环境恢复治理工程施工质量验收规范》（DB41/T 1836）及其他相关专业验收规范的规定。

（2）符合勘查设计文件的要求，没有设计的矿山生态修复工程，符合"三合一"方案的要求。

（3）符合施工合同的约定，矿山企业自行组织施工的符合任务书的要求。

为了达到上述合格要求，矿山企业、"三合一"方案编制单位、勘查设计单位、施工单位、监理单位、评估单位应切实履行法定的质量责任和义务，在整个施工阶段对影响项目质量的各项因素实行有效的控制，以保证项目实施过程的工作质量来保证工程实体的质量。

8.7.3.2 施工质量控制依据

（1）共同性依据

对一般工程而言，施工质量控制共同性依据是指适用于施工质量管理有关的、通用的、具有普遍指导意义和必须遵守的基本法规。对于矿山生态修复项目，主要包括《土地复垦条例》（国务院令第 592 号）、《矿山地质环境保护规定》（国土资源部令第 44 号）以及与之相关的地方性法规等。目前，矿山生态修复行业尚未出台类似《建设工程质量管理条例》具有针对性的质量管理法规。

（2）专业技术性依据

专业技术性依据是指针对不同的行业、不同质量控制对象制定的专业技术规范文件。包括规范、规程、标准、规定等。目前，与矿山生态修复项目直接相关的有《矿山地质环境恢复治理工程施工质量验收规范》（DB41/T 1836）和《土地整治工程质量检验与评定规程》（TDT 1041）。项目管理人员还应该认识到矿山生态修复工程是一项综合性工程，可能会涉及多个行业的工程技术，这些工程应符合所属行业的技术标准。例如，工业场地的废弃建筑物拆除工程应符合《建筑垃圾处理技术规范》（CJJ 134）的规定等。

除此之外，新工艺、新技术、新材料、新设备的质量规定和鉴定意见等也是专业技术性依据。

（3）项目专用性依据

指本项目的合同、"三合一"方案、勘查设计文件、设计交底及图纸会审记录、设计变更，以及相关会议记录和工程联系单等。

8.7.3.3 施工质量控制环节

施工质量控制应贯彻全面、全员、全过程质量管理的思想，运用动态控制原理，进行质量的事前控制、事中控制和事后控制。

（1）事前质量控制

事前质量控制即在正式施工前进行的主动质量控制。主要通过编制施工质量计划、明确质量目标、制定施工方案、设置质量控制点、落实质量责任、分析可能导致质量目标偏离的各种影响因素、针对这些影响因素制定有效的预防措施，以达到防患于未然的目的。

事前质量预控必须充分发挥组织、技术和管理方面的整体优势，把长期形成的先进技术、管理方法和经验智慧，创造性地应用于工程项目。

事前质量预控要求针对质量控制对象的控制目标、活动条件、影响因素进行周密分析，找出薄弱环节，制定有效的控制措施和对策。

（2）事中质量控制

事中质量控制是指在施工质量形成过程中，对影响施工质量的各种因素进行全面的动态控制。事中质量控制也称作业活动过程质量控制，包括质量活动主体的控制（自我控制）和他人监控。自我控制是第一位的，即作业者在作业过程对自己质量活动行为的约束和技术能力的发挥，以完成符合预定质量目标的作业任务；他人监控是对作业者的质量活动过程和结果，由来自企业内部管理者和企业外部有关方面进行监督检查，如工程监理机构、项目监管部门等的监控。

施工质量的自控和监控是相辅相成的系统过程。自控主体的质量意识和能力是关键，是施工质量的决定因素；各监控主体所进行的施工质量监控是对自控行为的推动和约束。因此，自控主体必须正确处理自控和监控的关系，在致力于施工质量自控的同时，还必须接受来自监理等方面对其质量行为和结果所进行的监督管理，包括质量检查、评价和验收。自控主体不能因为监控主体的存在和监控职能的实施而减轻或免除其质量责任。

事中质量控制的目标是确保工序质量合格，杜绝质量事故发生；控制的关键是坚持质量标准；控制的重点是工序质量、工作质量和质量控制点的控制。

（3）事后质量控制

事后质量控制也称为事后质量把关，以使不合格的工序或最终产品不流入下道工序、不投入使用。事后控制包括对质量活动结果的评价、认定；对工序质量偏差的纠正；对不合格产品进行整改和处理。控制的重点是发现施工质量方面的缺陷，并通过分析提出施工质量改进的措施，保持质量处于受控状态。

以上三大环节不是互相孤立和截然分开的，它们共同构成有机的系统过程，实质上也就是质量管理 PDCA 循环的具体化，在每一次滚动循环中不断提高，达到质量管理和质量控制的持续改进。

8.7.4 施工质量计划

质量计划是质量管理体系文件的组成部分。在合同环境下,质量计划是企业向顾客表明质量管理方针、目标及其具体实现的方法、手段和措施的文件,体现企业对质量责任的承诺和实施的具体步骤。

8.7.4.1 施工质量计划的形式

在企业的质量管理体系中,以施工项目为对象的质量计划称为施工质量计划。

目前,我国除了已经建立质量管理体系的施工企业直接采用施工质量计划的形式外,通常还采用在施工组织设计或施工项目管理实施规划中包含质量计划内容的形式,因此,现行的施工质量计划有三种形式,分别是施工质量计划、施工组织设计(含施工质量计划)、施工管理实施规划(含施工质量计划)。

施工组织设计或管理实施规划之所以能发挥施工质量计划的作用,这是因为每个工程项目都需要进行施工生产过程的组织与计划,包括施工质量、进度、成本、安全等目标的设定,实现目标的计划和控制措施的安排等。因此,施工质量计划所要求的内容,理所当然地被包含于施工组织设计或项目管理实施规划中,而且能够充分体现施工项目管理目标(质量、工期、成本、安全)的关联性、制约性和整体性,这也和全面质量管理的思想方法相一致。

对于矿山生态修复项目,采用施工组织设计包含施工质量计划的形式最为普遍。

8.7.4.2 施工质量计划的基本内容

施工质量计划的基本内容一般应包括:
(1)工程特点及施工条件分析;
(2)质量总目标及其分解目标;
(3)质量管理组织机构和职责,人员及资源配置计划;
(4)确定施工工艺与操作方法的技术方案和施工组织方案;
(5)施工材料、设备等物资的质量管理及控制措施;
(6)施工质量检验、检测、试验工作的计划安排及其实施方法与检测标准;
(7)施工质量控制点及其跟踪控制的方式与要求;
(8)质量记录的要求等。

8.7.4.3 施工质量控制点的设置与管理

施工质量控制点就是施工质量控制的重点对象,设置施工质量控制点是施工质量计划的重要内容。

（1）质量控制点的设置

质量控制点应选择那些技术要求高、施工难度大、对工程质量影响大或是发生质量问题时危害大的对象进行设置。一般选择下列部位或环节作为质量控制点：

①对工程质量形成过程产生直接影响的关键部位、工序、环节及隐蔽工程；

②施工过程中的薄弱环节，或者质量不稳定的工序、部位或对象；

③对下道工序有较大影响的工序；

④采用新技术、新工艺、新材料的部位或环节；

⑤施工质量无把握的、施工条件困难的或技术难度大的工序或环节；

⑥以往工程或类似工程有过返工的不良工序。

矿山生态修复项目常见工程类型的质量控制点设置可参考表 8-6。

表 8-6　矿山生态修复项目工程质量控制点

工程名称		质量控制点
危岩体清除		山体坡面不得有松动破碎的岩体
削坡		边坡坡度、稳定性、阶梯型边坡的平台宽度和标高
挡土墙 肋槛 刺槛	基槽	土质、地基承载力、位置、标高、尺寸、平整度
	基础	砂石、水泥质量，石料、砂浆、混凝土强度，砂浆、混凝土的配合比，钢筋的品种、规格、数量、强度，受力钢筋的连接方式及锚固长度、搭接长度，基础尺寸，表面平整度
	墙体	除上文基础质量控制点外，还包括砂浆饱满度，外观质量，轴线位置，顶面标高，断面尺寸，组砌形式，变形缝和泄水孔位置、尺寸、间距，抹面厚度
	基槽回填 墙后回填	回填材料种类、压实度、标高、分层回填厚度、墙后排水作法
抗滑桩	桩孔	桩孔位置、桩孔尺寸、孔底标高、桩孔垂直度、孔底覆土厚度、桩孔护壁厚度
	桩体	砂石料、水泥质量，混凝土强度、配合比，钢筋的品种、规格、数量、强度，受力钢筋的连接方式及锚固长度、搭接长度，断面尺寸，桩顶标高，钢筋笼绑扎、安装深度，注浆压力、注浆量
锚杆（索）	钻孔	位置、孔径、孔深、孔斜、倾角、水平角、孔距
	杆体	长度、锚固段长度、抗拔承载力、锚具性能和材质、钢绞线强度和配置、锚固角度
	灌浆与封锚	砂石、水泥质量，浆液强度、配合比、锁定值、饱满度，锚具的封闭保护措施、位置、长度、外露长度、注浆量、注浆压力

续表 8-6

工程名称		质量控制点
道路	路基	土方路基压实度,石方路基稳定性、路床平整度、坚实度,路堤边坡密实度、稳定性、平顺度,高程、中线位置、平整度、宽度、横坡坡度、边坡坡率
	路肩	平顺度、压实度、宽度、横坡
	路面	材料质量、配合比、压实度、中线位置、中线高程、宽度、结构层厚度、平整度、横坡坡度
喷射混凝土(砂浆)护坡		砂石、水泥质量,浆液配合比,厚度,外观质量
格构护坡		除上文基础质量控制点外,还包括坡面稳定性,砌筑体轴线位置、断面尺寸、表面平整度
防护网		除锚固安装的控制点同上文锚杆(索)外,还包括防护网的品种、规格、强度、质量,平整度,连接、搭接方式
生态袋护坡		生态袋材质和规格,填充物种类和质量,堆砌坡度,外观质量,基层坡面平整度、稳定性,搭接方式和尺寸,预留排水孔的数量、尺寸、间距
排(截)水渠		除基槽、基础、砌筑、抹面、回填控制点同上文挡土墙外,还包括渠道横断面、长度、轴线位置、断面尺寸、平整度、中线两侧宽度,渠底纵坡,变形缝尺寸、间距,防渗层厚度、断面尺寸,预制构件壁厚,外观质量、安装质量
蓄(集)水池		除基槽、基础和砌筑控制要点同上文挡土墙外,还包括池体平面位置、水池深度、平面位置
拦挡坝		除上文挡土墙的控制点外,还包括坝体垂直度、溢流口的位置和尺寸
地裂缝填充 废弃矿井填充		填充材料种类、质量、级配(配合比),散体物料回填的压实度、填充量、填充后表层处理
废弃建筑物拆除与清运		清运地点、清运彻底
地形整平		场地坡向、坡度、平整度
土壤重构		土源 pH 值、全盐含量、容重,覆土厚度
植被重建	植树	苗木种类、规格,树穴尺寸、株行距,栽植牢固程度,围堰及支撑作法,成活率
	种草	草种类别、草地病虫害面积、覆盖率
监测点建设		监测桩、监测仪器,监测点的位置,监测点的数量

（2）重点控制对象

在设置质量控制点的基础上，对其质量影响较大的要素应进行重点控制，质量控制点的重点控制对象主要包括以下几个方面：

①人的行为。某些操作或工序，应以人作为重点控制对象。如高空危岩体清除、爆破等操作要求高或难度大的工序，都应从人的生理、心理、技术能力等方面进行控制。

②材料的质量与性能。这是直接影响工程质量的重要因素，在某些工程中应作为控制的重点。如水泥的质量是直接影响混凝土工程质量的关键因素，施工中就应对进场的水泥质量进行重点控制，必须检查核对其出厂合格证，并按要求进行强度和安定性的复验等。再比如树苗和草籽，应选择长势好的苗圃作为树源，草籽先做发芽率试验，达到要求的才可投入项目使用。

③施工方法与关键操作。某些直接影响工程质量的关键操作应作为控制的重点。如锚杆应力钢筋的张拉力控制等。

④施工技术参数。如混凝土的外加剂掺量、水灰比，砌体的砂浆配合比，砂浆饱满度等。

⑤技术间歇。有些工序之间必须留有必要的技术间歇时间。如：砌筑与抹灰之间，应在墙体砌筑后留 6～10 天时间，让墙体充分沉降、稳定、干燥，然后再抹灰；混凝土浇筑与模板拆除之间，应保证混凝土有一定的硬化时间，达到规定拆模强度后方可拆除等。

⑥施工顺序。某些工序之间必须严格控制先后的施工顺序。比如坡面生态修复项目中的覆土和排水渠，一般应先覆土后修建排水渠。如果反过来，修好的排水渠就会被覆土埋掉。

⑦易发生或常见的质量通病。如：混凝土工程的蜂窝、麻面、空洞，排水渠渗漏，树苗死亡，都与工序操作有关，均应事先研究对策，提出预防措施。

⑧新技术、新材料及新工艺的应用。由于缺乏经验，施工时应将其作为重点进行控制。比如：喷播，不同地区因气候、基层材质、坡度等不同，浆液的配比差别较大，除进行重点控制外，还应先做试验地块儿。

⑨产品质量不稳定和不合格率较高的工序。这些应作为重点，认真分析，严格控制。

⑩崩塌、滑坡等突变型地质灾害的治理工程。其施工过程风险大，均应予以特别的重视。

（3）质量控制点的管理

设定了质量控制点，质量控制的目标及工作重点就更加明晰。

首先，要做好施工质量控制点的事前质量预控工作，包括：明确质量控制的目标与控制参数；编制作业指导书和质量控制措施；确定质量检查检验方式及抽样的数量与方法；明确检查结果的判断标准及质量记录与信息反馈要求等。

然后，要向施工作业班组进行认真交底，使每一个控制点上的作业人员明白施工作业规程及质量检验评定标准,掌握施工操作要领;在施工过程中,相关技术管理和质量控制人员要在现场进行重点指导和检查验收。

施工过程中,要做好施工质量控制点的动态设置和动态跟踪管理。所谓动态设置,是指在工程开工前、设计交底和图纸会审时,可确定项目的一批质量控制点,随着工程的展开、施工条件的变化,随时或定期进行控制点的调整和更新。动态跟踪是应用动态控制原理,落实专人负责跟踪和记录控制点质量控制的状态和效果,并及时向项目管理组织的高层管理者反馈质量控制信息,保持施工质量控制点的受控状态。

有监理的矿山生态修复项目中,施工单位应积极主动地支持、配合监理工程师的工作。应根据现场工程监理机构的要求,对施工作业质量控制点,按照不同的性质和管理要求,细分为"见证点"和"待检点"进行施工质量的监督和检查。凡属"见证点"的施工作业,如重要部位、特种作业、专门工艺等,施工方必须在该项作业开始前,通知现场监理机构到位旁站,见证施工作业过程。凡属"待检点"的施工作业,如隐蔽工程等,施工方必须在完成施工质量自检的基础上,提前通知项目监理机构进行检查验收,然后才能进行工程隐蔽或下道工序的施工。未经过项目监理机构检查验收合格,不得进行工程隐蔽或下道工序的施工。

8.7.5　施工生产要素的质量控制

施工生产要素是施工质量形成的物质基础,其质量的含义包括:作为劳动主体的施工人员,即直接参与施工的管理者、作业者的素质及其组织效果;作为劳动对象的材料、半成品、工程用品、设备等的质量;作为劳动方法的施工工艺及技术措施的水平;作为劳动手段的施工机械、设备、工具、模具等的技术性能;以及施工环境现场水文、地质、气象等自然环境,通风、照明、安全等作业环境以及协调配合的管理环境。

8.7.5.1　施工人员的质量控制

施工人员的质量包括参与工程施工各类人员的施工技能、文化素养、生理体能、心理行为等方面的个体素质,以及经过合理组织和激励发挥个体潜能综合形成的群体素质。因此,应通过择优录用、加强思想教育及技能方面的教育培训,合理组织、严格考核,并辅以必要的激励机制,使企业员工的潜在能力得到充分的发挥和最好的组合,使施工人员在质量控制系统中发挥主体自控作用。

施工单位必须坚持证上岗制度;对所选派的施工项目领导者、组织者进行教育和培训,使其质量意识和组织管理能力能满足施工质量控制的要求;对施工队伍进行全员培训,加强质量意识的教育和技术训练,提高每个作业者的质量活动能力和自控能力。

8.7.5.2 材料设备的质量控制

原材料、半成品及工程设备是工程实体的构成部分,其质量是项目工程实体质量的基础。加强原材料、半成品及工程设备的质量控制,不仅是提高工程质量的必要条件,也是实现工程项目投资目标和进度目标的前提。

对原材料、半成品及工程设备进行质量控制的主要内容有:控制材料设备的性能、标准、技术参数与设计文件的相符性;控制材料、设备各项技术性能指标、检验测试指标与标准规范要求的相符性;控制材料、设备进场验收程序的正确性及质量文件资料的完备性;优先采用节能低碳的设备,禁止使用国家明令禁用或淘汰的设备等。

施工单位应在施工过程中贯彻执行质量程序文件中关于材料和设备封样、采购、进场检验、抽样检测及质保资料提交等一系列控制标准。

8.7.5.3 工艺方案的质量控制

施工工艺的先进合理是直接影响工程质量、工程进度及工程造价的关键因素,施工工艺的合理可靠也直接影响到工程施工安全。因此,制定和采用技术先进、经济合理、安全可靠的施工技术工艺,是工程质量控制的重要环节。对施工工艺方案的质量控制主要包括以下内容:

(1)深入地分析工程特征、关键技术及环境条件等资料,明确质量目标、验收标准、控制的重点和难点。

(2)制定合理有效的有针对性的施工技术方案和组织方案。前者包括施工工艺、施工方法,后者包括施工区段划分、施工流向及劳动组织等。

(3)合理选用施工机械设备和设置临时设施,合理布置施工总平面图。

(4)编制工程所采用的新材料、新技术、新工艺的专项技术方案和质量管理方案。

(5)针对工程具体情况,分析气象、地质等环境因素对施工的影响,制定应对措施。这一点在崩塌、滑坡、泥石流等地质灾害治理工程中尤为重要。

8.7.5.4 施工机械的质量控制

矿山生态修复项目经常使用的施工机械包括挖掘机、推土机、装载机、运输车、测量仪器、量具以及专用工具和施工安全设施等。施工机械设备是所有施工方案和工法得以实施的重要物质基础,合理选择和正确使用施工机械设备是保证施工质量的重要措施,注意事项如下:

(1)对施工所用的机械设备,应根据工程需要从设备选型、主要性能参数及使用操作要求等方面加以控制,符合安全、适用、经济、可靠和节能、环保等方面的要求。

(2)对专用施工设备,如捡石头机、挖树穴机、水渠成型机等,除可按适用的标准定型选用之外,一般需按设计及施工要求进行专项设计和加工,对其设计方案及制作质量的控制及验收应作为重点进行控制。

(3)工程所用的施工机械不仅要对其设计安装方案进行审批,而且安装完毕交付使用前必须经专业管理部门的验收,合格后方可使用。同时,在使用过程中尚需落实相应的管理制度,以确保其安全正常使用。

8.7.5.5 施工环境因素的控制

环境的因素主要包括施工现场自然环境因素、施工质量管理环境因素和施工作业环境因素。环境因素对工程质量的影响具有复杂多变和不确定性的特点,具有明显的风险特性。要减少其对施工质量的不利影响,主要是采取预测预防的风险控制方法。

(1)对施工现场自然环境因素的控制

对水文地质、工程地质等方面的影响因素,应分析勘查资料,预测不利因素,并会同设计等方面制定相应的措施,采取如预留沉降缝、加固基础等技术控制方案。

【案例】灵宝市资源枯竭型城市矿山地质环境治理重点工程位于小秦岭山区,地形陡峻、沟谷切割较深,汛期河水暴涨、流量激增。洪水对工程基础冲蚀破坏性强,最严重的可把浆砌石挡土墙根部掏空。本项目分三期实施,在总结往期经验教训的基础上,结合项目区水文地质条件,优化挡土墙结构,地基以上 2 m 为混凝土,上部保留浆砌石,如照片 8-6 所示。该方案既保证了工程安全,与全部混凝土结构相比又节省了施工成本。

照片 8-6 "混凝土+浆砌石双拼"挡土墙结构

对天气气象方面的影响因素,应在施工方案中制定专项紧急预案,明确在不利条件下的施工措施,落实人员、器材等方面的准备,加强施工过程中的监控与预警。

（2）对施工质量管理环境因素的控制

施工质量管理环境因素主要指质量保证体系、质量管理制度和各参建单位之间的协调等因素。要根据工程合同结构，理顺管理关系，建立统一的现场施工组织系统和质量管理的综合运行机制，确保质量保证体系处于良好的状态，创造良好的质量管理环境和氛围，使施工顺利进行，保证施工质量。

（3）对施工作业环境因素的控制

施工作业环境因素主要是指施工现场的给水排水条件，各种能源供应，夜间施工照明、安全防护设施，施工场地空间条件和通道，以及交通运输和道路条件等因素。要认真实施经过审批的施工组织设计和施工方案，落实保证措施，严格执行相关管理制度和施工纪律，保证上述环境条件良好，使施工顺利进行以及施工质量得到保证。

8.7.6　施工准备的质量控制

8.7.6.1　施工技术准备工作的质量控制

施工技术准备是指在正式开展施工作业前进行的技术准备工作。这类工作内容繁多，主要在室内进行，例如：熟悉设计文件，组织设计交底和图纸会审；进行工程项目检查验收的项目划分（编制分部分项工程划分表）；审核相关质量文件，细化施工技术方案和施工人员、机具的配置方案，编制施工作业技术指导书，进行必要的技术交底和技术培训。

技术准备工作的质量控制，包括对上述技术准备工作成果的复核审查，检查这些成果是否符合设计和施工技术标准的要求；依据经过审批的质量计划审查、完善施工质量控制措施；针对质量控制点，明确质量控制的重点对象和控制方法；尽可能地提高上述工作成果对施工质量的保证程度等。

8.7.6.2　现场施工准备工作的质量控制

（1）计量控制

这是施工质量控制的一项重要基础工作。施工过程中的计量，包括施工生产时的材料计量、施工测量、监测计量以及对项目、产品或过程的测试、检验、分析计量等。开工前要建立和完善施工现场计量管理的规章制度；明确计量控制责任人和配置必要的计量人员；严格按规定对计量器具进行维修和校验；统一计量单位，组织量值传递，保证量值统一，从而保证施工过程中计量的准确。

（2）测量控制

工程测量放线是工程产品由设计转化为实物的第一步。施工测量质量的好坏，直接决定工程的定位和标高是否正确,并且制约施工过程有关工序的质量。因此,开工前应编制测量控制方案,经项目技术负责人批准后实施。要对原始坐标点、基准线和水准点等测量控制点进行复核,建立施工测量控制网,进行工程定位和标高基准的控制。

(3)施工平面图控制

要严格按照施工平面布置图,科学合理地使用施工场地,正确安装施工机械设备,维护现场施工道路畅通,合理控制材料的进场与堆放,保持良好的防洪排水能力。

8.7.6.3 工程质量检查验收的项目划分

矿山生态修复项目从施工准备到竣工验收,要经过若干工序、工种的配合施工。施工质量的优劣,取决于各个施工工序、工种的管理水平和操作质量。因此,为了便于控制、检查、评定和监督每个工序和工种的工作质量,就要把整个项目逐级划分为若干个子项目,并分级进行编号,在施工过程中据此来进行质量控制和评估验收。这是进行施工质量控制的一项重要准备工作,应在项目施工开始之前进行。项目划分越合理、明细,越有利于分清质量责任,便于施工人员进行质量自控和检查监督人员检查验收,也有利于质量记录等资料的填写、整理和归档。

根据《矿山地质环境恢复治理工程施工质量验收规范》(DB41/T 1836)的规定,工程质量验收应逐级划分为单位(子单位)工程、分部(子分部)工程、分项工程和检验批。

(1)单位工程划分原则

①具备独立施工条件并能形成独立使用功能的单体工程为一个单位工程;

②对规模较大的单位工程,可将其形成独立功能的部分作为一个子单位工程。

(2)分部工程划分原则

①可按专业性质、工程部位确定;

②当分部工程较大或较复杂时,可按材料种类、施工特点、施工程序、专业系统及类别等划分为若干子分部工程。

(3)分项工程划分原则

分项工程可按主要工种、材料、施工工艺、设备类别等进行划分。

(4)检验批

分项工程可由一个或若干个检验批组成,检验批可根据施工、质量控制和专业验收需要进行划分。

8.7.7 施工过程的质量控制

施工过程的质量控制,是在工程质量实际形成过程中的事中控制。

矿山生态修复项目施工是由一系列相互关联、相互制约的作业过程(工序)构成,因此施工质量控制必须对全部作业过程,即对各道工序的作业质量持续进行控制。首先,是质量生产者即施工作业者的自控,在施工生产要素合格的条件下,作业者的能力及其发挥的状况是决定作业质量的关键。其次,是来自作业者外部的各种质量检查、评估、验收和对质量行为的监督。

8.7.7.1 工序施工质量控制

工序是人、材料、机械设备、施工方法和环境因素对工程质量综合起作用的过程,因此,对施工过程的质量控制,必须以工序作业质量控制为基础和核心。工序的质量控制是施工阶段质量控制的重点。只有严格控制工序质量,才能确保施工项目的实体质量。工序施工质量控制主要包括工序施工条件质量控制和工序施工效果质量控制。

(1)工序施工条件控制

工序施工条件是指从事工序活动的各生产要素质量及生产环境条件。工序施工条件控制就是控制工序活动的各种投入要素质量和环境条件质量。控制的手段主要有检查、测试、试验、跟踪监督等。控制的依据主要是:设计质量标准、材料质量标准、机械设备技术性能标准、施工工艺标准以及操作规程等。

(2)工序施工效果控制

工序施工效果主要反映工序产品的质量特征和特性指标。对工序施工效果的控制就是控制工序产品的质量特征和特性指标能否达到设计质量标准以及施工质量验收标准的要求。工序施工效果控制属于事后质量控制,其控制的主要途径是:实测获取数据、统计分析所获取的数据、判断认定质量等级和纠正质量偏差。

8.7.7.2 施工作业质量的自控

(1)施工作业质量自控的意义

施工作业质量的自控,从经营的层面上说,强调的是作为经营者的施工单位,应全面履行企业的质量责任,向业主提供质量合格的工程产品;从生产的过程来说,强调的是施工作业者的岗位质量责任,向后道工序提供合格的作业成果(中间产品)。

施工单位作为工程施工质量的自控主体,既要遵循本企业质量管理体系的要求,也要根据其在所承担施工项目的质量控制系统中的地位和责任,通过具体项目质量计划的编制与实施,有效地实现施工质量的自控目标。

尤其是对于矿山企业组织施工的矿山生态修复项目,施工过程一般没有监理,质量自控将显得更有意义。完善的自控体系及详尽的工程质量记录,将为工程后评估起到铺垫作用。

(2)施工作业质量自控的程序

施工作业质量的自控过程是由施工作业组织的成员进行的,其基本的控制程序包括:作业技术的交底、作业活动的实施和作业质量的检查等。

①施工作业技术的交底　技术交底是施工组织设计和施工方案的具体化,施工作业技术交底的内容必须具有可行性和可操作性。

从项目的施工组织设计到分部分项工程的作业计划,在实施之前都必须逐级进行交底,其目的是使管理者的计划和决策意图为实施人员所理解。施工作业交底是基层的技术和管理交底活动。施工作业交底的内容包括作业范围、施工依据、作业程序、技术标准和要领、质量目标以及其他与安全、进度、成本、环境等目标管理有关的要求和注意事项。

②施工作业活动的实施　为了保证工序质量受控,首先要对作业条件进行再确认,即按照作业计划检查作业准备状态是否落实到位,包括对施工程序和作业工艺顺序的检查确认。在此基础上,严格按作业计划的程序、步骤和质量要求展开工序作业活动。

③施工作业质量的检验　施工作业的质量检查,是贯穿整个施工过程的基本质量控制活动。包括施工单位内部的工序作业质量自检、互检、专检和交接检查;以及现场监理机构的旁站检查、平行检验等。施工作业质量检查是施工质量验收的基础,已完检验批及分部分项工程的施工质量,必须在施工单位完成质量自检并确认合格之后,才能报请现场监理机构进行检查验收。

前道工序作业质量经验收合格后,才可进入下道工序施工,未经验收合格的工序,不得进入下道工序施工,

(3)施工作业质量自控的要求

加强工序管理和质量目标控制应坚持以下要求:

①预防为主　严格按照施工质量计划的要求,进行作业部署。同时,根据施工作业的内容、范围和特点。制定施工作业计划,明确作业质量目标和作业技术要领,认真进行作业技术交底,落实各项作业技术组织措施。

②重点控制　在施工作业计划中,一方面要认真贯彻施工质量计划中的控制措施,同时,要根据作业活动的实际需要,进一步建立工序作业控制,深化工序作业的重点控制。

③坚持标准　工序作业人员在工序作业过程应严格进行质量自检,通过自检不断改善作业,并创造条件开展作业质量互检,通过互检加强技术与经验的交流。对已完工序作业产品,即检验批或分部分项工程,应严格坚持质量标准。对不合格的施工作业质量,不得进行验收签证,必须按照规定的程序进行处理。

④记录完整　设计书、施工组织设计、技术交底、材料质保书、试验及检测报告、质量验收记录等,是形成可追溯性的质量保证依据,也是工程竣工验收所不可缺少的质量控制资料。因此,对工序质量,应有计划、有步骤、规范地进行填写记录,做到及时、准确、完整、有效,并具有可追溯性。

（4）施工作业质量自控的制度

施工作业质量自控制度有质量自检制度、质量例会制度、质量会诊制度、质量样板制度、质量挂牌制度、质量讲评制度等。

8.7.7.3　施工作业质量的监控

（1）施工作业质量的监控主体

一般情况下，项目的监控主体包括业主单位、监理单位、设计单位及政府相关职能部门。对于矿山企业组织施工的矿山生态修复项目，一般不设置监理，矿山企业既是业主单位也是施工单位，是施工作业质量的自控主体。因此，此类项目的监控主体包括设计单位、评估单位及政府项目监管部门。

设计单位应当就通过评审的设计文件向施工单位进行详细说明；发生工程质量事故时，应参与事故分析，并对因设计造成的质量事故，提出相应的技术处理方案。

施行监理制的矿山生态修复项目，监理机构应在施工作业实施过程中，根据其监理规划与实施细则，采取现场旁站、巡视、平行检验等形式，对施工作业质量进行监督检查，如发现工程施工不符合工程设计要求、施工技术标准和合同约定的，有权要求施工单位改正。

工程评估单位应在矿山生态修复工程施工完成后，依据"三合一"方案、设计文件及动态监测记录对工程质量和生态修复效果进行如实评估，对评估结果的真实性负责，接受自然资源主管部门的监督。

施工质量的自控主体和监控主体，在施工全过程相互依存、各尽其责，共同推动施工质量控制工作开展和实现工程质量总目标。

（2）现场质量检查的内容

现场质量检查是施工作业质量监控的主要手段，主要检查内容如下：

①开工前主要检查是否具备开工条件，是否能够保持连续正常施工，能否保证工程质量。

②工序交接检查，对于重要的工序或对工程质量有重大影响的工序，应严格执行"三检"制度（自检、互检、专检），未经监理工程师检查认可，不得进行下工序。

③对于隐蔽工程，必须经检验合格后才可进行隐蔽掩盖。

④对于因客观因素停工或处理质量事故等停工复工的，经检查认可后才能复工。

⑤对于需要保护的施工产品，检查有无保护措施以及保护措施是否有效可靠。

（3）现场质量检查方法

①目测法　目测法是指凭借感官进行检查，也称观感质量检验，其手段可概括为"看、摸、敲、照"四个。其中，"看"就是根据质量标准要求进行外观检查。例如，砌筑、抹面、混凝土外观是否符合要求，树苗是否成活等。"摸"就是通过触摸手感（包括通过设备

接触)进行检查、鉴别。例如,砂浆抹面是否掉粉,树苗栽植是否牢固,通过挖掘机铲尖触碰判断危岩体。"敲"就是运用敲击工具进行音感检查。例如,砂浆抹面的空鼓。"照"就是通过人工光源或反射光照射,检查难以看到或光线较暗的部位。例如,水井、桩孔、废弃硐口等。

②实测法 实测法是指通过实测数据与设计值、验收标准值的进行对照,以此判断质量是否符合要求,其手段可概括为"靠、量、吊、套"四个。其中,"靠"就是用靠尺、塞尺检查诸如挡土墙、坝体、路面等的平整度。"量"就是指用测量工具和计量仪表等检查断面尺寸、位置、标高、面积等。"吊"就是利用拖线板以及线坠吊线检查垂直度,例如,挡土墙、拦挡坝等。"套"是指以方尺套方,矿山生态修复项目用得较少,使用较多的是用百格网测算砂浆饱满度。

③试验法 试验法是指通过试验手段对质量进行判断的检查方法,主要包括理化试验和无损检测两类。

理化试验包括物理力学性能的检验和化学成分及化学性能的测定两个方面。物理力学性能的检验包括抗拉强度、抗压强度、抗弯强度、抗折强度、硬度、承载力等力学指标的测定,以及密度、凝结时间、安定性等物理性能的测定。化学成分及化学性质的制定,如土壤的有机质含量、砾石含量、pH 值等。此外,还包括回填压实度、地基承载力等现场原位试验。

无损检测是利用专门的仪器仪表从表面探测结构物、材料、设备的内部组织结构或损伤情况,无损检测方法有超声波探伤、X 射线探伤、Y 射线探伤等。矿山生态修复项目使用无损检测较少,使用较多的是用回弹仪测试砌筑用石、混凝土、砂浆的强度。

8.7.8　施工质量不合格处理与改进方法

8.7.8.1　施工质量不合格处理

依据《矿山地质环境恢复治理工程施工质量验收规范》(DB41/T 1836)的规定,施工质量验收不符合要求时,应按下列方法进行处理:

(1)经返工或返修的检验批,应重新进行验收;

(2)经有资质的检测机构检测鉴定能够达到设计要求的检验批,应予以验收;

(3)经有资质的检测机构检测鉴定达不到设计要求,但经原设计单位核算认可能够满足安全和使用功能的检验批,应予以验收;

(4)经返修或加固处理的分项、分部工程,满足安全和使用功能要求时,可按技术处理方案和协商文件的要求予以验收;

(5)工程质量控制资料部分缺失时,应委托有资质的检测机构按有关标准进行相应的实体检验或抽样试验；

（6）经返修或加固处理仍不能满足安全或重要使用功能的分部工程及单位工程，严禁验收。

8.7.8.2　工程质量管理的改进措施

矿山生态修复项目是矿山闭坑前，矿山企业持续实施的工作，矿山企业应建立持续改进的质量管理理念，不断总结正反两方面的经验，为后续项目提供指导。

对于不合格工程，可采用 ABC 分类法进行统计分析，寻找改善工程质量的努力方向；另可采用因果分析法排查不合格工程产生的原因，作为工程质量控制的重点。具体做法参考第 4 章，不再赘述。

第 9 章

工程决算

9.1 工程决算的概念

工程决算是指矿山企业组织编制的反映自方案编制到矿山生态修复工程投入使用全过程或矿山生态修复项目某阶段的实际造价及基金提取和使用情况的文件。从工程决算的概念可知矿山生态修复工程决算的编制主体、目的、时间跨度、决算内容等涵义。

9.1.1 工程决算报告的编制主体

决算和结算是两个容易混淆的概念,编制主体不同是二者最大的区别。其中,工程结算是施工单位在竣工时,依据施工合同约定等编制的以结算工程款为目的的报告;工程决算是业主单位编制的反映工程实际造价的报告。二者的区别主要体现在编制主体、范围和目的三个方面,详见表9-1。

表9-1 工程结算和决算的区别一览表

报告名称	编制主体	范围	目的
工程结算报告	施工单位	自开工到通过验收期间,施工单位所消耗的资金	索取工程款的依据
工程决算报告	业主单位	自项目准备到投入使用期间,业主单位支出的资金	核算工程价值、分析投资效果等

除特别说明外,本书所说的工程决算报告是指项目出资人——矿山企业组织编制的。

从范围来看,工程结算金额仅是构成工程决算的一部分,即工程施工费。对于矿山企业自行组织施工的项目,矿山企业既是业主单位又是施工单位,工程施工费决算金额的计算方法有其特殊性,详细在后文中讲述。

工程实践中,矿山企业往往不具备独立编制工程决算报告的技术能力或意愿,可将编制工程决算报告作为施工管理服务的一部分委托给工程咨询单位。

9.1.2　工程决算的作用

工程决算反映了工程的实际造价,其作用主要体现在如下方面:

(1)矿山企业项目管理的需要

矿山企业通过决算金额与预算或估算金额的对比,可分析工程费用控制的效果,为项目绩效考核、总结经验教训等提供依据。可通过工程决算和实际完成工程量(如生态修复面积),计算过程投资效果分析等。

(2)工程评估验收的需要

工程决算报告是评估单位进行基金使用情况评估的重要依据,也是工程竣工验收的必备资料。

(3)自然资源主管部门"双随机、一公开"监管的内容之一

矿山生态修复项目是自然资源主管部门"双随机、一公开"监管的内容,可以通过查阅工程决算报告了解矿山环境治理恢复基金提取、存储及使用情况。

9.1.3　工程决算的时间跨度

矿山生态修复工程决算报告的时间跨度可以是自编制"三合一"方案到方案适用年限届满、工程投入使用的区间,可以是某一工程阶段,也可以是自取得采矿许可证到矿山闭坑的区间。总而言之,工程决算的时间跨度不是一成不变的,一般与矿山生态修复工程验收阶段保持一致。

9.2　工程决算流程和方法

9.2.1　工程决算流程

矿山生态修复工程决算工作主要包括搜集资料、计算各项费用决算金额、决算分析、编制决算报告四项。具体流程如图 9-1 所示:

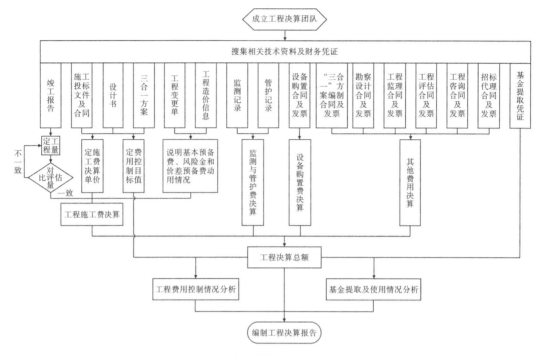

图 9-1　矿山生态修复工程决算流程图

9.2.2　工程决算方法

完成工程决算相关技术资料及财务凭证后,分别计算工程施工费、监测与管护费、设备购置费、其他费用的决算金额,并对基本预备费、风险金和价差预备费动用情况进行说明。将各项费用汇总作为工程决算总额。

9.2.2.1　工程施工费、监测与管护费决算

根据矿山企业是否将工程施工、监测与管护费发包给施工单位,工程决算有两种方法。其一,矿山企业将工程施工、监测与管护发包的,按照实际结算金额计入工程总决算。工程结算金额计算方法按照施工合同约定执行,比如按照施工单位投标单价与实际完成的合格工程量相乘汇总,或者按照合同固定总价等。其二,矿山企业自行组织施工的矿山生态修复工程,工程施工费、监测与管护费采用完成工程量与工程施工费决算单价相乘汇总的方法进行决算。有设计的采用设计预算单价作为工程施工费决算单价,没有设计的采用"三合一"方案估算单价作为工程施工费决算单价。工程计量数据与第三方评估认定的有效工程量有出入的,以第三方认定的数量为准。

工程施工费、监测与管护费决算表可按照表 9-2 所示的样式编制。

表 9-2　工程施工费、监测与管护费决算表样式

工程名称：　　　　　　　　　　　　　　　　　　　　　　　　　　　　　　　　单位:元

序号	工程或费用名称	单位	设计/方案规划数量	预算/估算单价	预算/估算小计	完成数量	决算小计	完成百分比（%）
一	工程施工费							
二	监测与管护费							
（一）	监测费							
（二）	管护费							
	合计							

9.2.2.2　设备购置费决算

设备购置费采用逐项累加的方法进行决算。设备购置费决算应包含国产设备原价或进口设备抵岸价、运杂费、运输保险费和采购及保管费,金额以设备购置合同或支付凭证为准。工程设备购置费决算表可按表9-3所示的样式编制。

表 9-3　设备购置费决算表样式

工程名称：　　　　　　　　　　　　　　　　　　　　　　　　　　　　　　　　单位:元

序号	设备名称	单位	设计/方案规划数量	预算/估算小计	投入数量	决算小计	使用百分比（%）	型号	产地
	合计								

9.2.2.3　其他费用决算

根据豫财环资〔2020〕80 号第十四条规定的基金使用范围,矿山生态修复工程其他

费用主要包括矿山生态修复方案编制费、项目勘测绘、设计与预算编制费、招标代理费、工程监理费、工程验收费、决算编制等。其他费用采用逐项累加实际支出的方法进行决算,金额以实际发生额或支付凭证载明的金额为准。其他费用决算表可按表9-4所示的样式编制。

表9-4 其他费用决算表样式

工程名称: 单位:元

序号	费用名称	预算/估算金额	决算金额	使用百分比（%）	备注
一	前期工作费				
（一）	矿山生态修复方案编制费				
（二）	项目勘测费				
（三）	项目设计及预算编制费				
（四）	项目招标代理费				
二	工程监理/评估费				
三	竣工验收费				
（一）	工程验收费				
（二）	项目决算编制费				
	总计				

豫财环资〔2020〕80号提出了工程评估工作,但没有明确工程评估费列入基金的使用范围。根据工程评估的作用,该项费用也是与矿山生态修复项目相关的合理支出,应计入其他费用决算。工程评估与工程监理的性质类似,对于没有实施工程监理的矿山生态修复工程,其工程评估费可计入工程监理费对应的表格位置,如表9-4所示。本书所说的全过程工程咨询,其工作内容是工程其他费用支持的工作组合,替代相应费用科目计入决算。

值得注意的是,矿产资源开采与生态修复方案中的矿山土地复垦与地质环境保护治理方案部分的编制费应计入其他费用决算,矿产资源开采部分的编制费不应计入其他费用决算。

9.2.2.4 基本预备费、风险金、价差预备费动用说明

"三合一"方案估算或设计预算中包含基本预备费、风险金、价差预备费的,工程决算报告应对其动用情况进行说明,并计入相应的费用项目决算(例如:工程施工费、设备购置费等)。说明内容主要包括动用金额和动用理由。三项费用动用金额均采用逐项累加的方法

进行汇总,采用表9-5所示的样式分别进行汇总,并将动用理由简要地计入表格备注栏。

表9-5 基本预备费/风险金/价差预备费动用汇总表样式

工程名称： 单位:元

序号	费用名称	金额	动用比例（%）	动用原因
一	估算/预算			
二	动用			
（一）				
（二）				
（三）				
...				

基本预备费动用金额应以设计变更单、补充协议等动用基本预备费的证明文件载明的总价或单价与实际发生工程量的乘积为准计入相应的费用项目决算。工程决算总额不应重复汇总基本预备费动用金额。

风险金动用金额应以处置风险事件的合同或支付凭证载明的金额为准。

价差预备费动用金额应以施工期间的工程造价信息与估算或预算的价差与相应数量(人工、设备、材料、施工机具)的乘积为准。

9.2.2.5 工程总决算

将工程施工费、监测与管护费、设备购置费、其他费用决算金额进行汇总即为工程总决算。可按照表9-6所示的样式编制工程总决算表。

表9-6 矿山生态修复工程决算总表样式

工程名称： 单位:元

序号	费用名称	预算/估算金额	决算金额	超预算金额	超预算比例（%）
一	工程施工费				
二	设备购置费				
三	其他费用				
四	监测与管护费				
	合计				

基本预备费、风险金、价差预备费的动用金额已包含在相应的费用项目之中,因此工程总决算不显示此三项费用。

9.3 工程决算报告

鉴于项目的特殊性,矿山生态修复工程决算报告既要包括工程施工费、监测与管护费、设备购置费、其他费用等费用科目的决算,还应包括基金提取和使用情况等。矿山生态修复工程决算报告一般包含如下章节。

(1)工程概况

工程概况章节应介绍清楚所决算工程的目的任务、资金来源、地理位置、项目预算、设计及实际完成工程量、设计预期效果、项目期限、参建单位等。

其中,实际完成工程量应为经工程评估单位认定的工程量。工程评估前,矿山企业需向评估单位交付工程决算报告初稿,初稿中的工程量是矿山企业认定的工程量。如工程评估单位认定的工程量与矿山企业不一致,应按照评估单位认定的工程量调整工程决算报告。

(2)工程决算依据

工程决算依据主要包括相关法律、定额及与决算相关的技术资料和财务凭证。其中,技术资料和财务凭证主要包括:

①基金提取凭证;

②施工中标单位已标单价的工程量清单/设计预算单价表/矿产资源开采与生态修复方案估算单价表、中标通知书、施工合同、大额支出凭证等与施工费、监测与管护费相关的凭证;

③与设备购置费、其他费用相关的中标通知书、合同、支付凭证等;

④变更单、工程造价信息等动用基本预备费、风险金和价差预备费的证明文件。

(3)决算方法

为便于审核,工程决算报告应简要说明各项费用的决算方法。

(4)工程决算

工程决算章节应包括:工程总决算,工程施工费、监测与管护费、设备购置费、其他费用决算表,并进行简明扼要的说明。还应说明基本预备费、风险金和价差预备费动用情况。

(5)预算或估算执行情况

根据工程是否有设计预算,工程决算报告应将决算金额与预算或估算进行对比,并进行差异原因分析。

（6）财务管理情况

工程决算报告应对基金提取情况进行汇总说明，并对会计、基金管理、内部控制等相关制度执行情况进行自评。

（7）问题及建议

工程决算报告应总结分析基金提取与预算或估算执行过程中存在的问题，站在工程费用管理角度对所在矿山企业提出改进建议，以促进项目管理水平的持续提升。

（8）工程投资效益分析

综合投资金额、完成生态修复工程量及效果、项目带来的社会效益等角度论述工程投资效益。

（9）工程决算附件

上述工程决算依据的技术资料和财务凭证应作为附件，附于工程决算报告之后。

第 10 章

工程评估

10.1 工程评估概述

10.1.1 工程评估的必要性

随着"放管服"政策的不断深入,政府职能部门对矿山企业投资的矿山生态修复项目施工过程的监管越来越少,呈现出以最终工程效果为重点监管内容的趋势。另外,除包括地质灾害的之外,对矿山生态修复项目参建单位的资质也不做规定,对施工过程监理也未做强制要求。鉴于此,为节省成本,很多矿山企业不对工程施工进行发包,而是自己组织施工,也不委托施工过程的监理服务。由于施工过程没有施工承包单位、监理单位及政府部门的参与,工程质量验收的责任主体就出现了缺位。为完善项目管理程序,工程后评估的必要性逐渐凸显。针对这一问题,在总结工程经验的基础上,2020 年 10 月 23日发布的河南省地方标准《山水林田湖草生态保护修复工程监理规范》(DB41/T 1993)提出了解决方案。该规范将未实施监理工程的质量评价作为一项监理相关服务提了出来,解决了工程质量后评估的问题。

《河南省矿山地质环境治理恢复基金管理办法》(豫财环资〔2020〕80 号)第十五条规定:"已完成治理修复的工程,由矿山企业委托第三方根据《方案》要求和动态监测情况,对治理修复工程及基金使用情况进行评估。《方案》中包括地质灾害防治内容的,工程勘察、设计、施工、监理和评估等第三方需具备地质灾害防治相关资质。矿山企业应在评估完成后 30 日内,将评估报告等材料报当地自然资源主管部门备案,同时抄报当地生态环境主管部门。"这是在政策层面首次提出工程评估。

基于豫财环资〔2020〕80 号的规定,在总结大量工程评估案例的基础上,本书提出的工程评估概念为:独立的第三方受矿山企业委托,根据法律法规、技术标准、"三合一"方案、勘查设计文件、合同等,对已经完成的生态修复工程及基金使用情况进行评估的活动。

豫财环资〔2020〕80 号确立了工程评估的法律地位,明确了评估内容,是河南省的一项制度创新,为矿山生态修复工程验收和盘活基金厘清了管理程序。

10.1.2　工程评估的内容

豫财环资〔2020〕80 号第十五条规定的评估内容包括治理修复工程和基金使用情况两个方面。工程的控制指标包括质量、工期、费用;基金管理流程包括基金缴存和支取等。因此,结合工程惯例和实践经验,工程评估的主要内容可以分解为工程质量评价、工程量认定、工程决算评估三个方面。其中,工程决算评估除包括工程施工费、设备购置费、工程其他费等费用的决算外,还应将决算金额与设计预算、方案估算及基金提取情况进行对比分析,以评估工程费用控制和基金使用情况。

10.1.3　工程评估的依据

工程评估的依据主要包括法律、规范和项目相关技术资料三个方面。

10.1.3.1　法律

工程评估依据的法律要与评估对象直接相关。主要包括三类:

第一类是确立工程评估法律地位的《河南省矿山地质环境治理恢复基金管理办法》(豫财环资〔2020〕80 号)。

第二类是与评估对象管理相关的法律。评估对象包含地质灾害的,依据应包括《地质灾害防治条例》(国务院令第 394 号);评估对象包含土地复垦工程的,依据一般包括《土地复垦条例》(国务院令第 592 号)、《土地复垦条例实施办法》(国土资源部令第 56 号),《河南省生产建设项目土地复垦管理暂行办法的》(豫国土资规〔2016〕16 号)等;评估对象包含矿山地质环境治理工程的,依据一般包括《矿山地质环境保护规定》(国土资源部令第 44 号)、《河南省地质环境保护条例》等。

第三类是与基金管理和工程决算相关的法律,主要包括《财政部自然资源部环境保护部关于取消矿山地质环境治理恢复保证金建立矿山地质环境治理恢复基金的指导意见》(财建〔2017〕638 号)、《河南省财政厅河南省国土厅河南省环保厅关于取消矿山地质环境治理恢复保证金建立矿山地质环境治理恢复基金的通知》(豫财环〔2017〕111 号)、《河南省矿山地质环境治理恢复基金管理办法》(豫财环资〔2020〕80 号)和《河南省土地开发整理项目预算定额标准》(豫财综〔2014〕80 号)等。

10.1.3.2 技术标准

工程评估依据的技术标准主要是与工程评估方法、工程质量验收、工程计量相关的，在工程评估规范发布之前主要包括：《山水林田湖草生态保护修复工程监理规范》（DB41/T 1993）、《矿山地质环境恢复治理工程施工质量验收规范》（DB41/T 1836）、《土地整治工程质量检验与评定规程》（TD/T 1041）、《土地整治项目工程量计算规则》（TDT 1039）。

其中，DB41/T 1993 规定了工程质量评价的方法、程序和工程质量评价报告的主要内容，是进行工程质量评价的方法论。TDT 1041 和 DB41/T 1836 是与工程质量验收相关的两部规范。二者在验收方法和程序方面的规定是相似的，具体包含的工程类型有所不同。DB41/T 1993 规定：工程质量评价方案应针对工程类型，根据相关规范选用质量评价指标和评价方法。工程实践中应依据这一原则择优选用验收规范。

10.1.3.3 技术资料

工程评估依据的技术资料主要包括《方案》（不同项目可能是《土地复垦方案》、《矿山地质环境保护与治理恢复方案》、《矿山地质环境保护与土地复垦方案》或《矿产资源开采与生态修复方案》，下同）、勘查设计（含预算）、监测资料、施工资料、决算资料等。

（1）《方案》

《土地复垦条例》（国务院令第 592 号）第十四条规定：土地复垦义务人应当按照土地复垦方案开展土地复垦工作。《矿山地质环境保护规定》（国土资源部令第 44 号）第十五条规定：采矿权人应当严格执行经批准的矿山地质环境保护与土地复垦方案。《河南省矿山地质环境治理恢复基金管理办法》（豫财环资〔2020〕80 号）第十五条规定：已完成治理修复的工程，由矿山企业委托第三方根据《方案》要求和动态监测情况，对治理修复工程及基金使用情况进行评估。

由此可见，《方案》是矿山生态修复工程的纲领性文件。工程是否按《方案》施工、基金是否按《方案》计划的节点提取是影响评估结论的重要因素。另外，《方案》中估算总金额是费用控制的目标值，工程估算单价是工程决算的重要依据。

（2）勘查设计

勘查设计是对《方案》所规划工程的细化，一般设计了详细的技术要求，设计预算比估算也更加详细。一般情况下，估算中的动态部分在设计中也转化为了静态预算。费用控制目标值更加准确，预算单价更接近项目施工期间的实际市场价格。因此，对于有勘查设计的矿山生态修复项目，要将勘查设计作为工程评估的重要依据。以是否符合设计要求作为评价工程质量的标准，采纳预算单价作为决算单价。

（3）监测和施工资料

监测资料是指《方案》或《设计》中规划的监测工程的记录或者报告,可以反映工程的动态指标。一般包括:地质灾害监测、水土污染监测、地形地貌景观监测、土壤质量监测、土地生产力水平监测等。

施工资料是指施工过程中形成的资料,是施工全过程的记录文件。涉及施工质量、技术、安全等方面。具体形式包括施工日志、交底记录、测量放线记录、自检记录、竣工图、竣工报告、影像资料等。

（4）决算资料

决算资料是反映工程费用支出,构成工程决算的凭证。主要包括工程计量记录,设备购置、土地利用现状勘测、拆迁补偿、编制《方案》、勘查设计、监理、评估、招标代理、编制决算、审计等合同或票据。

10.1.4 工程评估和工程监理的关系

工程评估是指工程评估单位受矿山企业委托,根据法律法规、技术标准、"三合一"方案、勘查设计文件、合同等,对已经完成的生态修复工程及基金使用情况进行评估的活动。

工程监理是指工程监理单位受业主单位委托,根据法律法规、技术标准、勘查设计文件及合同,在施工阶段对工程质量、费用、进度进行控制,对合同、信息进行管理,对工程建设相关方的关系进行协调,并履行工程安全生产管理法定职责的服务活动。

工程评估和工程监理均是独立的第三方,从以上的定义可知,二者在矿山生态修复工程的作用既有相似之处,又有明显的区别。

10.1.4.1 工程评估和工程监理的相似点

（1）工作性质类似

工程评估和工程监理均独立于施工之外,均不得与施工单位和材料供应商等有利益关系。

（2）工作原则相同

工程评估和工程监理均应公平、独立、诚信、科学地开展工作。

（3）工作内容有共同之处

工程评估是对施工后的工程和基金使用情况的评估,可细化为工程质量评价、工程计量、工程费用评估三项;工程监理贯穿施工前、施工中和施工后全过程,具体工作为三控(工程质量、工期、费用)、两管(信息、合同)、一协调,外加安全法定责任。对比可知,工程评估相当于施工后的监理工作。

（4）在工程验收中的作用类似

工程评估和工程监理在工程正式验收前，均应对工程质量、工程量和工程费用给出独立的第三方结论（工程预验收结论），这一结论是确定是否进行工程竣工验收的前提。

10.1.4.2 工程评估和工程监理的区别

（1）介入工程的时间点不同

监理单位在开工前的准备阶段即介入，是对工程事前、事中和事后的全程把控。与之不同，工程评估单位在野外工程完工后才介入，不直接参与工程施工过程。

（2）工作范围不同

除不参与施工前和施工中的项目管理外，与监理相比，工程评估范围不包含工期、工程信息、工程合同、施工安全等。

（3）工作方法不同

对于工程质量评价、工程计量和费用评估等二者相同的工作内容，监理主要基于对施工过程的掌控给出结论，而评估是基于测量、开挖、试验等施工后可行的手段给出结论。

（4）工作周期和成本不同

工程监理贯穿施工全过程，成本较高。工程评估周期短，包括野外评估和编制工程评估报告，成本相对较低。

（5）项目验收程序不同

在评估制下，评估单位仅进行工程后评估，没有第三方参与施工过程监管，也没有监理单位组织工程预验收，因此，项目验收程序有所不同，如图10-1所示。

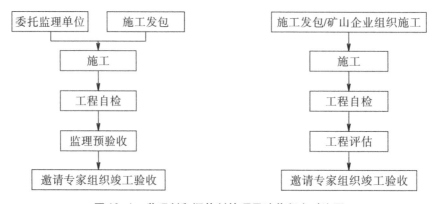

图10-1 监理制和评估制的项目验收程序对比图

10.1.4.3　工程监理制和工程评估制的选择

基于以上工程监理和工程评估异同点的分析,对于不强制推行监理制的矿山生态修复项目,矿山企业不宜既请监理单位又委托工程评估单位。主要原因如下:

(1)豫财环资〔2020〕80 号是在简政放权的大背景下出台的,该文件明确提出了施工后评估,但未明确必须监理。如果矿山企业既支付监理费又支付工程评估费,增加了矿山企业的负担,与政策出台背景不符。

(2)矿山生态修复项目工程措施一般较为简单,采用后评估把控工程质量是可行的。其中,非隐蔽工程的质量检验采用后评估与监理没有本质的区别;对于常见的隐蔽工程,后评估也可以通过开挖、试验等方法对工程质量进行客观评价。

(3)如果矿山企业既请监理又委托第三方进行评估,那么评估单位是否认可监理对工程的结论就成为一个悖论。评估单位如果认可监理结论,则说明没有必要委托评估单位;如果评估单位可以推翻监理结论,那么就没有必要请监理单位。另外,如果作为后介入项目的评估单位可以推翻监理结论,那么可以再委托单位对评估结论进行复核,如此往复形成了死循环,理论上不成立。

综上所述,矿山企业在项目之初就应确定是采用监理制还是评估制。本书认为,那些矿山企业对工程管理的规范程度要求高或内部协调难度大的中大型项目,或者隐蔽工程多、后评估难度大、成本高,且将施工发包的项目,宜采用监理制。工程完工后,由监理单位作为第三方给出工程和基金使用情况的评估结论,与豫财环资〔2020〕80 号关于工程评估的规定相契合。反之,那些隐蔽工程少、工程协调难度小,特别是矿山企业组织施工的项目,优先选用评估制。

10.2　工程评估程序和组织机构

10.2.1　工程评估程序

工程评估主要包括签订工程评估委托合同、制定工程评估方案、执行评估方案、编制评估报告、组织专家评审、评估报告存档六个阶段,详见图 10-2。

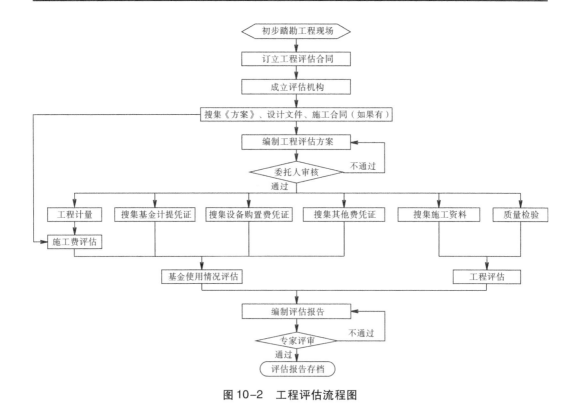

图 10-2　工程评估流程图

其中,初步踏勘工程现场,了解工程基本情况是订立工程评估合同的前置条件;搜集《方案》及设计文件是编制工程评估方案的前置条件,矿山企业审核是工程评估方案生效的条件;执行工程评估方案的具体工作包括现场试验、工程计量、搜集各类技术资料,依据决算单价和工程计量结果进行施工费评估,以及在此基础上做工程评估和基金使用情况评估。

10.2.2　组织机构

工程评估机构是评估单位委派负责履行工程评估合同的组织机构。至少由两名具有相应工作能力的技术和经济人员组成,并明确项目负责人和各自岗位职责。

工程评估机构主要有直线制、职能制、直线职能制和矩阵制四种组织形式,每种组织形式有各自的特点和适用范围。评估单位可以根据管理惯例和项目特点择优选择。

10.2.2.1　直线制组织形式

直线制组织形式来自军事组织系统,它是一种线性组织结构,其本质就是使命令线性化。整个组织自上而下实行垂直领导,不设职能机构,可设职能人员协助主管人员工作,主管人员对所属单位的一切问题负责。其特点是:权力系统自上而下形成直线控制,权责分明,如图 10-3 所示。

图 10-3　直线制项目组织形式示意图

图 10-3 中项目组可以是子项目组,如项目中某一治理区的评估;也可以是按专业内容的分组,如土石方工程评估组、浆砌石工程评估组、植树种草工程评估组等。项目组中评估人员数量根据评估工作复杂程度和工作量来确定,每组不应少于两名。

(1)直线制组织形式的优点

直线制组织形式机构简单、权力集中、命令统一、职责分明、决策迅速、隶属管理明确。在评估机构运行过程中的优点主要表现如下:

①项目负责人单头领导,每个项目组仅向项目负责人负责,项目负责人对下级直接行使管理和监督的权力,即直线职权,一般不能越级下达指令。指令唯一,便于执行。

②项目负责人全面掌握评估机构的最高决策权和资源,可直接向评估单位负责。

③自上而下的指令及自下而上的汇报信息流通快,决策迅速,项目容易控制。

④各级评估人员的工作任务、责任、权力明确,责权利关系清晰,可以减少扯皮和纠纷,协调方便。

(2)直线制组织形式的缺点

直线制组织形式权力集中,实际上是"个人管理",评估机构在采用这种组织形式也有其不足之处,主要体现在:

①评估机构的一切决策权都集中于项目负责人一人,这要求项目负责人通晓各种业务和多种专业技能,对工程能力和知识面要求高。一方面这种"全能式"的技术人员数量有限,对评估单位来说选择余地不大;另一方面,项目负责人决策压力大,相对于集思广益、群策群力,一人决策出错的概率更大一些。

②各项目组之间相对独立,当项目比较多、比较大时,评估单位的资源可能无法达到充分合理使用。

③评估单位的各项目间缺乏信息交流,项目之间的协调、单位的计划落实和控制比较困难。

④评估人员与评估单位之间的信息流通速度和质量得不到保证,不利于培养员工的归属感。

(3)直线制组织形式的适用范围

直线制项目组织机构形式通常适用于能划分成若干个相对独立子项目的大中型项

目或独立的中小型项目。进行组织机构设计时,可以与项目的结构分解图对应起来,项目组织工作将会非常高效。

10.2.2.2 职能制组织形式

职能制组织形式是在泰勒的管理思想基础上发展起来的一种项目组织形式,它特别强调职能的专业分工。组织系统以职能为划分部门的基础,把管理的职能授权给不同的管理部门。这种项目组织形式就是在项目负责人之下设立一些职能机构,分别从职能角度对基层项目组织进行业务管理,并在项目负责人授权的范围内,向下下达命令和指示。这种组织形式强调管理职能的专业化,即把管理职能授权给不同的专业部门,如图 10-4 所示。

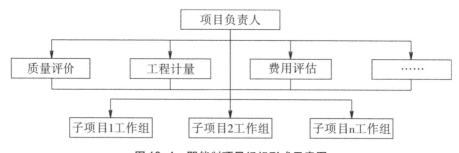

图 10-4 职能制项目组织形式示意图

项目组的构成可以和直线制中的一样,也可以在规模较大的子项目组中设置职能部门。

（1）职能制组织形式的优点

在职能制项目组织形式中,项目负责人将评估合同中约定的质量评价、工程计量、费用评估等任务拆分后分配给各职能管理部门。其主要优点体现在:

①部门是按职能来划分的,因此各职能部门的工作具有很强的针对性,可以最大限度地发挥人员的专业才能,减轻项目负责人的负担,提升了评估机构决策的准确性。

②如果各职能部门能很好地互相协作,对整个评估工作会起到事半功倍的效果。

（2）职能制组织形式的缺点

①项目信息传递途径长,在信息传递过程中有不及时和信息丢失的风险。

②各职能部门都可以向项目组下达指令,这些指令可能会不一致,乃至互相矛盾,项目组将无所适从,执行指令的效率将大受影响。

③当不同职能部门之间存在意见分歧并难以统一时,协调工作存在一定困难。

④职能部门直接对项目组下达工作指令,项目负责人对工程的掌控在一定的程度上被弱化。

（3）职能制组织形式的适用范围

职能制组织形式一般适用于参建单位多、专业复杂、控制难度大,对评估工作要求高的大中型项目。

10.2.2.3 直线职能制组织形式

直线职能制组织形式是吸收了直线制组织形式和职能制组织形式的优点而形成的一种组织形式,如图 10-5 所示。

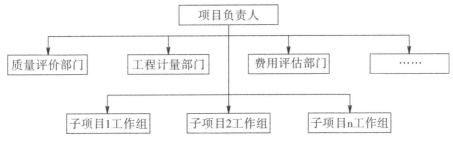

图 10-5 直线职能制项目组织形式示意图

直线职能制组织形式与直线制组织形式的区别是增加了职能部门;与职能制组织形式的区别是各职能部门只是项目负责人的参谋,也可以对项目组进行业务指导,但是没有下达指令的权力。

直线职能制组织形式既保留了直线领导、统一指挥、职责分明的优点,又发挥了目标管理专业化的优点。主要缺点是职能管理部门与项目负责人易产生矛盾,信息传递路线长,不利于信息互通。

10.2.2.4 矩阵制组织形式

矩阵制是现代大型工程管理中广泛采用的一种组织形式,是美国 20 世纪 50 年代所创立的,矩阵制的项目组织由纵向的职能系统和横向的子项目系统组成,如图 10-6 所示。

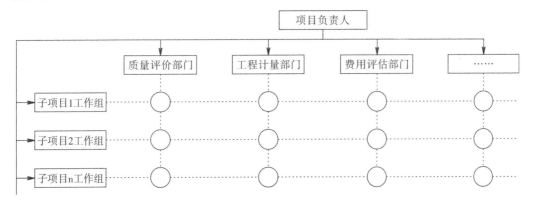

图 10-6 矩阵制项目组织形式示意图

矩阵制组织形式的纵横两套管理系统在工程评估工作中是相互融合关系。图中虚线所汇的交叉点上,表示两者协同以共同解决问题。

(1)矩阵制项目组织形式的特点

①专业职能部门是评估单位的常设机构,项目组是围绕项目需要从各职能部门抽调人员组成的临时组织。职能部门负责人对项目组的人员有组织调配、业务指导和管理考察权,项目负责人将参与项目的职能人员有效的组织在一起为实现项目目标协同工作。

②矩阵制组织形式把职能原则和项目对象原则结合起来建立组织机构,使其既能发挥职能部门的横向优势,又能发挥项目组织的纵向优势。

③矩阵中的评估人员接受原职能部门负责人和项目负责人的双重领导,但部门的控制力要大于项目的控制力、部门负责人有权根据不同项目的需要和忙闲程度在项目之间调配本部门人员。一个专业人员可能同时为几个项目服务、特殊人才可充分发挥作用,避免人才在一个项目中闲置又在另一个项目中短缺、大大提高了人才利用率。

④项目负责人对评估机构的工作人员有权管理,当感到人力不足或某些成员不能胜任时,可以向职能部门求援,要求调换或将评估人员退回原部门。

⑤项目评估机构的工作有多个职能部门支持,评估机构没有人员包袱,但要求在水平方向和垂直方向有良好的信息沟通及协调配合,对整个评估单位和评估机构的管理水平要求较高。

(2)矩阵制项目组织形式的优点

①矩阵制项目组织形式加强了各职能部门的横向联系,具有较大的机动性和适应性,评估机构因此具有弹性和应变力。通过职能部门的协调,一些项目上的闲置人才可以及时转移到需要这些人才的项目上去,既能以尽可能少的人力实现多个项目评估工作的高效运转,又防止人才短缺。

②有利于人才的全面培养。可以使不同知识背景的人在合作中取长补短,在实践中拓宽知识面,发挥专业优势,使人才成长建立在深厚的专业训练基础之上。

③矩阵制项目组织形式将上下左右的集权和分权实行最优组合,有利于解决复杂问题。

(3)矩阵制项目组织形式的缺点

①由于人员来自评估单位职能部门,且仍受职能部门控制,故凝聚在项目上的力量减弱,往往使评估机构的作用发挥受到影响。

②评估人员如果身兼多个项目,便往往难以确定评估项目的优先顺序,有时难免顾此失彼。

③评估机构中的评估人员既要接受项目负责人的领导,又要接受评估单位原职能部门的领导,在双重领导下,如果领导双方意见和目标不一致,甚至有矛盾时,当事人便无所适从。要防止这一问题产生,必须加强项目负责人和部门负责人之间的沟通,还要有

严格的规章制度和详细的计划,使工作人员尽可能明确在不同时间内应当干什么工作。

④由于矩阵制组织复杂、结合部多,造成信息沟通量膨胀和沟通渠道复杂化,容易致使信息梗阻和失真,处理不当会造成扯皮现象,产生矛盾。因此,评估单位要精于组织、分层授权、疏通渠道、理顺关系。在协调组织内部的关系时必须有强有力的组织措施和协调办法以排除难题,管理层次、权限要明确划分,当有意见分歧难以统一时,评估单位领导和项目负责人要及时出面协调。

矩阵制组织对评估单位的管理水平、项目管理水平、领导者的素质、组织机构的办事效率、信息沟通渠道的畅通等均有较高要求。

⑤矩阵制组织形式组建的评估机构是临时组织,评估人员因项目而聚,因完成任务而散,项目结束后都要回到原来的职能部门。评估机构组建时评估人员的配合需要磨合期,待组建下一个项目的评估机构时配合人员可能又有所不同,还需要磨合,不利于组建配合默契的团队。不仅如此,评估人员之间分分合合,缺乏归属感。

(4)矩阵制项目组织形式的适用范围

①适用于大型、复杂的评估项目。因大型复杂的项目要求多部门、多技术、多工种配合实施,在不同阶段对评估人员的专业、数量及搭配组合有不同的需求。显然,矩阵制项目组织形式可以很好地满足其要求。

②适用于同时承担多个项目的评估单位。在这种情况下,各项目对专业技术人才和管理人才都有需求,加在一起数量较大。采用矩阵制组织可以充分利用有限的人才对多个项目进行评估,特别有利于发挥稀有人才的作用。

10.3　工程评估合同

10.3.1　工程评估合同的性质

工程评估合同属于有偿委托合同,是评估单位获取合法身份的基本依据。矿山企业与评估单位之间是委托与被委托关系,合同性质与监理合同类似。评估单位享有的评估权和评估范围均依托于矿山企业的授权,评估单位应严格按照授权实施评估,不能超出授权范围。

10.3.2　订立工程评估合同的前置条件

订立工程评估合同之前,评估单位应在矿山企业的引领下对工程现场进行初步踏勘,初步掌握矿山生态修复工程的实施情况,对是否能够通过评估进行初步判断。评估单位对于判断为不能通过评估的项目,原则上不宜承揽评估任务,并对矿山企业提出整改意见和建议,待具备通过评估条件时再行订立评估合同为宜。

10.3.3　工程评估合同的主要条款

工程评估为有偿服务,工程评估合同应依据《中华人民共和国民法典》第三编《合同》订立。合同除载明矿山企业和评估单位的名称、住所,约定报酬及支付方式、违约责任、解决争议的方法等一般条款外,还应根据工程实际情况及委托合同的性质约定如下事项:

(1)委托的评估对象

矿山企业与工程评估单位应在合同中明确评估对象,包括工程类型、名称、地点、规模等。

(2)授权的评估内容

明确评估内容,一般按照《河南省矿山地质环境治理恢复基金管理办法》(豫财环资〔2020〕80号)第十五条规定执行即可。如有必要可参考上文10.1.2罗列的具体工作进行细化。

(3)需要矿山企业配合的工作和提供的技术资料

矿山生态修复项目大多处于深山之中,交通位置难以描述,道路通行条件限制因素多,往往需要矿山企业引领才可到达。不仅如此,作为评估结论的利益相关方,矿山企业应参与工程评估的关键工作。因此,工程评估合同应明确需要矿山企业配合的人员和设备,以及需要出席的重要活动(会议)等。

如前文所述,《方案》、勘查设计(含预算)、监测资料、施工资料、决算资料等技术资料是工程评估的重要依据,工程评估合同应约定矿山企业提供的技术资料清单、形式(纸质版或者电子版)和传递方式(有载体资料的现场领取或邮寄,电子文件的邮件传输等)。

(4)评估单位提交的成果

工程评估是一项咨询服务,服务成果主要通过行为(如咨询、组织协调、召集会议等)和评估报告体现。合同应载明评估单位履行服务的期限,提交报告的清单、质量、数量、形式、方式等。

10.3.4　履行工程评估合同

10.3.4.1　合同交底

为了更好地履行工程评估合同,降低违约风险,合同洽商人(交底人)应就合同的核心内容及风险点对合同履行人(工程评估机构项目负责人、接底人)进行合同交底。合同交底可以采用会议形式或书面形式。采用会议形式交底的宜邀请全体相关人员参会,并形成会议纪要。采用书面形式交底的,交底和接底双方应共同签署合同交底记录,如表10-1 所示。

表 10-1　合同交底记录示例

项目名称:　　　　　　　　　　　　　　　　　　　　　　　　　　　交底时间:

序号	合同内容	履约注意事项
1	项目类型、地点、规模	
2	评估内容	
3	评估服务质量	
4	评估成果递交	
5	合同金额、付款节点	
6	履约风险分析	
7	争议解决方式	
8	矿山企业联系人及联系方式	
...		

交底人:　　　　　　　　　　　　　　　　　　　　　　　　　　　　接底人:

10.3.4.2　合同履行的原则

履行工程评估合同时应注意以下几点:

(1)认清合同双方的法律关系

矿山企业是工程评估的委托人、评估费的出资人,还是被评估人。工程评估单位是受托人、评估费的受益人,也是出具评估结论的权利人。双方在工程评估过程中均扮演多个角色,利益交织在一起,法律关系比较复杂。工程评估机构一定要清晰认识到合同双方的法律地位,既要为出资人服务,又要把控好工程评估单位的利益和风险,以及工程的社会效益。

(2)在授权范围内严格履约

工程评估合同为委托合同,工程评估机构仅可在授权范围内实施评估权。既要按照合同约定的时间节点履行全部义务,又不能超越授权范围实施权力。的确需要超出合同授权范围的,应与矿山企业协商签订补充协议以扩充授权范围。

(3)坚持实事求是和公平公正原则

对破坏的矿山生态进行修复是矿山企业应尽的法律义务,矿山企业兼具评估费出资人和被评估人双重身份。评估单位在评估过程中应本着实事求是的工作作风,辩证地、公平地对待矿山企业的双重身份,对矿山生态修复工程进行客观公正的评估。

(4)热情服务,担负社会责任

"坚持人与自然和谐共生"是新时代坚持和发展中国特色社会主义基本方略的重要组成部分,每一个公民都应认真贯彻执行。工程评估过程中如发现不合格的工程部位,应运用自身掌握的知识主动向矿山企业提出整改措施,以协助矿山企业更好地履行生态修复义务,提升矿山生态环境质量。

10.4　工程评估方案

为系统地做好工程评估工作,工程评估项目负责人应先组织编制工程评估方案,经评估单位技术负责人审核后报送至矿山企业,经矿山企业同意后作为评估工作的行动指南。

10.4.1　工程评估方案的基本编制原则

(1)针对性

工程评估方案应针对评估对象的特点制定,核心体现在选用有针对性地试验和测量方法对工程质量进行后评价和计量。

(2)适用性

工程评估单位应尊重项目的客观施工条件和具体工程措施,组建适应评估工作的技术团队,选用适用的验收规范对工程质量进行评价。采用以定量为主,定性与定量相结合的原则衡量评价指标。

(3)可操作性

根据工程现场实际通达条件和评估单位的技术实力,拟采用的试验和测量方法、抽检数量应具备可操作性。例如,对于场地面积大、工程类型多、通达条件差的工程,采用传统方式——测量需要消耗大量的人力,安全风险大,工作效率也不高。相较于传统方式,采用无人机航测就更具操作性。

10.4.2　工程评估方案的主要内容

工程评估方案应包含:工程概况,工程评估范围和内容,工程评估依据,工程特点和难点分析,工程评估组织、评估方法、评估设施等。

10.4.2.1　工程概况

认清工程概况是进行工程评估的起点,工程概况应包括:评估任务来源、工程交通位置、《方案》规划或设计的主要工程量、各项工程技术要求、施工过程概述等。

其中,施工过程概述是为了掌握工程主要时间节点和工期,可在初步踏勘工程现场时访问矿山企业的项目负责人,或者通过工程现场公示牌中获取相关信息。项目其他信息可从《方案》或设计书中获取。

10.4.2.2　工程评估范围、内容和目标

工程评估范围、内容和目标一般由工程评估合同约定。其中,评估范围主要指具体的评估对象。对于有设计的生态修复工程,宜对照设计文件对工程评估范围进行描述,可以包含全部设计工程,也可以对部分分部分项工程进行阶段性评估。对于没有设计的生态修复工程,宜对照《方案》对工程评估范围进行描述,可以包含《方案》规划的全部工程,也可以对部分或某一阶段的工程进行评估。

评估内容按照上文 10.1.2 及合同约定进行描述。

10.4.2.3　工程评估依据

工程评估依据主要包含 10.1.3 所罗列的法律法规、规范标准和技术资料三类。工程实践中,应根据项目类型选择工程适用的法律法规;根据工程措施选择评估拟采用的验收规范。技术资料应搜集齐全,并清楚标注资料来源和编制时间,以确保技术资料的有效性。

10.4.2.4　工程特点、难点和评估重点分析

工程的特点和难点应根据初步踏勘现场的情况和上文的工程概况进行详细分析,为有针对性地选择工程评估重点和评估方法,以及风险防控措施做准备。

此处所说的工程难点是站在工程后评估角度来说的,而不是从施工角度分析。例如废渣清运工程,对于施工来说难度系数低,但是对于工程评估来说,由于没有参与施工过程,工程计量就是难题。反过来,例如植树工程,在高寒或缺水地区是施工难点,但对于工程评估采用计数的方法既可以统计工程量又可以计算成活率,就不属于难点。

工程评估的重点可采用上文 4.5.2 介绍的 ABC 分类法进行判定。工程实践中,工程质量评价和费用评估的重点可能会有所不同。

【案例】鸿鑫一矿金矿地质环境保护与土地复垦工程(2019—2021 年度)位于河南省灵宝市故县镇西南方向的河西村,X032 县道由北向南沿治理区西侧穿过。设计方案为:首先,对矿渣堆的废石进行清运;然后,对清运后的场地覆土,进行土壤重构;最后,植树

种草,进行植被重建。工程施工费预算如表10-2所示:

表10-2 工程施工费预算表

序号	工程或费用名称	单位	数量	综合单价	合计
一	废石转运	100 m³	67.93	2 683.2	182 267.09
二	土壤重构	100 m³	10.58	2 958.88	31 295.48
三	植被重建				16 783.68
1	植树	100 株	8.29	1 183.74	16 785.43
2	种草	hm²	0.35	382.25	134.78
总计					230 346.25

工程特点分析:从设计方案可以看出本工程生态修复面积为 0.35 hm²,在该场地内开展废石转运、覆土和植树种草三个分部工程。主要工程特点如下:

(1)三个分部工程中,前一个分部工程为后一个分部工程提供施工条件和场地。从工程进度计划和逻辑关系来说,为紧前和紧后工作,紧前工作的进度和质量对紧后工作影响较大。

(2)在评估阶段,仅可以看到土壤重构和植被重建两项工程,废石转运过程及施工后的场景已无法在工程现场看到,属于隐蔽工程。

(3)废石转运和土壤重构为土石方工程,植树种草为生物工程。根据工程类型,可选用《矿山地质环境恢复治理工程施工质量验收规范》(DB41/T 1836)作为质量评价的依据。宜采用该规范规定的验收方法和验收项目对工程质量进行评价。

评估难点分析:县道经过治理区表明工程通行条件良好,不存在交通方面的困难。工程竣工后,施工场地平坦,评估人员踏勘现场无安全隐患。但由于废石转运工程完成后进行覆土,覆盖了工作面,其工程质量评价和工程量认定是工程评估工作的难点。

评估重点分析:采用 ABC 分析法判定评估重点。

(1)按照对生态修复效果影响程度从小到大依次为:废石转运、土壤重构、植被重建。树苗成活率和草地覆盖率决定了最终的生态修复效果,因此,将植树种草作为工程质量评价的重点。

(2)如图 10-7 所示,从费用构成来看,废石转运工程占施工费总额的79%,土壤重构占14%,单价也相对较高。因此,废石转运和土壤重构为工程计量和费用评估的重点。

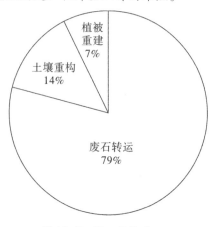

图 10-7 施工费构成图

10.4.2.5 工程评估组织

工程评估机构是评估单位委派负责履行工程评估合同的组织机构。根据评估单位管理惯例和项目特点选择工程评估机构的组织形式,组织具有相应工作能力的技术和经济专业人员成立工程评估机构,并明确项目负责人和各自岗位职责。

(1)组织机构选型

工程评估机构主要有直线制、职能制、直线职能制和矩阵制四种组织形式,每种组织形式有各自的特点和适用范围。评估单位可以按照上文 10.2 介绍的原则择优选择,不再赘述。

(2)评估人员专业和数量

工程评估机构人员专业和数量应根据工程规模、工程特点、评估合同工期等因素确定。原则上,评估人员的专业应完全涵盖所评估项目涉及的全部专业,熟练掌握所在专业相关的法律法规、规范等。评估人员不得少于 2 人,分组评估的每组不得少于 2 人。在此原则的基础上,投入的评估人员数量主要由工程计量和野外试验的工作量及评估人员的平均工作效率决定。评估单位可根据以往项目经验和自身人员素质估算需要投入的评估人员数量,并在工作中不断优化调整。

(3)岗位职责

工程评估机构应由项目负责人、专业评估工程师和评估员组成。

①项目负责人的岗位职责

a.确定工程评估机构人员及其岗位职责;

b.组织编制工程评估方案;

c.根据评估工作进展情况调配评估人员,检查评估人员工作;

d.组织工程质量评价,审查工程质量检验资料;

e.组织审查工程计量成果;

f.组织审查工程决算报告和工程费用评估;

g.组织编写工程评估报告;

h.组织或参与工程竣工验收。

②专业评估工程师的岗位职责

a.参与编制工程评估方案;

b.参与本专业的工程质量评价,审查工程质量检验资料;

c.指导评估员开展现场取样及试验等工作;

d.参与本专业的工程计量;

e.参与审查工程决算报告和工程费用评估;

f.参与编写工程评估报告;

g. 收集、汇总、参与整理工程评估文件资料；

h. 参与工程竣工预验收和竣工验收。

③评估员的岗位职责

a. 进行现场取样和试验；

b. 测量或复核工程量有关数据；

c. 发现工程质量或工程计量问题，及时向专业评估工程师报告。

10.4.2.6　工程评估方法

工程评估方案应根据工程特点分别制定工程质量评价、工程计量和基金使用情况评估方法。

（1）工程质量评价方法

工程质量评价应采用工程验收的思路进行。首先确定验收规范，然后根据验收规范规定的方法逐级评价和整理记录。工程质量现场检验的方法应切实可行，可参考8.7.7.3介绍的目测法、实测法和试验法等。

（2）工程计量

作为后评估，有些工程量可以准确计量，有些则不能，应按照能定量尽定量，定量为主定性为辅、定量和认定相结合的原则进行工程计量。定量计量的方法有计数和测量两种方法。工程量认定是质量合格的情况下，按照设计工程量进行计量。工程评估方案应根据工程特点，明确将要采用的计量方法。

（3）基金使用情况评估方法

基金使用情况评估主要包括决算审核、工程费用控制评价、基金提取及使用情况评价三个主要方面。主要采用费用科目核对、金额核算，决算、预算、估算、应提取基金金额、实际提取基金金额对比等方法进行评估。

10.4.2.7　工程评估进度计划

工程评估进度计划是在确定评估组织机构、评估方法、评估工程量的前提下，为在合同约定的时间内完成评估工作制定的。工程评估进度计划可参照上文8.6.3施工进度计划编制，一般采用横道图即可，特别复杂的工程可采用双代号网络图。

10.4.2.8　工程评估设施

工程评估方案应在分析工程特点的基础上，准备工程评估所需的设施，并制定与工程评估进度计划配套的筹备和使用计划。需要业主提供的设施应在工程评估合同中约定，并明确使用范围和交接条件。

工程评估所用设施主要包括日常办公设施、测量和试验器具。日常办公设施主要有

计算机、打印机、相机、无人机、手机、车辆等。常用的测量和测试器具及使用范围如表
10-3 所示：

表 10-3 工程评估常用测量和试验器具一览表

序号	设备类型	使用范围	备注
1	钢卷尺	构筑物截面、覆土厚度、树间距等小范围长度测量	量程 2～5 m
2	皮尺	构筑物长度、地块面积等测量	量程 50～100 m
3	卡尺	树苗直径测量	
4	测距仪	较长距离测量	
5	坡度尺	构筑物坡度测量	
6	靠尺	构筑物平整度测量	
7	百格网	砂浆饱满度测量	
8	回弹仪	混凝土、石材、砂浆等强度测试	
9	水准仪	地形坡度测量	
10	GPS	坐标测量	计算长度和面积
11	测绘无人机	绘制竣工图	计算长度和面积
12	pH 仪	土壤酸碱度测试	
13	有机碳检测仪	土壤有机物含量测试	
14	电子秤	称重	
15	土工筛	土壤砾石含量测试	配合电子秤使用
16	环刀	土壤容重测试	配合电子秤使用

测量和试验器具的精度应满足工程需要,需要检定的仪器应在检定有效期内使用。

10.5 工程评估实施

工程评估工作分工程质量评价、工程计量和基金使用情况评估三部分分别实施。

10.5.1 工程质量评价

工程质量评价应按照工程验收的程序和方法进行,对于缺少施工过程验收资料的隐
蔽工程应采用钻孔探测、剥离或其他方法进行检验。

10.5.1.1 工程质量评价程序

工程质量评价应在矿山企业参与下进行,整体程序如图 10-8 所示。

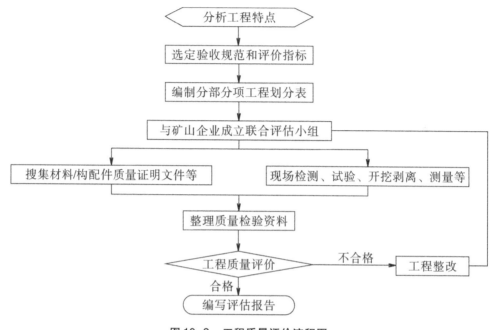

图 10-8　工程质量评价流程图

10.5.1.2 质量评价指标选取原则

准确选取质量评价指标对工程质量评价结论影响巨大,在工程实践中应按照如下原则认真对待、精准选择。

(1)以设计为基础

设计指导项目的发展方向,项目施工效果是由是否完成设计任务决定的。工程质量的好坏取决于工程是否按照设计的技术指标进行施工。因此,设计书是决定工程质量评价指标的最基本因素。

(2)根据工程类型和特点选择验收规范

不同工程类型的验收指标和尺度是不一样的,进行工程质量评价时要根据工程类型选用恰当的验收规范。

(3)实事求是

选择质量评价指标要实事求是,既不能为了获得高评价降低指标要求,也不能不切实际的选用不适合行业特点的指标。

按照如上原则,选定工程质量验收指标后,应和合格标准一起以表格的形式写入工程评估方案,例如表 10-4 所示。

表 10-4　质量检验指标一览表(举例)

序号	工程类型	质量检验指标	合格标准
1	废渣清运工程	清运情况	全部清运,无残留
2	边坡整治工程	坡向	符合设计要求
		平整度	
3	挡土墙工程	砂浆强度(配合比)	≥M10
		砂浆饱满度	≥80%
		外观质量	无严重缺陷
		横断面尺寸(宽)	允许偏差-20 ~ +100 mm
4	排水工程(截水沟)	横断面尺寸	允许偏差±50 mm
		渠底纵坡	允许偏差±1%
5	道路工程	路面宽	不小于设计值
6	覆土	覆土厚度	不小于设计值
		pH 值	6.5 ~ 8.5
		有机质含量	≥0.3%
		土壤容重	≤1.5 g/cm^3
		土壤质地	砂土至黏土
		砾石含量	≤25%
7	种草	草种类型	狗尾草
		草地病害面积	≤5%

10.5.1.3　工程质量现场检测方法

作为工程后评估,工程质量现场检测主要采用目测、计数、实测及试验等方法。各检测方案的主要应用范围如下。

(1)目测法

矿山生态修复项目中,常采用目测法检测的工程质量指标包括工程外观质量、废石清运情况、危岩体清除情况、土壤质地(基于一定工作经验)、草种类型、树种类型、树苗栽植质量(摇晃观察)等。

(2)计数法

通过计数检测的质量指标主要是树苗成活率等。

（3）实测法

测量主要有直接测量、辅助测量和利用测量数据再计算等三种形式。

①直接测量　常见的使用各类测量工具和仪器直接测量的项目：用量具测量各类工程的尺寸、坡度、平整度、树径、树间距，用回弹仪测量浆砌石强度，用百格网测量砂浆饱满度，用 pH 仪测试土壤酸碱度，用土壤有机碳检测仪测试土壤有机物含量等。

②辅助测量　辅助测量主要用于隐蔽工程，比如开挖后测量覆土厚度，挡土墙基础埋深等。

③利用测量数据再计算　常见的利用测量数据再计算的质量检测项目有草地覆盖度、病虫害面积比例、生产力水平、林地郁闭度等。

（4）试验法

工程质量检测采用的试验主要包括现场简易试验和试验室送样试验两类。矿山生态修复项目常见的试验检测项目有土壤容重、砾石含量、土壤成分含量，水泥、砂浆、混凝土强度，各类构配件性能检测等。

10.5.1.4　质量合格标准

各验收规范规定的质量评价逻辑基本上是一致的，均是按照检验批、分项工程、分部工程、单位工程的顺序，自下而上逐级验收。分部分项工程划分决定了工程质量评价的结构，评估单位应与矿山企业一起商定分部分项工程划分表写入工程评估方案，或评估单位起草后随工程评估方案报矿山企业同意，分部分项工程划分表如表10-5所示。

表 10-5　分部分项工程划分表示例

工程名称：　　　　　　　　　　　　　　　　　　　　　　编号：

单位工程名称	分部工程名称	分项工程名称	备注

各层次验收的合格标准如下：

（1）整个工程施工质量验收合格应符合下列规定：

①符合工程勘查、设计文件的要求；

②符合验收标准的规定；

③所含单位工程均应验收合格。

（2）单位工程质量验收合格应符合下列规定：

①所含分部工程的质量均应验收合格；

②质量控制资料应完整；

③所含分部工程中有关安全、环境保护和主要使用功能的检验资料应完整；

④主要使用功能的抽查结果应符合相关专业验收规范的规定。

⑤观感质量应符合要求。

（3）分部工程质量验收合格应符合下列规定：

①所含分项工程的质量均应验收合格；

②质量控制资料应完整；

③有关安全、环境保护和主要使用功能的抽样检验结果应符合相应规定；

④观感质量应符合要求。

（4）分项工程质量验收合格应符合下列规定：

①所含检验批的质量均应验收合格；

②所含检验批的质量验收记录应完整。

（5）检验批质量验收合格应符合下列规定：

①主控项目的质量经抽样检验均应合格；

②一般项目的质量经抽样检验合格；

③具有完整的施工操作依据、质量验收记录。

10.5.1.5　质量检验资料整理

工程质量现场检验应做详细记录，并规范检验意见的签署及盖章。记录表可以采用《矿山地质环境恢复治理工程施工质量验收规范》（DB41/T 1836）附录 A-附录 E 中的格式。需要注意的是，需要把记录表中的"监理单位""总监理工程师""专业监理工程师"等修改为评估单位及相关人员。

10.5.1.6　工程质量评价不合格的处理

评估单位应将工程质量评价结论及时向矿山企业反馈，对于评价不合格的工程，参照 8.7.8.1 进行处理，不再赘述。

10.5.2　工程计量

工程计量是工程施工费评估的前置条件，是工程评估的主要工作之一。工程计量的主要工作是现场工程测量，评估机构可在工程质量现场检测的同时完成工程测量。

工程评估方案应根据工程特点和工程量计量原则选择具体的工程计量方法。

10.5.2.1 工程计量原则

（1）以设计为导向

工程评估机构原则上仅对设计内的工程进行计量，对于设计变更增加的工程也应进行计量。

（2）以合格工程为前提

工程评估机构原则上仅对评价为合格的工程进行计量，对于不合格的工程，经整改复验合格后也应进行计量。

（3）以定量为主定性为辅，计量和认定相结合。

工程计量工作应坚持能定量尽定量，对于缺少计量依据，难以定量的合格工程，在实事求是的原则下可按照设计工程量进行认定。

（4）以直接测算数据为主，以施工记录为辅。

由于评估机构难以对施工记录的准确性和真实性进行验证，所以工程计量应以评估单位直接测算的数据为依据，矿山企业或施工单位的施工记录仅可作为辅助支撑材料，不可作为唯一计量依据。

10.5.2.2 工程计量方法

矿山生态修复工程常用的工程计量方法是计数和测量，对于无法准确计量的合格工程在设计工程量的基础上进行认定。

（1）计数法

计数是指对点状的工程进行逐一累加获取工程总数。矿山生态修复项目中采用计数计量的主要有树苗数量、封堵硐口数量、标识牌数量等。

（2）测量法

测量主要是长度测量、高程测量和坐标测量。其中，长度测量主要是使用钢尺、卷尺、测距仪等量具，对规则形状的工程，例如挡土墙的长、宽、高，地块边长等的测量；高程测量主要用于大面积的土石方工程，通过施工前后的高程差采用网格法对土石方工程进行计量；坐标测量主要使用经纬仪、全站仪、GPS等仪器对工程的拐点坐标或相对位置关系进行测图，进而通过坐标运算获取不同拐点之间的距离进行工程计量。对于规模较大的工程还可以采用无人机测图进行工程测量。

（3）工程量认定

工程量认定是在无法获取测量数据的情况下，对合格工程，结合施工记录等资料，按照设计工程量进行认定，这是不得已的权宜之计。例如，废弃建筑物拆除工程、废渣堆清运工程等，在工程评估阶段已经难以对工程进行直接计量。在确认清除彻底、评为合格工程的情况下，评估单位可以按照设计工程量进行认定。认定工程量原则上不能超过设计工程量和施工记录累加工程量。

10.5.3 基金使用情况评估

基金使用情况评估的主要工作包括审核工程决算、工程费用控制评价、基金提取及使用情况评价等。

10.5.3.1 工程决算审核

评估机构主要从工程决算构成、决算方法和决算数据三个方面进行审核。

（1）工程决算构成审核方法

工程决算构成应沿用工程设计预算的结构,没有设计预算的沿用《方案》估算的结构。依据《河南省土地开发整理项目预算定额标准》(豫财综〔2014〕80号)、《河南省自然资源厅关于开展矿产资源开采与生态修复方案编制评审有关工作的通知》(豫自然资发〔2020〕61号)、《河南省矿山地质环境治理恢复基金管理办法》(豫财环资〔2020〕80号)等规定,矿山生态修复项目费用构成如图10-9所示。

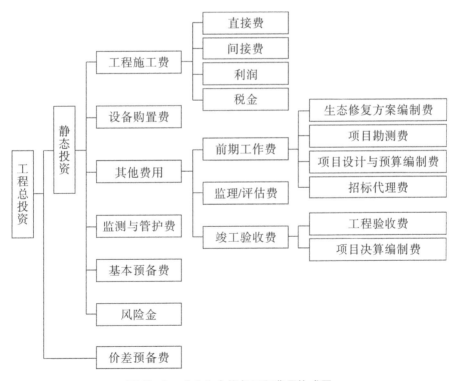

图10-9 矿山生态修复工程费用构成图

综上所述,评估单位应将决算报告中的费用构成与设计预算或方案估算的费用构成列表对比(详见表10-6),得出费用构成的准确性。矿山生态修复工程费必须专款专用,费用科目必须符合豫财环资〔2020〕80号第十四条——"基金使用范围"的规定。

表10-6　工程决算构成审核表

工程名称:

一级决算科目	二级决算科目	三级决算科目	估算/预算中是否包含
审核结论:			

(2)工程施工费、监测费与管护费决算审核方法

这三项费用的审核应从工程量和单价两个方面着手。其中,决算采用的工程量应以项目评估机构的计量数据为准。将施工发包的工程,决算单价以施工单位投标单价为准。矿山企业组织施工的项目,有设计的,决算单价以设计预算单价为准;没有设计的,以《方案》估算单价为准。

(3)设备购置费决算审核方法

项目评估机构首先审查设备投入使用情况,对投入使用的设备,查阅设备购置合同或发票,决算金额应与合同或者发票保持一致。工程没有使用或没有估算(或预算)的设备不应计入工程决算。

(4)其他费用决算审核方法

矿山生态修复工程其他费用一般都有合同、收据或发票等支付凭证。项目评估机构应查阅相关支付凭证,核对决算金额的准确性。决算金额应以相应的合同或发票为准。

需要特别注意的是,按照豫财环资〔2020〕80号第十四条——"基金使用范围"的规定,"三合一"方案的编制费不能全部计入其他费用决算,仅生态修复方案部分的编制费可以计入,矿山开采方案部分的编制费不得计入。

(5)基本预备费动用审核方法

基本预备费是指在工程施工过程中因自然灾害、设计变更及其他不可预见因素的变化而增加的费用。

主要从动用原因和动用金额两个方面审核基本预备费。动用原因应符合基本预备费的定义,主要核查设计变更单、相关政策调整文件、自然灾害官方报道或调查报告等。

国家政策的变动一般会引起某一项或几项费用的调整,其影响范围是明确的。如费率变化主要造成工程施工费的变化,决算金额在预算的基础上对相关费用项目进行调整即可。

设计变更、自然灾害处置等,一般会造成工程施工费、设备购置费、其他费的全面增

加,其决算采用上文对应费用科目的审核方法。

(6)风险金和价差预备费动用审核方法

风险金是指为应对可预见而目前技术上无法完全避免的风险而增加的费用。价差预备费是指,因价格变化而预留的可能增加的费用,包括人工、设备、材料、施工机具的价差费。

与基本预备费类似,风险金和价差预备费也是从动用原因和动用金额两个方面审核。其中,风险金应审核风险实际发生及与工程有直接关系的证明资料,以处置该事件发生的全部支付凭证的总额作为决算金额。价差预备费应查阅施工期间的政府价格信息文件,用该价格与预算或估算单价相比得到价差,决算金额以价差和相应工程量的乘积为准。

(7)审核计算准确性

对工程决算的计算准确性进行审核,对金额较大的决算项目进行抽查验算。

10.5.3.2　工程费用控制评价方法

将审核通过的工程决算与设计预算或方案估算进行对比,在统一工程范围的前提下,如决算金额少于设计预算或方案估算则工程费用控制良好。如二者偏差较大应分析偏差原因。有些未完成全部设计工程量的项目,统一工程计算范围有些难度,宜采用前文 4.8 介绍的挣值法进行工程费用控制评价。

【**案例**】河南金渠黄金股份有限公司金矿分公司矿山生态修复工程(2020—2022 年度)包括 1168 坑口、1118 坑口和 950 坑口三个治理区。在 2022 年 10 月进行阶段性验收时 1118 坑口治理区的排水渠、覆土和撒播草籽工程尚未施工,其他工程全部完成,且质量合格。工程评估单位需对工程费用控制情况进行评估,并判断剩余预算是否足以支付未完成的工程费用,主要数据如表 10-7 所示:

表 10-7　阶段性验收数据

序号	费用名称	预算金额/万元	本阶段决算金额 ACWP/万元
一	施工费	427.62	386.12
二	其他费	58.2	36.5
合计		485.82	422.62

评估单位经过对比对现阶段工程量完成情况及预算执行情况,认为剩余施工任务按原计划进行的概率较大,预计工程其他费还需支付 2 万元。剩余工程的预算费用(BCWS)为 50.9 万元,如表 10-8 所示:

表 10-8　剩余工程预算表

序号	工程	单位	工程量	预算单价/元	小计/元
一	排水渠工程				147 393.37
1	人工挖沟渠	100 m³	3.09	7 951.4	24 569.83
2	运石渣	100 m³	3.09	5 671.17	17 523.92
3	浆砌排水沟		1.97	53 451.59	105 299.63
二	土壤重构				357 990.53
1	运土	100 m³	38.82	6 522.63	319 869.78
2	人工平土	100 m²	77.64	388.67	38 120.75
三	植被重建工程				3 575.90
1	撒播 不覆土	hm²	0.776 4	4 605.75	3 575.90
	合计				508 959.81

从施工费和项目总费用两个维度进行项目完工估算如下：

项目完工施工费估算($EAC_{施工}$) = $ACWP_{施工}$ + BCWS = 386.12 + 50.9 = 437.02 万元

项目完工其他费用估算($EAC_{其他费用}$) = $ACWP_{其他费用}$ + C_i = 36.5 + 2.0 = 38.5 万元

项目完工估算 EAC = $EAC_{施工}$ + $EAC_{其他费用}$ = 437.02 + 38.5 = 475.52 万元

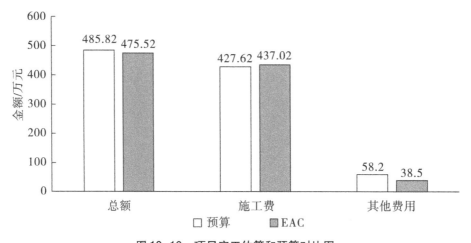

图 10-10　项目完工估算和预算对比图

由图 10-10 所示,预计河南金渠黄金股份有限公司金矿分公司矿山生态修复工程 (2020—2022 年度)完工时施工费将超支 9.4 万元(427.62 - 437.02 = -9.4),超支比例 2.2%;总预算会节约 12.3 万元(485.82 - 475.52 = 10.3),节约比例 2.1%。估计项目将在预算范围内完成全部任务,费用控制良好。

10.5.3.3　基金提取及使用情况评价方法

基金提取情况应以财会凭证或银行记录为准,主要将提取时间和金额与矿山生态修复方案年度投资估算进行对比,评估基金提取机制的运行状况。

评估时可使用条形图或柱状图的形式进行对比分析,例如图 10-11 所示。

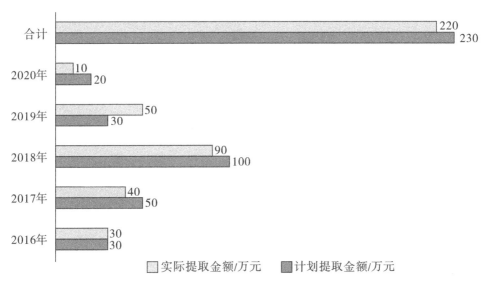

图 10-11　基金实际提取金额与投资计划值对比图示例

将工程决算与实际提取的基金进行对比,评价提取的基金是否满足工程需要。如决算金额少于实际提取的基金,剩余基金可用于下阶段工程。需要注意的是,决算前矿山企业可能已经支付了工程前期费或者施工费,这部分资金应视同实际提取的基金,并在评估报告中予以说明。对于实际提取基金和决算金额偏差较大的,应分析偏差原因。常见的偏差原因有:基金提取金额与矿山开采量有直接关系,如实际开采量与备案的《方案》出入较大,将会造成基金提取金额与方案估算差别较大;实际发生的矿山生态问题与《方案》预测不一致,也会造成决算与估算差别较大等。

10.6　工程评估报告

工程评估单位依据工程评估方案及上述评估流程对工程现场评估完成后,应编制工程评估报告,以对工程评估工作进行整理,并明确评估结论。工程评估报告应包括下列主要内容:

(1)工程概况;

（2）工程评估合同及评估任务概述；

（3）项目评估机构；

（4）工程评估方案概述；

（5）工程评估工作综述；

（6）工程质量评价；

（7）工程计量；

（8）基金使用情况评估；

（9）工程效果分析与评价；

（10）工程实施中存在的问题及处理意见和建议；

（11）附件（包括工程评估合同、工程质量监测资料、工程计量资料、相关影像资料等）。

第 11 章

工程资料管理及竣工验收

工程资料管理是工程信息管理的工作之一,矿山生态修复项目的工程信息量相对较少,工程实践中一般做好工程资料管理即可满足项目信息管理的需求。矿山生态修复项目的工程资料作为反映项目全过程的档案,是工程评估和竣工验收的重要依据,需要在项目所在地自然资源主管部门备案。

11.1　工程资料的内容

矿山生态修复项目工程资料是指"三合一"方案、勘查设计、施工、评估验收等工程全过程形成的文件、图纸、表格、声像材料等各种形式的信息总和。经汇编后,矿山生态修复工程资料包括"三合一"方案、勘查设计文件、竣工报告、工程决算报告、工程评估报告等。其中,"三合一"方案、竣工报告、工程决算报告、工程评估报告是矿山生态修复项目的必备工程资料;勘查设计文件视项目是否开展勘查设计工作而定。工程决算报告和工程评估报告在上文第 9 章和第 10 章有详细介绍,不再赘述。

11.2　"三合一"方案

11.2.1　"三合一"方案及基金的演替过程

"三合一"方案全称为矿产资源开采与生态修复方案,由最初的矿产资源开发利用方案、矿山地质环境保护与治理恢复方案、矿山土地复垦方案合编而成。期间经历了矿山地质环境保护与治理恢复方案、矿山土地复垦方案合编的"二合一"方案阶段。这些方案与"基金"息息相关。"基金"的全称为矿山地质环境治理恢复基金,经历了矿山地质环境治理恢复保证金、矿山地质环境治理恢复基金、与土地复垦保证金合并三个阶段。方案和基金的演替过程如图 11-1 所示。

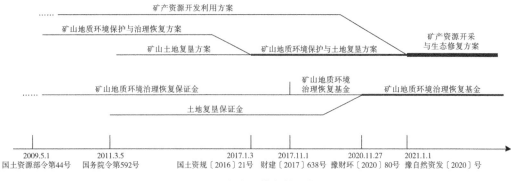

图 11-1　方案和基金的演替过程

11.2.1.1　方案的演替过程

2009 年 5 月 1 日实施的《矿山地质环境保护规定》(国土资源部令第 44 号)标志着矿山地质环境保护与治理恢复方案编制工作的开始;2011 年 3 月 5 日开始实施的《土地复垦条例》(国务院令第 592 号)标志着土地复垦方案编制工作的开始。

自 2017 年 1 月 3 日,国土资源部办公厅下发的《关于做好矿山地质环境保护与土地复垦方案编报有关工作的通知》(国土资规〔2016〕21 号)起,开始施行矿山地质环境保护与治理恢复方案和土地复垦方案合并编报制度,《国土资源部办公厅关于做好矿山地质环境保护与治理恢复方案编制审查及有关工作的通知》(国土资厅发〔2009〕61 号)同时废止,标志着"二合一"方案登上历史舞台。

2020 年 12 月 17 日,河南省自然资源厅下发的《关于开展矿产资源开采与生态修复方案编制评审有关工作的通知》(豫自然资发〔2020〕61 号)要求从 2021 年 1 月 1 日起,对全省矿山的矿产资源开发利用方案、矿山地质环境保护与治理恢复方案及土地复垦方案三个方案进行合并。自此,河南省开始施行三方案合编制度。

11.2.1.2　基金的演替过程

2006 年 2 月 10 日,财政部联合原国土资源部、国家环境保护总局下发的《关于逐步建立矿山环境治理和生态恢复责任机制的指导意见》(财建〔2006〕215 号),要求矿山企业按照矿产品销售收入的一定比例,分年预提矿山环境治理恢复保证金。标志着矿山地质环境治理恢复保证金的诞生。

2011 年 3 月 5 日实施的《土地复垦条例》(国务院令第 592 号)规定:土地复垦义务人应当将土地复垦费用列入生产成本或者建设项目总投资。2013 年 3 月 1 日实施的《土地复垦条例实施办法》(国土资源部令第 56 号)规定:土地复垦义务人应当按照条例第十五条规定的要求,与损毁土地所在地县级国土资源主管部门在双方约定的银行建立土地复垦费用专门账户,按照土地复垦方案确定的资金数额,在土地复垦费用专门账户中足额预存土地复垦费用。标志着土地复垦保证金的诞生。

2017 年 11 月 1 日,三部委联合下发的《关于取消矿山地质环境治理恢复保证金建立矿山地质环境治理恢复基金的指导意见》(财建〔2017〕638 号)废止了财建〔2006〕215 号文件,保证金制度同时被取消,转为矿山地质环境治理恢复基金。

2020 年 11 月 27 日,河南省财政厅、河南省自然资源厅、河南省生态环境厅联合印发的《河南省矿山地质环境治理恢复基金管理办法》(豫财环资〔2020〕80 号),将矿山地质环境治理恢复基金的定义更新为矿山企业为依法履行矿山地质环境治理恢复、土地复垦等地质环境保护责任而提取的基金。此文件标志着河南省取消矿山土地复垦保证金,并入矿山地质环境治理恢复基金统一管理。

11.2.2 "三合一"方案的主要内容

"三合一"方案的编制依据和评审程序见前文 2.9,方案主要内容包括:概述、矿产资源概况、主要建设方案的确定、矿床开采、选矿及尾矿设施、矿山安全设施及措施、矿山地质环境影响与土地损毁评估、矿山地质环境治理与土地复垦可行性分析、矿山地质环境保护与土地复垦工程、矿山地质环境保护与土地复垦工程总体部署、矿山地质环境保护与土地复垦工程量及投资估算、矿山地质环境保护与土地复垦方案实施的保障措施、矿山经济可行性分析、结论与建议共十四章及附表、附件和附图,方案大纲按照豫自然资发〔2020〕61 号执行。

11.3 勘查设计

与"三合一"方案不同,目前尚未出台针对矿山生态修复项目勘查设计的文件或规范。勘查设计是在"三合一"方案的基础上,对矿山实际发生的矿山生态环境问题进行勘查、并进行针对性的设计和预算。基于"边开采、边治理"的理念,勘查设计一般分年度或区域实施。结合项目经验,本书对矿山生态修复项目勘查设计的主要内容和注意事项进行了总结。

11.3.1 勘查设计的主要内容

在矿山闭坑前,矿山生态修复工程为矿山企业按照周期持续性开展的项目。对整个矿区而言,矿山生态修复项目勘查设计是针对部分治理区施工的指导性文件;对"三合一"方案适用期而言是针对某阶段工程的施工指导性文件,名称一般为《××公司××矿山生态修复工程勘查设计书(××治理区或××××－××××年度)》,可按照如下大纲编制。

(1)前言

①项目背景 介绍矿山企业的名称、采矿许可证、矿种、开采方式、生产规模、开采范围、矿区面积;本设计基于的"三合一"方案的编制时间,方案服务年限;勘查设计任务的受托情况等。

②目的任务 将勘查设计任务分解为搜集资料、勘查、测绘、设计、预算等进行具体说明。

③工作完成情况 介绍勘查设计的工作路线及方法、完成的工作量和工作成果。

(2)项目区概况

介绍项目区交通位置、自然条件、社会经济概况、矿区地质环境等。

(3)《三合一方案》概述

概括介绍"三合一"方案规划的工程阶段实施计划及近期工作安排。重点介绍与本次勘查设计重叠的治理区和时间区间的工程和估算,建立勘查设计和"三合一"方案的对应关系。

(4)矿山生态修复工程勘查

介绍勘查依据、勘查工作部署、勘查工作方法、勘查工作量、勘查区矿山地质环境问题及土地利用情况等。重点论述所选定治理区的矿山地质环境问题及土地利用情况。

(5)矿山生态修复工程设计

详细介绍设计原则、设计依据、工程总体部署、分项工程设计、工程量汇总。

(6)工程预算

预算编制依据、预算构成、预算编制的计算方法、预算结果。

(7)工程分析

①本设计与《三合一方案》对比分析 从治理区位、时间跨度两个方面建立设计与方案的对应关系,在此基础上从工程措施、工程量、工程费用等角度进行对比分析,确保执行"三合一"方案的连续性。

②工程效益分析 展望设计工程实施后将取得的社会、经济、生态环境等方面的效益。

(8)工程建议

对预算资金落实、工程施工管理、验收等方面提出可行性建议。

(9)附图

附土地利用现状图、工程平面布置图、剖面图、大样图等。

11.3.2　勘查设计的注意事项

按照"边开采、边治理"的原则,矿山生态修复项目一般是针对矿山的部分区域或某一阶段进行的勘查设计,与独立的项目相比有其特殊性,工作过程中需要注意如下事项:

(1)在"三合一"方案的基础上进行可施工性分析

"三合一"方案是矿山生态修复项目的纲领性文件,虽然是基于预测规划的工程,可施工性不高,但它是工程评估的重要依据。如果脱离方案做设计,则可能破坏矿山生态修复项目的系统性,对工程评估验收带来程序上的错乱。如"三合一"方案规划的工程无法实施,则应对方案进行变更,或在设计中进行详细论述,重新建立起设计和方案的关系。工程实践中,不能按照方案规划的工程实施的情况比较常见,例如:

①方案预测的采空区未坍塌,则采空区治理工程可能失去施工的必要性。

②矿山实际开采进度滞后于方案的开采计划,采区未能如期闭坑,则规划的相关工程不能按照预定时间点施工。

③生态修复理念的更新造成方案规划的工程不具备施工条件。例如,近些年政府鼓励对采矿产生的矿渣综合利用,则方案规划的矿渣堆治理工程就失去了施工条件,无法实施。

可施工性分析在矿山生态修复项目中的重要性已在前文 4.3 进行了论述。为确保设计的可施工性,设计人员应主动争取矿山企业及施工相关人员或专家加入到设计工作中,在"三合一"方案的基础上优选可施工性强的生态修复措施。

(2)依据规范进行设计

矿山生态修复设计相关的规范不多,设计师在设计前应先搜集相关规范,设计的技术要求尽量做到有规范可依。比如《土地复垦质量控制标准》(TD/T 1036)将全国划分成 10 个土地复垦类型区,针对不同类型区和复垦地类规定了土源的技术指标及土层厚度等,设计时查询引用即可。

需要注意的是,公开发表的论文、论著不同于规范,在引用其中的方法和数据时应先进行可行性论证。

(3)以最新的生态修复理念、法律、规范进行设计

近些年生态修复理念不断更新,设计时应按照最新的理念进行设计,还要确保设计成果和工程能满足最新的法律和规范的规定,顺利验收。

(4)贯彻全生命周期造价管理理念,以新的造价信息编制预算

继"三合一"方案之后,设计是对工程总造价影响第二大的工程阶段,在生态修复工程措施的方案比选时应运用上文 4.1 所述的理论工具进行项目全生命周期造价管理。

设计预算要依据最新的价格水平和造价信息进行编制,因涨价造成的工程费用增加

对应方案估算中的涨价预备费。如上文所述,应在设计中的"工程分析"章节进行工程费用的对比分析。

(5)勘查设计文件中最好不编写施工组织设计章节

如前文8.4所述,施工组织设计是施工单位以施工项目为对象编制的,用于指导工程施工的技术、经济和管理的综合文件。在施工单位尚未确定的情况下,设计单位不可能对投入项目的施工力量未卜先知。因此,设计阶段编写施工组织设计一般不具备针对性和可操作性。有时候还会对项目的实施起到反作用。

【案例】某矿山生态修复项目因施工进度被中央环保督察组通报

2020年4月,某灰岩矿编制并备案了2020年度矿山生态修复工程设计。设计书中的施工组织设计章节提出计划工期为120天。中央第五生态环境保护督察督查时发现,2020年生态修复年度治理任务实际完成量不足计划值一半,进行了通报。

这个案例中,可能正是由于设计书中的施工组织设计与实际施工条件脱节,造成计划工期不合理,给矿山企业带来了麻烦。

11.4 工程竣工报告

工程竣工报告是对施工作业的记录和总结。竣工报告应简明扼要地描述采用的主要施工工艺,及对工期、施工费用、质量等主要目标的控制措施及结论。

11.4.1 工程竣工报告的主要内容

工程竣工报告的名称应与勘查设计配套,只需将其中的"勘查设计书"修改为"竣工报告"即可。工程竣工报告可按照如下大纲编制。

(1)前言

介绍项目背景、项目目的、施工依据、工程位置等内容。其中的施工依据包括8.7.3.2介绍的共同性依据、专业技术性依据、项目专用性依据三类。

(2)工程概况

介绍工程任务、工程特点、工程要求、工程进度概述。

(3)施工环境条件

简要介绍项目区的气象、水文条件、地形地貌、工程地质条件、道路通行条件、水电条件、场地生活条件、施工材料来源等。

(4)施工组织与管理

此章介绍项目组织机构、施工设备组织、材料组织、施工管理制度等。

（5）施工工艺与质量控制

是工程竣工报告的核心内容，按照工程划分，分别介绍各项工程的施工工艺、质量控制措施实施情况、质量自检过程及结论。

注意，此处不要引用监理预验收或者工程评估结论。原因是监理或评估是在施工自检合格后才进行工程质量验收的，避免出现逻辑紊乱。

（6）工期控制

简要介绍工期控制措施实施情况、实际工期，并与计划工期对比。二者有较大出入的，说明具体原因。

（7）完成工作量及施工费决算

以表格的形式罗列实际完成工程量，并与设计工程量进行对比。对二者差距较大的，说明具体原因。

由于工程决算报告有详细的数据，故重点介绍施工费控制的主要措施和结论。

（8）后续工作计划

介绍工程竣工后的监测和养护工作安排，与后续工程的衔接等。如果生态修复区域用地期满，需要移交的，介绍场地移交计划。

（9）工程效益

对照设计展望的社会、经济、生态环境等方面的效益，说明实际取得的工程效益。

（10）附件

①材料、设备出厂合格证，试验报告，树苗检疫报告等反映材料、设备质量的证明资料。

②反映各治理区施工前、施工中和施工后的照片，主要施工过程的照片。

③反映工程进度、施工费用、工程质量控制的签证资料。

④竣工图。

⑤反映项目施工前后对比情况的影像资料。

11.4.2　编制工程竣工报告的注意事项

（1）简明扼要

施工的产品是实体工程，竣工报告相当于"产品说明书"，辅助"用户"了解"产品"。因此，竣工报告要简明扼要，便于理解。

（2）实事求是

竣工报告中的内容应与实际相符，竣工图应实测。

（3）工程签证资料编制

为方便管理，工程签证资料要规范、统一，与施工质量相关的工程签证资料可以采用

《矿山地质环境恢复治理工程施工质量验收规范》(DB41/T 1836)附录 A 至附录 E 中的格式;其他签证资料可采用《山水林田湖草生态保护修复工程监理规范》(DB41T 1993)附录 A 至附录 C 中的格式。或参考黄河水利出版社出版的《矿山地质环境恢复治理工程资料员一本通》提供的格式。

(4)工程签证资料的归集

工程签证资料是施工单位和监理单位(或评估单位)共同完成的,如果在工程竣工报告和工程评估报告中都作为附件出现,将给工程资料存档造成很大压力,明显是不合理的。本书中建议,采用监理制的矿山生态修复项目,工程签证资料全部作为竣工报告的附件,其中开工/复工令、施工组织设计/(专项)施工方案报审表、停工令、监理通知单、单位工程质量验收记录表等反映监理重要指令的签证资料作为监理单位编写的评估报告的附件;采用评估制的矿山生态修复项目,在评估单位介入前的签证资料作为竣工报告的附件,评估单位进行工程质量评价产生的签证资料全部作为评估报告的附件。

11.5　工程资料的管理和传递

11.5.1　工程资料的格式

矿山生态修复项目的工程资料采用纸质和电子两种格式。纸质版图纸宜采用标准图幅彩色打印,文本采用 A4 彩色打印,普通胶装。电子版图纸宜采用 dwg 格式、文本采用 doc 格式编辑和存档。为排除因字库不同造成的排版混乱,电子版文件的传递宜采用pdf 格式。

11.5.2　工程资料的传递和存档

(1)过程资料

工程签证和工作联系单等项目实施过程中产生的资料应以纸质版为主、电子版为辅进行传递和签收,各相关单位存档一份。

(2)工程报告

"三合一"方案、勘查设计文件、工程竣工报告、工程决算报告、工程评估报告等工程报告的传递和存档如表 11-1 所示。

表 11-1 工程报告的传递和存档

报告名称	"三合一"方案	勘查设计	竣工报告	决算报告	评估报告
项目监管单位	备案	备案	备案	备案	备案
矿山企业	存档	存档	存档	存档	存档
方案编制单位	编制				
设计单位	借阅	编制			
施工单位		存档	编制	编制	
监理/评估单位	借阅	借阅	审查	审查	编制

（3）电子版载体

由于目前配置光驱的电脑越来越少，为确保工作效率，除存档使用光盘外，本书建议电子版资料的传递采用 U 盘拷贝，不涉密的采用网络传输。

11.6 竣工验收

矿山生态修复项目验收施行评估制。自豫财环资〔2020〕80 号提出矿山生态修复项目评估后，至今未出台操作层面的管理制度。工程实践中，项目验收程序由项目所在地自然资源主管部门确定。一般情况下可按照如下要点进行验收。

11.6.1 参与竣工验收的单位和人员

（1）项目监管单位

项目所在地自然资源主管部门是矿山生态修复项目的监管单位，相关科室宜派人参加项目竣工验收。

（2）矿山企业

矿山企业是矿山生态修复项目的业主单位，也是竣工验收的组织单位，项目负责人应参加竣工验收。

（3）评估单位

评估单位项目负责人应参加竣工验收。

（4）专家组

专家组由工程技术和经济专业专家组成，全体成员应全程参与竣工验收。

（5）其他

如有需要，矿山企业应邀请勘查设计单位、项目所在地生态环境主管部门参加竣工验收。

11.6.2 验收程序

评估制下,矿山生态修复项目的一般验收程序:首先,施工单位进行自检;其次,矿山企业委托第三方进行工程后评估;最后,组织专家进行竣工验收,将评估报告等工程材料在项目所在地自然资源主管部门备案。

评估单位应依据《矿山地质环境恢复治理工程施工质量验收规范》(DB41/T 1836)或其他相关验收规范的规定,按照检验批、分项工程、分部工程、单位工程四个层次进行工程质量评价,详见上文工程评估章节。

11.6.3 工程竣工验收的内容

矿山生态修复项目基于工程评估报告进行竣工验收。工程评估内容即是竣工验收的主要内容,包括工程量、工程质量和工程费用三项。其中,工程费应反映矿山地质环境治理恢复基金的使用情况。

工程竣工验收包括工程实体验收和工程资料验收两部分。验收组应首先对照设计文件进行工程现场验收,重点验收工程整体生态修复效果、工程量完成情况,抽查工程质量等。然后,对工程资料进行会审。

验收可按照如下流程进行:

(1)矿山企业组织会议,介绍与会单位和人员;

(2)施工单位汇报施工情况;

(3)评估单位汇报评估工作及评估结论;

(4)专家组组长主持评审,各专家发表意见,组长宣布专家组合议的验收结论;

(5)项目监管部门发言;

(6)矿山企业发言;

(7)其他事项。

附　录

矿山生态修复项目全过程工程咨询合同示范文本

说　明

为便于合同当事人使用《矿山生态修复项目全过程工程咨询合同示范文本》(以下简称《示范文本》),就有关问题说明如下:

一、《示范文本》的组成

《示范文本》由合同协议书、通用合同条款和专用合同条款三部分组成。

(一)合同协议书

合同协议书集中约定了合同当事人基本的合同权利、义务。

(二)通用合同条款

通用合同条款是合同当事人根据《中华人民共和国民法典》等相关法律,就矿山生态修复项目全过程工程咨询的实施及相关事项,对合同当事人的权利义务做出的原则性规定。

(三)专用合同条款

专用合同条款是合同当事人根据不同矿山生态修复项目的特点及具体情况,通过谈判、协商对相应通用合同条款的原则性约定进行细化、完善、补充、修改或另行约定的条款。

在使用专用合同条款时,应注意以下事项:

(1)专用合同条款的编号应与相应的通用合同条款的编号一致,并和通用合同条款按照同一编号的条款一起阅读和理解,当两者之间有不符之处,以专用合同条款为准;

(2)合同当事人可以通过对专用合同条款的修改满足具体矿山生态修复项目的特殊需求,而不对通用合同条款进行修改;

(3)在专用合同条款中有横道线的地方,合同当事人可针对相应的通用合同条款进行细化、完善、补充、修改或另行约定;如果无细化、完善、补充、修改或另行约定,则填写"无"或划"/";

（4）对于在专用合同条款中未列出的通用合同条款，合同当事人根据项目的具体情况认为需要进行细化、完善、补充、修改或另行约定的，可增加相关专用合同条款或附件。

二、《示范文本》适用范围

《示范文本》适用于矿产资源开采与生态修复方案编制，矿山生态修复项目的勘查设计、施工管理、工程监理（或评估）等全过程工程咨询服务。

三、《示范文本》的性质和使用方法

《示范文本》为非强制性使用文本。合同当事人可结合矿山生态修复项目具体情况，根据《示范文本》订立合同，并按照法律规定和合同约定承担相应的法律责任及合同权利义务。

使用《示范文本》签订合同时，如合同当事人均接受通用合同条款的，可略去通用合同条款的具体内容，但应在通用合同条款的位置约定所执行通用合同条款的唯一出处。

第一部分　合同协议书

委托人(全称)：_____

咨询人(全称)：_____

根据《中华人民共和国民法典》《中华人民共和国土地管理法》《地质灾害防治条例》《土地复垦条例》《矿山地质环境保护规定》等相关法律法规,遵循自愿、平等、公平和诚实信用的原则,双方就以下全过程工程咨询服务及有关事项协商一致,订立本合同。

一、项目概况

1. 项目名称：_____。

2. 项目地点：_____。

3. 项目类型：□矿山地质环境保护与治理恢复工程 □土地复垦工程 □其他_____。

4. 项目面积：_____。

5. 估算金额：_____。

6. 资金来源：□矿山地质环境治理恢复基金 □其他_____。

7. 项目周期：_____。

二、服务范围

咨询人向委托人提供的全过程工程咨询服务范围为：

□《矿产资源开采与生态修复方案》编制

□矿山生态修复工程勘查设计

□施工管理 或 □工程监理

□工程评估

□其他：_____。

具体的咨询服务方式、内容、标准和要求等详见附件1[服务范围]

三、委托人代表与总咨询工程师

1. 委托人代表：_____。

2. 总咨询工程师：_____。

具体信息详见专用条款2.3[委托人代表]和3.2.1[总咨询工程师]

四、服务费用

本项目签约价为：人民币(大写)_____(￥_____元)。

具体的服务费用计取和支付方式详见附件2[服务费用和支付]。

五、服务期限

服务期限计划自_____至_____止。

具体的服务期限和服务进度计划详见专用合同条款及附件3[进度计划]。

六、合同文件的组成

组成本合同的合同文件包括：

1. 协议书；

2. 中标通知书（如有）；

3. 投标函及其附录（如有）；

4. 专用合同条款及其附件；

5. 通用合同条款；

6. 技术标准和要求；

7. 其他合同文件。

在合同订立及履行过程中形成的与合同有关的文件均构成合同文件组成部分。

七、双方承诺

1. 咨询人向委托人承诺，按照法律法规、规范性文件和技术标准以及合同约定提供工程咨询服务。

2. 委托人向咨询人承诺，按照法律法规履行矿山地质环境治理恢复与土地复垦义务，按照合同约定提供开展工程咨询服务活动的依据，按照本合同约定派遣相应的人员，提供咨询服务所需的资料和条件，并按照合同约定的期限和方式支付服务费和其他应支付款项。

八、词语含义

合同协议书中的词语含义与通用合同条款和专用合同条款中赋予的含义相同。

九、合同订立和生效

1. 合同订立时间：_____年____月____日

2. 合同订立地点：_____

3. 本合同一式____份，具有同等法律效力，委托人执____份，咨询人执____份。

4. 本合同经双方签字并盖章后成立并生效。

委托人：（公章）	咨询人：（公章）
法定代表人或其委托代理人：	法定代表人或其委托代理人：
_____（签字）	_____（签字）
统一社会信用代码：_____	统一社会信用代码：_____
地址：_____	地址：_____
法定代表人：_____	法定代表人：_____
委托代理人：_____	委托代理人：_____
电话：_____	电话：_____
传真：_____	传真：_____
电子信箱：_____	电子信箱：_____
开户银行：_____	开户银行：_____
账号：_____	账号：_____

第二部分　通用合同条款

第1条　一般规定

1.1　定义和解释

除根据上下文另有其意义外,组成本合同的全部文件中的下列词语具有本款所赋予的含义:

1.1.1　合同:委托人和咨询人就咨询服务约定双方权利义务的,根据法律规定和双方约定具有约束力的文件,由合同协议书、中标通知书(如果有)、投标函及其附录(如果有)、专用合同条款及其附件、通用合同条款、技术标准和要求、其他合同文件构成。

1.1.2　合同协议书:指构成合同文件组成部分的由合同当事人共同签署的称为"合同协议书"的文件。

1.1.3　工程合同:指委托人为实现本项目而与施工单位、供货单位及其他技术服务单位签订的合同。

1.1.4　合同当事人:指委托人和(或)咨询人。

1.1.5　委托人:指与咨询人签订合同协议书,接受咨询服务的一方,或取得该当事人资格的合法承继人。

1.1.6　委托人代表:指由委托人根据合同约定任命的,在委托人授权范围内代表委托人履行合同的代表。

1.1.7　咨询人:指与委托人签订合同协议书,提供咨询服务的一方,及取得该当事人资格的合法承继人。

1.1.8　总咨询工程师:是指由咨询人根据合同约定任命的,在咨询人授权范围内代表咨询人负责合同履行,主持工程咨询服务工作的负责人。

1.1.9　全过程工程咨询服务:在组成本合同的全部文件中也可简称为咨询服务,是指咨询人接受委托人的委托,综合运用多学科知识、工程实践经验、现代科学和管理方法,采用多种服务方式组合,为委托人提供矿山生态修复项目整体解决方案的综合性智力服务活动。主要咨询服务内容包括矿产资源开采与生态修复方案编制,矿山生态修复项目勘查设计、施工管理或工程监理、工程评估等。广义的,咨询人依法为委托人提供两项或两项以上技术服务的均称为全过程工程咨询。具体服务内容在合同协议书和附件1[服务范围]中约定。

1.1.10　服务成果:是指附件1[服务范围]所列的,由咨询人为履行咨询服务,按照合同约定向委托人提供的有形和无形的服务成果,例如《矿产资源开采与生态修复方案》、《工程勘查设计报告》(含施工图、工程预算等)、《施工组织设计》、《竣工报告》、《工程决算报告》、《工程评估报告》等电子或实物文件。

1.1.11　服务开支:指咨询人为履行合同向第三方支付的合理费用,例如土地利用现状图搜集费、评审费、检测费、试验费等。

1.1.12　天:除特别指明外,均指日历天。合同中按天计算时间的,开始当天不计入,从次日开始计算,期限最后一天的截止时间为当天 24:00 时。

1.1.13　书面形式:是指合同文件、信函、电报、传真等可以有形地表现所载内容的形式。

1.2　合同文件的优先顺序

组成合同的各项文件应互相解释,互为说明。除专用合同条款另有约定外,解释合同文件的优先顺序如下:

(1)合同协议书;

(2)中标通知书(如有);

(3)投标函及其附录(如有);

(4)专用合同条款及其附件;

(5)通用合同条款;

(6)技术标准和要求;

(7)其他合同文件。

上述各项合同文件包括双方就该项合同文件所做出的补充和修改,属于同一类内容的文件,应以最新签署的为准。

在合同订立及履行过程中形成的与合同有关的文件均构成合同文件组成部分,并根据其性质或双方协商确定优先解释顺序。

1.3　语言文字

合同以中国的汉语简体语言文字编写、解释和说明。合同当事人在专用合同条款中约定使用两种以上语言时,汉语为优先解释和说明合同的语言。

除专用合同条款另有约定外,双方间的所有通信交流应使用编写合同所使用的语言。

1.4　法律和标准

1.4.1　适用法律

合同适用中华人民共和国法律、行政法规、部门规章以及项目所在地的地方性法规、自治条例、单行条例和地方政府规章等。合同当事人可以在专用合同条款中约定合同适用的其他规范性文件以及需要明示的法律、法规和规章等。

1.4.2　标准规范

适用于项目的现行有效的国家标准、行业标准、项目所在地的地方性标准,以及相应的规范、规程等,合同当事人有特别要求的,应在专用合同条款中约定。

委托人要求使用国外技术标准的,委托人与咨询人在专用合同条款中约定原文版本和中文译本提供方及提供标准的名称、份数、时间及费用承担等事项。

委托人对项目的技术标准、功能要求高于或严于现行国家、行业或地方标准的,应当在专用合同条款中予以明确。除专用合同条款另有约定外,应视为咨询人在签订合同前已充分预见前述技术标准和功能要求的复杂程度,并已包含在服务费用中。

1.4.3 法律和标准的变化

除专用合同条款另有约定外,咨询人完成咨询服务所应遵守的法律以及技术标准,均应视为在基准日期适用的版本。基准日期之后,至合同履行期间届满之前,前述版本发生重大变化,或者有新的法律以及技术标准实施的,咨询人应就推荐性标准向委托人提出遵守新标准的建议,对强制性的规定或标准应当遵照执行。因委托人采纳咨询人的建议或遵守基准日期后新的强制性的规定或标准,导致服务费用增加和(或)服务期限延长的,由委托人承担。

1.5 通信交流

与合同有关的协议、通知、批准、证明、证书、指示、指令、要求、请求、同意、确定和决定等,均应采用书面形式,并应在合同约定的期限内送达接收人和送达地点。

委托人和咨询人应在专用合同条款中约定各自的送达接收人、送达地点、电子传输方式等。任何一方合同当事人指定的接收人或送达地点或电子传输方式发生变动的,应提前3天以书面形式通知对方,否则视为未发生变动。

委托人和咨询人应当及时签收另一方送达指定地点和指定接收人的往来函件,如确有充分证据证明一方无正当理由拒不签收、无理扣押或拖延的,视为送达。

1.6 保密

任何一方对在订立和履行合同过程中知悉的另一方的保密信息负有保密责任,未经该方事先书面同意,均不得自行或允许其相关人员对外泄露或用于合同以外的目的。一方泄露或者在合同以外使用该保密信息给另一方造成损失的,应承担损害赔偿责任。双方认为必要时,可签订保密协议,作为合同附件。

1.7 发布

咨询人可以将与咨询服务和项目有关的材料和信息用于商业投标。除第1.6款[保密]和专用合同条款另有约定外,咨询人可以单独或与他人合作发布与咨询服务和项目有关的材料和信息,但如果在咨询服务完成之日或合同终止之日(以较早者为准)之后的两年内进行发布的,应事先通知委托人。

1.8 严禁贿赂

合同当事人不得以贿赂或变相贿赂的方式,谋取非法利益或损害对方权益。因一方的贿赂造成对方损失的,应赔偿损失,并承担相应的法律责任。

1.9 利益冲突

咨询人不得与其他第三方串通损害委托人利益,除委托人另行书面同意外,不得参与和委托人利益相冲突的任何活动。

咨询人声明,在合同签订之日不存在可能使其在履行合同义务时引起利益冲突的事项,包括与项目的施工、材料设备供应单位之间不存在利害关系。如在合同履行期间发生利益冲突事项的,咨询人在得知该情况后应立即书面通知委托人,双方应根据诚信原则以及相关法律规定就解决方法达成一致。

1.10 合同修改

对合同的变更或修改应以书面形式做出并由合同当事人正式签署。

第2条 委托人

2.1 委托人一般义务

2.1.1 委托人应遵守法律,依法履行矿山地质环境保护与土地复垦义务,生产类矿山应取得采矿许可证。项目所在地对矿山生态修复项目开工有前置条件要求的,委托人应依法取得开工许可条件。因委托人未能履行以上法定义务,导致服务费用增加和(或)服务期限延长时,由委托人承担此项增加的费用以及专用条款约定的其他义务。

2.1.2 除附件1[服务范围]另有约定外,委托人应向咨询人提供咨询服务时所涉及的所有外部关系的协调以及与其他组织相联系的渠道,以便咨询人收集需要的信息,为咨询人履行职责提供外部条件。委托人应在工程合同中或根据工程合同的规定及时向相关施工单位、供货单位、其他技术服务单位等提供咨询人及总咨询工程师的名称或姓名、管理范围、内容和权限以及其他必要信息,并负责就咨询人与委托人以及委托人的相关施工单位、供货单位、其他技术服务单位等之间职权相重叠或不明确的情况予以协调和明确。

2.1.3 为了咨询服务的需要,委托人应在不影响咨询人根据服务进度计划开展服务的时间内,按照专用合同条款的约定,免费向咨询人提供相关资料、设备和设施。并对所提供资料的真实性、准确性和完整性负责。如果咨询人履行服务时另需其他人员的服务,委托人应按照专用合同条款的约定,及时提供其他人员的服务,以保证咨询服务能够按服务进度计划进行。除附件1[服务范围]另有约定外,其他人员的服务与咨询人的服务之间的界面管理责任应由委托人承担。咨询人应与此类服务的提供者合作,但不对此类人员的行为负责。

2.1.4 合同当事人可在专用合同条款约定委托人应承担的其他义务。

2.2 委托人决定

除合同另有明确约定外,委托人应根据专用合同条款的约定,在不影响咨询人根据服务进度计划开展咨询服务的时间内,对咨询人以书面形式提出的事项做出书面决定。对咨询人在贯彻落实委托人意见时提出的有关问题,委托人应及时予以解答。因委托人原因未能答复或答复不及时导致服务费用增加和(或)服务期限延长的,由委托人承担此项增加的费用以及专用条款约定的其他义务。

2.3　委托人代表

委托人应指定一位有适当资格和经验的管理人员作为委托人代表,并在专用合同条款中明确其姓名、职务、联系方式及授权范围等事项。委托人代表在委托人的授权范围内,负责处理合同履行过程中与委托人有关的具体事宜。委托人代表在授权范围内的行为由委托人承担法律责任。委托人更换委托人代表的,应在专用合同条款约定的期限内提前书面通知咨询人。

2.4　委托人人员

委托人人员包括委托人代表及其他由委托人委派与咨询服务有关的人员。委托人应要求在现场的委托人人员遵守法律及有关安全、质量、环境保护等规定,并保障咨询人免于承受因委托人人员未遵守上述要求给咨询人造成的损失和责任。

第 3 条　咨询人

3.1　咨询人一般义务

3.1.1　咨询人应根据合同约定以及附件 1[服务范围]约定的咨询服务内容和要求提供咨询服务。如附件 1[服务范围]中未详细描述咨询人的工作,则咨询人应为满足附件 1[服务范围]中描述的所有目的而履行咨询服务。

3.1.2　咨询人应按照附件 4[主要咨询人员]组建能够满足咨询服务需要的咨询服务团队,并按照附件 3[进度计划]的约定完成咨询服务。

3.1.3　咨询人在履行合同义务时,应严格按照国家法律法规、强制性国家标准以及合同约定履行职责,维护委托人的合法利益,保证服务成果的质量。

3.1.4　项目中包含地质灾害的,咨询人及其咨询人员应具有履行对应咨询阶段所需的地质灾害资质。咨询人按照第 3.4 款[转让和交由其他咨询单位实施咨询服务]的约定将相应的咨询服务转让给第三方或交由其他咨询单位实施的,该第三方和其他咨询单位应具有相应资质。

3.1.5　在履行合同期间,咨询人应使委托人保持对咨询服务进展的了解,并按照附件 3[进度计划]的约定,定期向委托人报告咨询服务工作进展。

3.1.6　任何由委托人支付费用并提供给咨询人使用的物品都是属于委托人的财产。咨询人有权无偿使用第 2.1.3 项中由委托人提供的设备、设施和人员提供的服务。咨询人应采取合理的措施来保护委托人的财产,直至咨询服务完成并将其退还给委托人。保护委托人的财产所产生的费用应由委托人承担。

3.1.7　合同当事人可在专用合同条款约定咨询人应承担的其他义务。

3.2　总咨询工程师

3.2.1　总咨询工程师应为合同协议书及专用合同条款中约定的人选,并应具有履行相应职责应具有的资格、能力和经验。双方应在合同协议书及专用合同条款中明确总咨询工程师的基本信息及授权范围等事项,总咨询工程师经咨询人授权后代表咨询人负责履行合同。

3.2.2　除专用合同条款另有约定外,咨询人需要更换总咨询工程师的,应在专用合同条款约定的期限内提前书面通知委托人,并征得委托人书面同意。未经委托人书面同意,咨询人不得擅自更换总咨询工程师。咨询人擅自更换总咨询工程师的,应按照专用合同条款的约定承担违约责任。对于确因患病、与咨询人终止劳动关系、工伤、去世等原因导致咨询人更换总咨询工程师的,委托人无正当理由不得拒绝更换。

3.2.3　委托人有权书面通知咨询人更换不称职的总咨询工程师,通知中应当载明要求更换的理由。对于委托人有正当理由的更换要求,咨询人应在收到书面更换通知后在专用合同条款约定的期限内将新任命的总咨询工程师信息报送委托人,并征得委托人同意后更换。咨询人无正当理由拒绝更换总咨询工程师的,应按照专用合同条款的约定承担违约责任。

3.3　咨询人员

3.3.1　咨询人应按照专用合同条款和附件4[主要咨询人员]的约定,根据项目管理需要配备和派遣能胜任本职工作及具备相应能力和经验的各单项咨询工程师。

3.3.2　合同履行过程中,咨询人委派的咨询人员应相对稳定,以保证咨询工作的顺利进行。咨询人更换单项咨询工程师时,应提前7天书面通知委托人,除主要咨询人员客观上无法正常履职情形外,还应征得委托人书面同意,由咨询人负责安排具有同等资格和能力的人员代替。委托人对咨询人的主要咨询人员资格或能力有异议而提出更换的,应提出书面要求并须阐述更换理由,咨询人无正当理由拒绝撤换的,应按照专用合同条款的约定承担违约责任。

3.3.3　若咨询人认为其咨询人员的健康或安全保障将受到不可抗力或双方在专用合同条款中约定的其他事件的影响,则咨询人有权在将相应事件告知委托人后,暂停全部或部分咨询服务,并将其咨询人员转移,直至不可抗力或其他事项影响消失。

3.4　转让和交由其他咨询单位实施咨询服务

3.4.1　除应收款项的转让外,没有委托人的书面同意,咨询人不得转让合同涉及的利益。未经另一方同意,任何一方均不得转让其在本合同下的义务。

3.4.2　咨询人不得将咨询服务的关键性工作及专用合同条款中禁止分包的咨询服务分包给第三方。关键性工作的范围由合同当事人按照法律规定在专用合同条款中予以明确。

3.4.3　委托人同意咨询人将部分咨询服务交由其他咨询单位完成,不减轻或免除咨询人就该部分咨询服务应承担的责任和义务。咨询人仍应对该部分咨询服务负总责,就该其他咨询单位的行为、疏忽和违约承担连带责任。

3.5　联合体

3.5.1　如咨询人为联合体,则联合体各方应共同与委托人签订合同协议书。

3.5.2　联合体各方应在签订合同协议书前向委托人提交联合体协议,并在其中约定联合体的牵头人和各成员工作分工、权利、义务、责任,经委托人确认后作为合同附件。在履行合同过程中,未经委托人同意不得变更联合体成员、各成员履行的咨询服务以及联合体的法律性质。

3.5.3　联合体各方应根据法律规定和合同约定向委托人承担相应责任,并应在专用合同条款中明确联合体各方为履行合同应向委托人承担责任的方式。专用合同条款中没有约定的,联合体各方应向委托人承担连带责任。

3.5.4　联合体牵头人应根据专用合同条款的约定对咨询服务成果承担责任,并负责组织联合体各成员全面履行合同以及与委托人联系并接受委托人指示。

3.5.5　委托人向联合体支付服务费用的方式及其他关于联合体的约定在专用合同条款中约定。

第 4 条　服务要求和服务成果

4.1　咨询服务的依据

4.1.1　委托人应根据附件 1[服务范围]的约定,在不影响咨询人根据服务进度计划开展服务的时间内,向咨询人提供与咨询服务有关的一切资料和信息,包括但不限于项目的相关情况以及相关施工单位、供货单位、其他技术服务单位的名录和信息,采矿许可证、土地利用现状图等。具体资料和信息在专用合同条款中详细约定。

4.1.2　委托人应对所提供资料的真实性、准确性、合法性与完整性负责。任何一方发现资料中存在错误、疏漏或问题的,应当及时通知另一方,但对上述错误、疏漏或问题的纠正应经委托人确认。

4.1.3　委托人应当遵守法律和技术标准,不得以任何理由要求咨询人违反法律法规,压缩合理服务期限,降低技术标准和工程质量、安全标准提供咨询服务,不得要求咨询人出具虚假资料。有关的特殊标准和要求由双方在专用合同条款中约定。

4.1.4　委托人要求进行主要技术指标控制的,经委托人与咨询人协商一致后应在附件 1[服务范围]中进行约定。委托人应当严格遵守主要技术指标控制的前提条件,由于委托人的原因导致变更主要技术指标控制值的,委托人承担相应责任。咨询人应当严格执行其双方书面确认的主要技术指标控制值,由于咨询人的原因导致超出约定的主要技术指标控制值比例的,咨询人应当承担相应的违约责任。

4.2　对服务成果的要求

4.2.1　服务成果应符合法律、技术标准、现行规范的强制性规定及合同约定,并通过专家评审。具体的服务成果内容和要求在附件 1[服务范围]中约定。

4.2.2　咨询人应对其所提供的服务成果的真实性、有效性和科学性负责。因咨询人原因造成服务成果不合格的,委托人有权要求咨询人采取补救措施,直至达到合同要求的质量标准,并按照合同约定承担相应违约责任。

4.2.3 因委托人原因造成服务成果不合格的,咨询人应当采取补救措施,直至达到合同要求的质量标准,由此导致服务费用增加和(或)服务期限延长的,由委托人承担。

4.3 服务成果的交付

4.3.1 咨询人应按照附件3[进度计划]的约定向委托人交付服务成果。

4.3.2 委托人要求咨询人提前交付服务成果的,应向咨询人下达提前交付的书面通知,明确期限、价款调整;咨询人认为提前交付无法执行或部分无法执行的,可向委托人提出书面异议,委托人应予以调整。

4.3.3 咨询人提出提前交付服务成果的,应征得委托人同意。

4.4 服务成果的审查

4.4.1 咨询人的服务成果应报委托人审查同意。审查的范围和标准在附件1[进度计划]中约定。审查的具体标准应符合法律规定、技术标准要求和合同约定。

除本合同对期限另有约定外,委托人收到咨询人的服务成果后,应在21天内做出审查结论或提出异议。委托人对服务成果有异议的,应以书面形式通知咨询人,并说明不符合合同要求的具体内容。咨询人应根据委托人的书面说明,进行修改后重新报送委托人审查,上述21天的答复期限应重新起算。

合同约定的答复期限届满,委托人没有做出审查结论也没有提出异议的,除服务成果需经政府部门审查和批准外,视为咨询人的服务成果已获委托人同意。

4.4.2 如果委托人的修改意见超出或更改了附件1[进度计划]所约定的服务范围,应适用第7条[变更和服务费用调整]的约定。

4.4.3 服务成果需政府有关部门审查或批准的,委托人应在审查同意咨询人的服务成果后在专用合同条款约定的期限内,向政府有关部门报送服务成果,咨询人应予以协助。

咨询人需按政府有关部门的审查意见修改服务成果。如上述审查意见构成了对附件1[服务范围]所约定的服务范围的变更的,委托人应当根据第7条[变更和服务费用调整]向咨询人另行支付费用。

4.4.4 采用会议形式对服务成果进行审查的,审查会议的形式、组织方、费用等在专用合同条款中约定。会议组织方应至少提前3天告知对方会议时间、地点等相关事项。

咨询人有义务参加审查会议,向审查者介绍、解答、解释其服务成果,并提供有关补充资料。

咨询人有义务按照审查意见,并依据合同约定及相关技术标准,对服务成果进行修改、补充和完善。

4.4.5 因咨询人原因,未能按第4.3款[服务成果的交付]约定的时间向委托人提交服务成果,致使审查无法进行或无法如期进行,造成服务进度计划延误、窝工损失及委托人费用增加的,咨询人应按第9条[违约责任]的约定承担责任。

因委托人原因,致使服务成果审查无法进行或无法按期进行,导致服务费用增加和(或)服务期限延长的,由委托人承担。

4.4.6　因咨询人原因造成服务成果不合格致使审查无法通过的,委托人有权要求咨询人采取补救措施,直至达到合同要求的质量标准,并按第9条[违约责任]的约定承担责任。

因委托人原因造成服务成果不合格致使文件审查无法通过,导致服务费用增加和(或)服务期限延长的,由委托人承担。

4.4.7　委托人及审查专家组对服务成果的审查,不减轻或免除咨询人依据法律应当承担的责任。

4.5　管理和配合服务

4.5.1　咨询人应根据附件1[服务范围]以及相关法律法规的规定,对工程合同相关的施工单位、供货单位、其他技术服务单位或其他相对方进行管理和提供配合。此类管理和配合服务包括但不限于:

(1)作为《矿产资源开采与生态修复方案》编制服务人,就影响矿山开采施工工艺、设备采购及矿山生态修复项目估算与项目各相关方进行联系和沟通;

(2)作为矿山生态修复工程勘查设计服务人,积极提供勘查设计服务,就设计预算与委托人进行沟通,进行勘查技术交底,施工过程中委派专业人员及时解决与勘查设计有关的问题,参与工程竣工验收等工作;

(3)作为施工管理人,对工程施工相关活动进行统筹管理工作;

(4)作为监理人,根据法律法规、工程标准、勘查设计文件及合同,在施工阶段对建设工程质量、造价、进度进行控制,对合同、信息进行管理,对工程相关方的关系进行协调,并履行工程安全生产管理法定职责;

(5)作为《工程决算报告》编制服务人,及时与委托人和工程相关方就项目资金使用、决算金额等相关事宜进行联系与沟通;

(6)作为工程评估人,依据法律法规、工程标准、《矿产资源开采与生态修复方案》、勘查设计等对工程及基金使用情况进行评估。

4.5.2　咨询人根据附件1[服务范围]提供管理和配合服务时,应当根据委托人的授权以及合同约定代表委托人进行。具体授权范围在专用合同条款中约定,且委托人应将对咨询人的授权和对权限的限制在工程合同中写明或书面告知委托人在工程合同下的相对方。

4.5.3　在委托人和工程合同相对方之间提供证明、行使决定权或处理权时,咨询人应当作为独立的专业人员,根据自己的专业技能和判断进行工作,并提供必要的证明资料。在咨询人做出任何影响该工程合同相对方义务的指示和决定前,须事先得到委托人的批准。因情况紧急,难以和委托人取得联系的,咨询人应当妥善处理委托事务,但事后应尽快将该情况通知委托人。

第 5 条　进度计划、延误和暂停

5.1　服务的开始和完成

咨询人应按照合同专用条款约定的日期开始服务。因非咨询人原因致使咨询服务不能按合同约定开始的,委托人应在计划开始服务日期 7 天前向咨询人发出开始服务工作通知。服务期限自开始服务通知中载明的日期或按合同约定的日期起算。咨询服务应在专用合同条款约定的时间或期限内完成,根据合同约定进行延期的除外。

5.2　服务进度计划

5.2.1　合同当事人应在附件 3［进度计划］中约定提供各项服务的顺序、开始时间和交付服务成果时间及需要委托人或第三方提供决策、同意、批准或资料的关键日期。

5.2.2　对于任何可能对服务产生不利影响、导致服务费用增加或服务进度计划延误的事件或情况,任何一方在得知上述事件或情况后应立即向另一方发出通知。

5.3　服务进度的延误

5.3.1　非咨询人原因导致的延误

如因以下原因导致咨询服务进度延误的:

(1)委托人未能按合同约定提供有关资料或所提供的有关资料不符合合同约定或存在错误、疏漏的;

(2)委托人未能按合同约定提供咨询服务工作条件、设施场地、人员服务的;

(3)委托人对咨询服务的服务变更范围的;

(4)委托人或委托人的施工单位、供货单位、其他技术服务单位等使咨询服务受到障碍或延误的;

(5)委托人未按合同约定日期足额付款的;

(6)不可抗力;

(7)专用合同条款中约定的其他情形。

咨询人应在发生上述情形后 7 天内向委托人发出要求延期的书面通知,并在发生该情形后 14 天内提交延期书面说明供委托人审查。除专用合同条款另有约定外,委托人收到咨询人延期说明后,应在 7 天内进行审查并就是否延长服务期限、修订服务进度计划及延期天数向咨询人进行书面答复。

如果委托人在收到咨询人提交要求延期的说明后,在上述约定的期限内未予答复,则视为咨询人要求的延期已被委托人批准。

上述服务进度延误情形导致服务费用增加的,委托人应当按照第 7 条［变更和服务费用调整］调整服务费用。

5.3.2　咨询人原因导致的延误

因咨询人原因导致咨询服务进度延误的,咨询人应按照第 9.2.3 项［咨询人的违约责任]的约定承担违约责任。专用合同条款约定了逾期违约金的,咨询人还应根据约定的逾期违约金计算方法和最高限额支付逾期违约金。咨询人支付逾期违约金后,不免除咨询人继续完成咨询服务的义务。

5.4　服务的暂停

5.4.1　委托人的暂停通知

委托人可根据项目实施情况,通过向咨询人发出书面通知的方式,指示咨询人暂停部分或全部咨询服务工作,但应在通知中明确暂停的日期及预计暂停的期限。

5.4.2　咨询人的暂停权利

以下情况咨询人可暂停全部或部分咨询服务:

(1)委托人未能按期支付款项;

(2)发生不可抗力。在此情况下,咨询人应根据第8.2款[不可抗力的通知]尽快向委托人发出通知,且应尽力避免或减少咨询服务的暂停;

(3)专用合同条款约定的其他情形。

5.4.3　已暂停服务的恢复

(1)若委托人根据第5.4.1项[委托人的暂停通知]要求咨询人暂停咨询服务,咨询人应在收到委托人恢复通知后尽快恢复咨询服务。

(2)若咨询人根据第5.4.2项[咨询人的暂停权利]暂停咨询服务,咨询人应在导致暂停的事项终止后尽快恢复咨询服务。

5.4.4　服务暂停的后果

(1)对于咨询人在暂停前根据合同约定已经履行的咨询服务,委托人应支付相应的服务费用。

(2)在暂停期间,咨询人应采取合理的措施保证服务成果的安全、完整和保管,以避免毁损。

(3)暂停导致的延误应根据第5.3款[服务进度的延误]修订。

(4)除不可抗力及咨询人原因导致的暂停外,咨询服务的暂停和恢复所产生的费用应由委托人承担,服务恢复后七日内,咨询人应尽快通知委托人确认因暂停和恢复所产生的费用。双方应根据第6.2款[支付程序和方式]调整对咨询人的支付。

第6条　服务费用和支付

6.1　服务费用

6.1.1　委托人和咨询人应当在附件2[服务费用和支付]中明确约定服务费用的组成部分和计取方式,包括变更和调整的计取方式。

6.1.2　除附件2[服务费用和支付]中另有约定外,合同约定的服务费均已包含增值税税金。

6.1.3　除附件2[服务费用和支付]中另有约定外,合同约定的服务费均包含土地利用现状图搜集费、咨询成果评审费、检测费、试验费等需要向第三方支付的费用。否则，应在附件2［服务费用和支付］服务开支中另行约定。

6.1.4　对于咨询人在服务过程中提出合理化建议并被委托人采纳，以及咨询人提供咨询服务节约本项目投资额、咨询人提前交付服务成果等使委托人获得效益或规避潜在风险的情形，双方可在附件2［服务费用和支付］中约定奖励金额的计取和支付方法。

6.2　支付程序和方式

6.2.1　咨询人应按照附件2［服务费用和支付］约定的方式和节点向委托人递交支付申请书。委托人应在收到支付申请书7日内，向咨询人支付咨询费或提出异议。

6.2.2　委托人未能按期支付款项的，应按照专用合同条款的约定向咨询人支付逾期付款违约金。委托人支付逾期付款违约金不影响咨询人按合同约定行使暂停或终止咨询服务的权利。

6.2.3　如合同终止，咨询人有权得到已完成工作的服务费。

6.2.4　除专用合同条款另有约定外，服务费用均以人民币支付。涉及其他货币支付的，所采用的货币种类、比例和汇率在专用合同条款中约定。

6.3　有争议部分的付款

委托人对咨询人提交的支付申请书有异议时，应当在收到咨询人提交的支付申请书后7天内，以书面形式向咨询人发出异议通知，并说明有异议部分款项的数额及理由。无异议部分的款项应按期支付，有异议部分的款项按第11条［争议解决］约定办理。对双方最终确定应支付给咨询人的有异议款项，仍应适用第6.2款［支付程序和方式］的约定。

6.4　结算和审核

委托人与咨询人应按附件2［服务费用和支付］的约定及时进行服务费用和其他费用的结算和合同尾款支付。

第7条　变更和服务费用调整

7.1　变更情形

7.1.1　除专用合同条款另有约定外，合同履行过程中发生以下情形的，应按照本条约定进行服务变更：

（1）项目的规模、条件、内容等发生较大变化；

（2）委托人提供的资料发生变化；

（3）委托人改变咨询服务的范围、内容、方式；

（4）委托人改变咨询服务期限；

（5）因项目相关法律法规、技术标准等引起服务内容、费用或服务期限的改变；

（6）委托人或委托人的施工单位、供货单位、其他技术服务单位等使咨询服务受到障碍或延期；

（7）专用合同条款约定的其他服务变更情形。

上述服务变更不应实质性地改变咨询服务的程度或性质,如发生此类改变的应由委托人和咨询人协商一致,以对合同相关内容进行修订。

7.2　变更程序

7.2.1　咨询服务完成前,委托人可通过签发服务变更通知发起对咨询服务的变更。委托人也可先要求咨询人就即将采取的服务变更拟定建议书,委托人接受此建议书后应签发服务变更通知以确认该服务变更。

7.2.2　若咨询人认为委托人发出的指示或其他事件构成了服务变更,则应在合理可行的情况下尽快将该事件对服务进度计划、相关服务费用的影响通知委托人。除专用合同条款另有约定外,委托人应当在收到通知 7 天内签发服务变更通知或取消该指示,或签发该指示或事件不会导致服务变更的通知解释。咨询人可在收到进一步的通知后 7 天内根据第 11 条[争议解决]将该事件作为争议提交,否则咨询人应遵守该委托人的进一步通知。委托人逾期签发服务变更通知、进一步通知或其他意见的,视为委托人认可该指示或事件构成服务变更。

7.2.3　委托人签发服务变更通知后,咨询人应受到该通知的约束,除非咨询人向委托人发出以下有证据支持的通知:

（1）咨询人不具备实施服务变更的技术和资源;

（2）咨询人认为服务变更将实质性地改变咨询服务的程度或性质;

（3）委托人签发的服务变更通知存在违反法律法规或技术标准前置性规定的情形。

7.3　价格调整和变更影响

7.3.1　若服务变更可能影响其他部分的咨询服务、服务进度计划和服务期限或增加咨询人工作量的,委托人和咨询人应对此服务变更引起的价格调整和计算方式,包括对其他部分服务的影响、服务进度计划和服务完成日期的影响以及增加工作量的影响达成一致。

7.3.2　服务变更引起的价格调整应根据附件2[服务费用和支付]中的取费标准确定,若附件2[服务费用和支付]中的取费标准不适用于该服务变更,则双方应达成新的取费标准。

7.3.3　服务变更引起的价格调整和其对服务进度计划的影响需经委托人的书面同意和确认。委托人同意价格调整和服务变更的影响后,应向咨询人发出指令,以开始执行服务变更。

第8条　不可抗力

8.1　不可抗力的确认

8.1.1　不可抗力是指合同当事人在签订合同时不能预见、不能避免且不能克服的自然灾害和社会性突发事件,如地震、海啸、瘟疫、骚乱、戒严、暴动、战争和专用合同条款中约定的其他情形。

8.1.2 不可抗力发生后,委托人和咨询人应收集证明不可抗力发生及不可抗力造成损失的证据,并及时统计所造成的损失。合同当事人对是否属于不可抗力或其损失发生争议时,按第 11 条[争议解决]的约定处理。

8.2 不可抗力的通知

8.2.1 任何一方遇到不可抗力事件,使其履行合同义务受到阻碍时,应立即通知合同另一方,书面说明不可抗力和受阻碍的详细情况,并在不可抗力消失后 15 日内提供必要的证明。

8.2.2 不可抗力持续发生的,合同当事人一方应及时向合同另一方当事人提交书面中间报告,说明不可抗力和履行合同受阻的情况,并于不可抗力事件结束后 28 天内提交最终书面报告及有关资料。

8.3 不可抗力的后果

8.3.1 不可抗力引起的后果及造成的损失由合同当事人按照法律规定及合同约定各自承担。

8.3.2 不可抗力发生后,合同当事人均应采取措施尽量避免和减少损失的扩大,任何一方当事人没有采取有效措施导致损失扩大的,应对扩大的损失承担责任。

8.3.3 不可抗力发生前已完成的咨询服务应当按照合同约定进行支付。

8.3.4 因一方迟延履行合同义务,在迟延履行期间遭遇不可抗力的,不免除该方的违约责任。

第 9 条 违约责任

9.1 委托人违约

9.1.1 委托人违约的情形

除专用合同条款另有约定外,在合同履行过程中发生的下列情形,属于委托人违约:

(1)委托人未能按合同约定提供有关资料或所提供的有关资料不符合合同约定或存在错误、疏漏;

(2)委托人未能按合同约定提供咨询设施、对接人员等工作条件;

(3)委托人擅自将咨询人的成果文件用于本项目以外的项目或交第三方使用;

(4)委托人未按合同约定日期足额付款;

(5)委托人未能按照合同约定履行其他义务。

9.1.2 通知改正

委托人发生上述违约情况的,咨询人可向委托人发出通知,要求委托人在指定的期限内采取有效措施纠正违约行为。

9.1.3　委托人的违约责任

委托人应根据合同约定承担因其违约给咨询人增加的费用和(或)因服务期限延长等造成的损失,并支付咨询人合理的利润。此外,合同当事人可在专用合同条款中另行约定委托人违约责任的承担方式和计算方法。

9.2　咨询人违约

9.2.1　咨询人违约的情形

除专用合同条款另有约定外,在合同履行过程中发生的下列情形,属于咨询人违约:

(1)由于咨询人原因,未按合同约定的时间和质量交付咨询服务成果;

(2)由于咨询人原因,造成工程质量事故或其他事故;

(3)咨询人未经委托人同意,擅自将咨询服务转包给第三方或交由其他咨询单位实施的;

(4)未经委托人同意,擅自更换总咨询工程师;

(5)咨询人未能按照合同约定履行其他义务的。

9.2.2　通知改正

咨询人发生上述违约情况的,委托人可向咨询人发出通知,要求咨询人在指定的期限内改正。

9.2.3　咨询人的违约责任

咨询人应根据合同约定承担因其违约给委托人增加的费用和(或)因服务期限延误等造成的损失。此外,合同当事人可在专用合同条款中另行约定咨询人违约责任的承担方式和计算方法。

9.3　责任期限

责任期限自合同生效之日开始,至专用合同条款中约定的期限或法律法规规定的期限终止。

9.4　责任限制

9.4.1　任何一方的违约责任,应仅限于:

(1)因违约直接造成的、合理可预见的损失;

(2)除专用合同条款另有约定外,最大赔偿额不应超过工程咨询服务费用(扣除税金),但第9.4.3项另有约定的除外;

(3)除本合同另有约定外,如咨询人被认为应和第三方共同向委托人负责,则咨询人支付的赔偿比例应仅限于因其违约而应负责的部分。

9.4.2　咨询服务过程中,咨询人仅根据本合同约定对委托人承担违约责任,而不就工程合同对委托人承担责任。在法律允许的前提下,委托人应尽合理努力保护咨询人免受工程合同相对方提起的、与工程合同相关的索赔而导致的损失。

9.4.3　任何一方因另一方故意或疏忽大意违约、欺诈、虚假陈述等不当行为造成损失,其损失赔偿不受本条下的责任限制约定所限制。

第 10 条　合同解除

10.1　协商解除合同

委托人与咨询人协商一致,可以解除合同。

10.2　委托人解除合同

10.2.1　除专用合同条款另有约定外,有下列情形之一的,委托人可通过提前 14 天向咨询人发出通知解除合同:

(1)未经委托人同意,咨询人将咨询服务全部或部分交由第三方实施的;

(2)咨询人未履行其义务或履行义务不符合本合同约定,委托人向咨询人发出通知,列明违约情况和补救要求,咨询人在此通知发出后 7 天内未能对违约进行补救;

(3)因不可抗力导致合同无法继续履行的;

(4)咨询人违反了第 1.8 款[严禁贿赂]的约定;

(5)咨询人宣告破产或无力偿还债务;

(6)专用合同条款约定的其他合同解除情形。

10.2.2　委托人可提前 28 天向咨询人发出通知单方决定解除合同,但需按照第 10.4.4 项的约定补偿咨询人因合同终止而损失的预期利润。

10.3　咨询人解除合同

10.3.1　除专用合同条款另有约定外,有下列情形之一的,咨询人可通过提前 14 天向委托人发出通知解除合同:

(1)因不可抗力导致合同无法继续履行的;

(2)委托人违反了第 1.8 款[严禁贿赂]的约定;

(3)委托人宣告破产或无力偿还债务;

(4)专用合同条款约定的其他合同解除情形。

10.4　合同解除的后果

10.4.1　咨询人应根据其在合同解除前已履行的咨询服务获得支付相应的服务费用。

10.4.2　若委托人根据第 10.2.1 项解除合同,则其有权:

(1)要求咨询人移交委托人提供的咨询设施、文件资料,已经完成的服务成果或中间成果;

(2)除因第 10.2.1 项第(3)目解除合同外,要求咨询人按照第 9 条[违约责任]赔偿因合同解除直接导致的合理可预见的费用损失,且委托人有权将该费用损失从应支付给咨询人的款项中扣除;

(3)暂停向咨询人支付的款项,直至委托人收到第(1)目中的所有咨询服务资料且获得第(2)目的全部赔偿。

10.4.3　若委托人根据第 10.2.2 项解除合同,或咨询人根据第 10.3.1 项解除合同,因合同解除所产生的费用应由委托人承担,咨询人应尽快通知委托人确认合同解除所产生的费用。

10.4.4　若委托人根据第 10.2.2 项解除合同,或咨询人根据第 10.3.1 项解除合同,委托人应补偿咨询人因合同终止而损失的预期利润。

10.4.5　合同解除不应损害或影响合同解除前已发生的双方责任和义务。

第 11 条　争议解决

11.1　和解

对于因合同产生的争议,合同当事人应本着诚实信用的原则,通过友好协商解决。双方可以就争议自行和解,自行和解达成的协议经双方签字并盖章后作为合同补充文件,双方均应遵照执行。

11.2　调解

如合同当事人不能解决争议,可以就该争议请求相关行政主管部门、行业协会或双方另行约定的第三方进行调解,调解达成协议的,经双方签字并盖章后作为合同补充文件,双方均应遵照执行。

11.3　仲裁或诉讼

因合同产生的争议,合同当事人也可以在专用合同条款中直接约定以下一种方式解决争议:

(1)向约定的仲裁委员会申请仲裁;

(2)向有管辖权的人民法院起诉。

11.4　争议解决条款效力

合同有关争议解决的条款独立存在,合同的变更、解除、终止、无效或者被撤销均不影响其效力。

第三部分　专用合同条款(部分)

第1条　一般规定

1.1　定义和解释

1.1.27　合同当事人约定补充的其他定义：＿＿＿＿＿＿＿＿＿＿＿＿＿＿＿＿＿＿。

1.2　合同文件的优先顺序

组成合同的文件及优先解释顺序：＿＿＿＿＿＿＿＿＿＿＿＿＿＿＿＿＿＿＿

＿＿＿＿＿＿＿＿＿＿＿＿＿＿＿＿＿＿＿＿＿＿＿＿＿＿＿＿＿＿＿＿＿＿＿。

1.3　语言文字

合同语言：＿＿＿＿＿＿＿＿＿＿＿＿＿＿＿＿＿＿＿＿＿＿＿＿＿＿＿＿＿。

1.4　法律和标准

1.4.1　适用法律：＿＿＿＿＿＿＿＿＿＿＿＿＿＿＿＿＿＿＿＿＿＿＿＿＿＿。

1.4.2　标准规范：＿＿＿＿＿＿＿＿＿＿＿＿＿＿＿＿＿＿＿＿＿＿＿＿＿＿。

1.4.3　法律和标准的变化

双方关于法律和标准变化的约定：＿＿＿＿＿＿＿＿＿＿＿＿＿＿＿＿＿＿＿

＿＿＿＿＿＿＿＿＿＿＿＿＿＿＿＿＿＿＿＿＿＿＿＿＿＿＿＿＿＿＿＿＿＿＿。

1.5　通信交流

委托人接收文件的地点：＿＿＿＿＿＿＿＿＿＿＿＿＿＿＿＿＿＿＿＿＿＿＿；

委托人指定的接收人：＿＿＿＿＿＿＿＿＿＿＿＿＿＿＿＿＿＿＿＿＿＿＿＿＿；

委托人指定的联系电话及传真号码：＿＿＿＿＿＿＿＿＿＿＿＿＿＿＿＿＿＿＿；

委托人指定的电子传输方式：＿＿＿＿＿＿＿＿＿＿＿＿＿＿＿＿＿＿＿＿＿＿。

咨询人接收文件的地点：＿＿＿＿＿＿＿＿＿＿＿＿＿＿＿＿＿＿＿＿＿＿＿；

咨询人指定的接收人：＿＿＿＿＿＿＿＿＿＿＿＿＿＿＿＿＿＿＿＿＿＿＿＿＿；

咨询人指定的联系电话及传真号码：＿＿＿＿＿＿＿＿＿＿＿＿＿＿＿＿＿＿＿；

咨询人指定的电子传输方式：＿＿＿＿＿＿＿＿＿＿＿＿＿＿＿＿＿＿＿＿＿＿。

第2条　委托人

2.1　委托人一般义务

2.1.3　委托人提供的设备、设施和其他人员服务

(1)委托人提供的设备

序号	名称	数量	型号与规格	提供时间
1	通信设备			
2	办公设备			

序号	名称	数量	型号与规格	提供时间
3	交通工具			
4	检测和试验设备			
…	…			

（2）委托人提供的设施

序号	名称	数量	要求	提供时间
1	临时居住用房			
2	临时办公用房			
3	交通道路			
4	公共设施			
…	…			

（3）委托人提供的其他人员服务

序号	名称	数量	要求	提供时间
1	工程技术人员			
2	辅助工作人员			
3	其他人员			
4	…			

2.1.4　委托人的其他义务：＿＿＿＿＿＿＿＿＿＿＿＿＿＿＿＿＿＿。

2.2　委托人决定

为保证服务按服务进度计划进行,委托人应在＿＿＿＿天内就咨询人以书面形式提交给他的事宜做出书面决定。

2.3　委托人代表

姓名：＿＿＿＿＿＿＿＿＿＿＿＿＿＿＿＿＿＿＿＿＿＿＿＿＿＿＿；

身份证号：＿＿＿＿＿＿＿＿＿＿＿＿＿＿＿＿＿＿＿＿＿＿＿；

职务：＿＿＿＿＿＿＿＿＿＿＿＿＿＿＿＿＿＿＿＿＿＿＿＿＿；

联系电话：＿＿＿＿＿＿＿＿＿＿＿＿＿＿＿＿＿＿＿＿＿＿＿；

电子邮箱：＿＿＿＿＿＿＿＿＿＿＿＿＿＿＿＿＿＿＿＿＿＿＿；

通信地址：＿＿＿＿＿＿＿＿＿＿＿＿＿＿＿＿＿＿＿＿＿＿＿；

委托人对委托人代表的授权范围：＿＿＿＿＿＿＿＿＿＿＿＿＿＿＿

＿＿＿＿＿＿＿＿＿＿＿＿＿＿＿＿＿＿＿＿＿＿＿＿＿＿＿＿＿。

委托人更换委托人代表的,应在提前＿＿＿天书面通知咨询人。

第3条　咨询人

3.1.6　咨询人的其他义务：＿＿＿＿＿＿＿＿＿＿＿＿＿＿＿＿＿＿。

3.2　总咨询工程师

3.2.1　总咨询工程师：

姓名：_____；

身份证号：_____；

职称：_____；

联系电话：_____；

电子信箱：_____。

咨询人对总咨询工程师的授权范围：_____

_____。

3.2.2　咨询人更换总咨询工程师的，应提前_____天向委托人提出书面申请。

咨询人更换总咨询工程师的其他情形：_____

_____。

咨询人擅自更换总咨询工程师的违约责任：_____

_____。

3.2.3　咨询人应在收到书面更换通知后_____天内更换总咨询工程师。

咨询人无正当理由拒绝更换总咨询工程师的违约责任：_____

_____。

3.3　咨询人员

3.3.2　咨询人无正当理由拒绝撤换主要咨询人员的违约责任：_____

_____。

3.3.3　咨询人认为将使其咨询人员的健康或安全保障受到影响的其他事件：_____

_____。

3.4　转让和交由其他咨询单位实施咨询服务

允许转让或交由其他咨询单位实施的服务内容和要求包括：_____

_____。

咨询人擅自转让或交由其他咨询单位实施咨询服务应承担的违约责任：_____

_____。

3.4.2　关键性工作包括：_____。

3.5　联合体

3.5.3　联合体牵头人和各方的权利、义务和责任：_____

_____。

3.5.5　委托人向联合体支付服务费用的方式：_____

_____；

其他关于联合体的约定：_____

_____。

第4条 服务要求和服务成果

4.1 咨询服务的依据

咨询服务的特殊标准或要求：_____；

咨询服务适用的技术标准：_____。

4.2 对服务成果的要求

对咨询服务成果的其他要求：_____。

4.4 服务成果的审查

4.4.1 委托人对咨询人的咨询服务成果审查期限不超过_____天。

4.4.3 委托人在审查同意咨询人的服务成果后_____天内，向政府有关部门报送服务成果，咨询人应按委托人要求及时予以协助，协助时间应为_____

_____。

4.4.4 审查会议的审查形式、组织方、费用：_____

_____。

4.5 管理和配合服务

4.5.1 关于管理和配合服务的其他约定：_____

_____。

4.5.2 委托人对咨询人的授权范围：_____

_____。

第5条 进度计划、延误和暂停

5.1 服务的开始和完成

服务开始日期为以下第_____项：

（1）在合同生效后_____日内；

（2）在咨询人收到合同规定的第一次付款后_____日内；

（3）计划开始日期：_____年____月____日；

（4）其他：_____。

服务完成日期为以下第_____项：

（1）对于《矿产资源开采与生态修复方案》编制、勘查设计、工程评估服务，约定自服务开始日期起_____日内完成；

（2）对于与工程施工进度相关联的服务，如工程监理、施工管理等，约定自服务开始日期至_____年____月____日（工程计划竣工日期）或缺陷责任期满为止。

5.3 服务进度的延误

5.3.1 非咨询人原因导致延误的其他情形：_____

_____。

咨询人发出通知的时间：_____；

委托人书面答复的时间：_____。

5.3.2 咨询人原因导致的延误

因咨询人原因导致咨询服务进度延误,逾期违约金的计算方法和上限：_____

_____。

5.4 服务的暂停

咨询人可暂停全部或部分服务的其他情形：_____

_____。

第6条 服务费用和支付

6.2 支付程序和方式

6.2.1 支付的时间：_____。

6.2.2 委托人逾期支付违约金的计算方式：_____。

第7条 变更和服务费用调整

7.1 变更情形

其他变更情形：_____。

7.2 变更程序

7.2.2 委托人对服务变更的答复时间：_____。

第8条 不可抗力

8.1.1 除通用合同条款约定的不可抗力事件之外,视为不可抗力的其他情形：_____

_____。

8.3.1 不可抗力后果承担方式：_____。

第9条 违约责任

9.1 委托人违约

9.1.1 委托人违约的其他情形：_____

_____。

9.1.3 委托人违约责任的承担方式和计算方法：_____

_____。

9.2 咨询人违约

9.2.1 咨询人违约的其他情形：_____

_____。

9.2.3 咨询人违约责任的承担方式和计算方法：_____

9.4　责任限制

9.4.1　最大赔偿数额：_____。

第 10 条　合同解除

10.2.1　委托人可解除合同的其他情形：_____
_____。

10.3.1　咨询人可解除合同的其他情形：_____
_____。

10.4　合同解除的后果

双方关于合同解除后果的其他补充约定：_____
_____。

第 11 条　争议解决

11.2　调解

合同争议进行调解时，可提交_____
_____进行调解。

11.3　仲裁或诉讼

因合同及合同有关事项发生的争议，按下列第_____种方式解决：

（1）提请_____仲
裁委员会申请仲裁。

（2）向_____
_____人民法院起诉。

附件1 服务范围

（合同当事人应在此附件中规定咨询服务范围，相关描述应尽量全面准确，并可在有利于理解的前提下明确不包括的服务内容或对服务内容的限制。对服务范围的描述可包括但不限于如下内容。）

1.1 《矿产资源开采与生态修复方案》编制

服务方式：□咨询人完成 或 □协助委托人完成

工作内容：_____；

（可包括对该项服务内容的罗列和描述等）

成果文件：_____；

（可包括具体成果文件名称、份数、载体和形式等）

标准和要求：_____；

（可包括该项服务及相应成果文件所应达到的质量标准、主要技术指标等）

相关管理和配合服务（如有）：_____；

（可包括咨询人将配合和管理的工程合同形式、咨询人的管理权限、咨询服务和其他方所提供服务之间的界面管理责任等）

其他：_____。

（可包括委托人应该进行的协调和提供的资料、咨询人应履行的相关程序及其他要求等）

1.2 矿山生态修复项目勘查设计

服务方式：□咨询人完成 或 □协助委托人完成

工作内容：_____；

成果文件：_____；

标准和要求：_____；

相关管理和配合服务（如有）：_____；

其他：_____。

1.3 施工管理

工作内容：_____；

成果文件：_____；

标准和要求：_____；

相关管理和配合服务（如有）：_____；

其他：_____。

1.4　工程监理

工作内容：_____；

成果文件：_____；

标准和要求：_____；

相关管理和配合服务（如有）：_____；

其他：_____。

1.5　工程评估

工作内容：_____；

成果文件：_____；

标准和要求：_____；

相关管理和配合服务（如有）：_____；

其他：_____。

1.6　其他服务：_____。

附件 2　服务费用和支付

2.1　服务费用的计取

合同所列的服务费用均＿＿＿＿＿＿＿＿＿＿＿＿＿＿包含国家规定的增值税税金,税率为＿＿＿＿＿＿＿＿＿＿。服务费用包括服务酬金、服务开支和奖励金额。具体计取方式如下:

(1)服务酬金

双方同意按以下第＿＿＿＿＿＿＿＿＿＿＿＿＿＿＿＿＿种方式计算服务酬金。

①按总价计取

合同总价为＿＿＿＿＿＿＿＿＿＿＿＿＿＿＿＿＿＿＿＿＿＿＿＿＿＿。

②按单项服务酬金累加计取

对委托的＿＿＿＿＿＿＿＿＿＿＿＿＿＿＿＿＿＿＿＿＿＿＿＿＿(列出委托服务内容)各单项服务酬金分别为＿＿＿＿＿＿＿＿＿＿＿＿＿＿＿＿＿＿＿＿＿＿＿＿＿,合计为＿＿＿＿＿＿＿＿＿＿＿＿＿＿＿＿＿＿＿＿＿。

其中,项目施工管理酬金为□固定价格或□暂定价格,最终以施工费的＿＿＿%计取;

工程监理酬金为□固定价格或□暂定价格,最终以施工费的＿＿＿＿＿％计取;

工程评估酬金为□固定价格或□暂定价格,最终以使用费的＿＿＿＿＿％计取。

③按其他方式计取

双方约定的服务酬金其他计取方式为＿＿＿＿＿＿＿＿＿＿＿＿＿＿＿＿＿＿＿＿。

(2)服务开支

上述服务酬金中□已包含或□不包含的服务开支项:＿＿＿。

(3)奖励金额

委托人对咨询人进行奖励采取以下第＿＿＿＿＿＿＿＿＿＿＿＿种方式。

①由于咨询人的服务为委托人节约投资而对咨询人奖励的计取和支付方式

奖励计取方式:＿＿＿＿＿＿＿＿＿＿＿＿＿＿＿＿＿＿＿＿＿＿＿＿＿＿＿＿＿＿＿;

奖励支付方式:＿＿＿＿＿＿＿＿＿＿＿＿＿＿＿＿＿＿＿＿＿＿＿＿＿＿＿＿＿＿＿。

②双方约定的其他奖励方式

进行奖励条件:＿＿＿＿＿＿＿＿＿＿＿＿＿＿＿＿＿＿＿＿＿＿＿＿＿＿＿＿＿＿＿;

奖励金额的计取:＿＿＿＿＿＿＿＿＿＿＿＿＿＿＿＿＿＿＿＿＿＿＿＿＿＿＿＿＿;

奖励金额的支付:＿＿＿＿＿＿＿＿＿＿＿＿＿＿＿＿＿＿＿＿＿＿＿＿＿＿＿＿＿。

2.2　服务费用的变更和调整

委托人与咨询人双方同意,按照以下第_____种方式计算第 7 条 [变更和服务费用调整]的服务费用:

(1)对_____服务(列出委托服务内容)□增加或□减少_____元。

(2)对_____服务按照咨询人员工日收费标准_____元/天;

(3)对_____服务按照附件 2[服务费用和支付]约定的相同或类似项目的取费标准确定;

(4)双方约定的其他标准_____。

2.3　服务费用的支付

双方约定按照以下方式支付服务费用:

支付次序	支付时间	支付额	备注
第一次支付			
第二次支付			
第三次支付			
第四次支付			
……			
最终支付			

附件 3 进度计划

3.1 咨询人向委托人提供服务的顺序和时间计划表

序号	内容	开始日期	完成日期 （服务成果交付日期）
1			
2			
3			
4			
5			
...			

3.2 需要约定的其他内容

（约定需要委托人或第三方提供决策、同意、批准或资料的关键时间。）

附件4 主要咨询人员

主要咨询人员信息表

序号	姓名	年龄	职称	学历	专业	岗位	派遣时间
1							
2							
3							
4							
...							

参考文献

[1]方星,许权辉,胡映,等.矿山生态修复理论与实践[M].北京:地质出版社,2019.

[2]吴玉珊,韩江涛,龙奋杰,等.建设项目全过程工程咨询理论与实务[M].北京:中国建筑工业出版社,2018.

[3]吕杰等.灵宝黄金投资有限责任公司投资三矿金地质环境保护与土复垦工程设计书(2021—2022年度)[R].三门峡:灵宝黄金投资有限责任公司,2022.

[4]丁士昭.建设工程项目管理[M].北京:中国建筑工业出版社,2014.

[5]王荣荣等.青海省德令哈市巴音山北金多金属矿普查图斑(T28)矿山地质环境恢复治理方案[R].德令哈:德令哈市自然资源局,2021.

[6]宋进厂等.灵宝金源矿业股份有限公司金源二矿矿山矿产资源开采与生态修复方案[R].三门峡:灵宝金源矿业股份有限公司,2022.

[7]王国成等.灵宝马家岔金矿矿山地质环境保护与土地复垦工程决算报告[R].三门峡:三门峡召威黄金有限公司,2020.

[8]李威等.三门峡锦江矿业有限公司黄河湿地保护区生态治理工程终验报告[R].三门峡:三门峡锦江矿业有限公司,2020.

[9]张晓军等.通化市二道江区矿山地质环境治理示范工程二期及补充治理工程监理报告[R].通化:二道江区矿山地质环境治理示范工程办公室,2016.

[10]李利彬等.焦桐高速巩义市北山口镇白窑至老井沟段两侧废弃矿山地质环境治理项目监理报告[R].郑州:巩义市自然资源和规划局,2021.

[11]李五立等.灵宝市资源枯竭型城市矿山地质环境治理重点工程项目(2013年度)施工八标段总结报告[R].三门峡:灵宝市资源枯竭型城市矿山地质环境治理重点工程项目领导小组,2017.

[12]李垒等.鸿鑫一矿金矿地质环境保护与土地复垦工程评估报告(2019—2021年度)[R].三门峡:灵宝鸿鑫矿业有限责任公司,2021.

[13]王新新等.河南金渠黄金股份有限公司金矿分公司矿山生态修复工程(2020—2022年度)评估报告[R].三门峡:河南金渠黄金股份有限公司,2022.

照片 2-1　巴音山北金多金属矿探槽 TC1001

照片 8-1　未修筑排水系统的边坡生态修复工程案例

人工捡石头

机械捡石头

照片 8-2　捡石头工作中机械与人工对比实景

照片 8-3　挖树穴机械

照片 8-4　陷入洪流中的施工机械

照片 8-5　水渠成型机施工现场

照片 8-6　"混凝土+浆砌石双拼"挡土墙结构